教育部"双万计划"国家级一流本科专业建设系列教材

遥感数字图像处理实验教程

（ENVI 5.x）

赵 飞　赵志芳　张 军　樊 辉
夏既胜　张王菲　彭直琰　编著

科学出版社

北 京

内 容 简 介

本书内容涵盖遥感数字图像处理基础、遥感图像预处理、图像校正、图像增强、图像分类、遥感影像制图、地形分析与可视化、遥感影像的变化监测、雷达图像处理、遥感数字图像处理算法设计、遥感数字图像处理综合应用、遥感云平台的数字图像处理应用、腾冲火山活动新构造背景与地热潜力遥感评价等内容，涉及 ENVI、ArcGIS、MATLAB 等软件。本书对遥感数字图像处理中常见的功能及典型案例进行详细说明，并结合热点问题以综合应用案例的形式直观和详尽地介绍遥感数字图像处理技术在人们日常生活中的应用，注重基本能力与综合应用能力的共同提高。

本书可作为地理信息科学、遥感科学与技术、地质学、大气科学、测绘工程、地理学等专业的本科生、研究生实验教材，也可供地图学、地理信息系统、摄影测量、遥感等专业的本科生、研究生及相关研究人员、应用工程技术人员参考。

图书在版编目(CIP)数据

遥感数字图像处理实验教程：ENVI 5.x / 赵飞等编著. —北京：科学出版社，2024.6

教育部"双万计划"国家级一流本科专业建设系列教材

ISBN 978-7-03-072965-1

Ⅰ.①遥… Ⅱ.①赵… Ⅲ.①遥感图像-数字图像处理-实验-高等学校-教材 Ⅳ.①TP751.1-33

中国版本图书馆 CIP 数据核字（2022）第 153447 号

责任编辑：张振华 刘建山 / 责任校对：赵丽杰
责任印制：吕春珉 / 封面设计：东方人华平面设计部

科学出版社 出版
北京东黄城根北街 16 号
邮政编码：100717
http://www.sciencep.com
天津市新科印刷有限公司印刷
科学出版社发行 各地新华书店经销
*
2024 年 6 月第 一 版 开本：787×1092 1/16
2024 年 6 月第一次印刷 印张：18 1/4
字数：430 000

定价：69.00 元
（如有印装质量问题，我社负责调换）
销售部电话 010-62136230 编辑部电话 010-62135120-2005

前　言

遥感数字图像处理（remote sensing digital image processing）是对遥感图像进行辐射校正、几何纠正、图像整饰、投影变换、镶嵌、特征提取、分类等相关处理，以求达到预期目的的技术。遥感信息主要以数字图像的方式进行存储，研究遥感数字图像处理技术对解决遥感领域的问题具有重要意义。

目前国内外遥感数字图像处理方面的论著较为丰富，相应的实验教材可分为理论课配套教材和遥感数字图像处理软件操作两类，多侧重于常规基础操作，算法设计、综合应用方面的内容涉及较少。

为此，我们基于团队多年的教学基础和实验素材，以云南大学"双一流"建设为契机，整合高原山地生态与地球环境学科群中资源环境遥感相关师资力量，联合相关院校并精选团队最新科研成果作为综合应用案例精心编著了本书。

本书由基础篇、进阶篇、综合篇三部分组成，共 13 章。其中，第 1～5 章为基础篇，内容包括遥感数字图像处理基础、遥感图像预处理、图像校正、图像增强和图像分类；第 6～9 章为进阶篇，内容包括遥感影像制图、地形分析与可视化、遥感影像的变化监测和雷达图像处理；第 10～13 章为综合篇，内容包括遥感数字图像处理算法设计、遥感数字图像处理综合应用、遥感云平台的数字图像处理应用和腾冲火山活动新构造背景与地热潜力遥感评价。以上内容涵盖了遥感数字图像处理的主要知识点，其中每个实例都详尽地列出了背景、技术路线与具体的操作步骤。

本书由云南大学赵飞博士拟定编写大纲，并以团队长期讲授的《遥感导论》、《遥感数字图像处理》及《资源环境遥感》等课程的配套上机实验内容为基础，反复论证修改，并增加了相关科研及生产项目的最新成果。全书共 13 章，具体编写分工如下：赵飞编写第 1～5 章、第 11 章；赵志芳编写第 6 章和第 13 章；樊辉编写第 7 章；张王菲编写第 8 章；夏既胜编写第 9 章；彭直琰编写第 10 章；张军编写第 12 章。最后由赵飞完成统稿工作。同时，感谢研究生宋璐、冯思雯、朱思瑾对本书修改做出的贡献。

在编写本书的过程中，作者参考了大量国内外优秀文献资料，在此对相关作者表示衷心的感谢。

本书的出版得到了云南大学"双一流"建设经费、云南大学 2018 年度本科教材建设项目的资助，特于此谨致谢意。

由于作者水平有限，书中难免存在不足和疏漏之处，敬请广大读者批评指正。

作　者

2024 年 2 月

目　录

第一篇　基　础　篇

第1章

遥感数字图像处理基础

遥感已从科学研究走向了大众生活，为人类认识宇宙世界提供了一种新途径和手段，遥感图像作为一种重要的信息源已被广泛应用于农业、林业、生态、环境、气象、全球变化及人类活动监测等众多领域，遥感数字图像处理已成为地理信息科学、遥感科学与技术、资源环境科学等多个学科的重要专业基础课，可以帮助人们从遥感大数据中挖掘知识、获取信息。本书主要讲述遥感数字图像处理的基本操作方法、改善遥感数字图像质量的方法、遥感数字图像信息提取与制图表达，遥感图像的分类处理及综合判读，遥感数字图像处理算法设计等内容，为读者利用遥感数据解决科学研究与业务应用问题奠定坚实基础。通过对本书的学习，读者应能够理解遥感图像处理原理，掌握基本的图像处理算法，借助常用软件（如 ENVI）实现对遥感图像的一些常规处理。

本章主要介绍以下内容：

- 1.1 遥感数字图像处理与分析
- 1.2 遥感数字图像处理软件概述
- 1.3 软件操作基础
- 1.4 MATLAB 简介

1.1 遥感数字图像处理与分析

图像信息是人类认识世界的主要知识来源，有研究结果表明，人类所获得的外界信息有 70%以上是通过眼睛获得的。遥感数字图像是数字形式的遥感图像，遥感数字图像处理是利用计算机图像处理系统对遥感图像中的像素进行加工和处理的过程。通过对遥感图像的一系列处理，再从多个方面进行分析，其分析结果可以应用于遥感、气象预报、军事侦察、生物医学等诸多领域。遥感数字图像处理是地学、数学、心理学、电子学等学科相互渗透的产物，是一门新兴的边缘性的科学技术，它是建立在现代光电技术、电子计算机技术、信息论及地学理论基础上的综合性科学技术。

1.1.1 遥感数字图像处理方法概述

在实际应用中，完整的遥感影像处理流程一般分为 6 个步骤，如图 1.1 所示。

```
┌──────────┐      ┌──────────┐      ┌──────────┐
│ 数据的输入 │ ──▶ │ 图像的显示 │ ──▶ │ 图像预处理 │
│          │      │  与分析   │      │          │
└──────────┘      └──────────┘      └──────────┘
                                          │
                                          ▼
┌──────────┐      ┌──────────┐      ┌──────────┐
│ 成果报告  │ ◀── │专题地图/三维│ ◀── │ 影像信息  │
│          │      │可视化分析  │      │  提取     │
└──────────┘      └──────────┘      └──────────┘
```

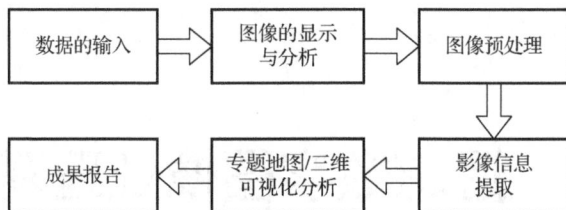

图 1.1　遥感影像处理流程

　　具体的遥感数字图像处理方法主要包括图像的数字化、图像变换、图像校正、图像增强、图像恢复、图像分割、图像分析和理解等。以图像变换、图像校正、图像增强和图像分析与理解为例，下面将一一详述。

　　图像变换是为达到图像处理的某种目的而使用的数学方法。对遥感图像进行图像变换的目的是简化图像处理，以便图像特征的提取，将图像压缩，以增强对图像信息的理解。实现图像变换的主要方法有针对特定波段图像的频率特征的常用于周期性噪声去除的傅里叶变换、针对多波段图像的常用于数据的压缩或噪声去除的主成分变换、针对 Landsat 图像的可以较好突出主体地物特征的缨帽变换，以及将图像从 RGB 彩色空间变换到其他彩色空间以突出 RGB 彩色空间难以表现的内容的彩色变换。

　　图像校正是指对失真图像进行的复原性处理，包括对由于遥感检测系统、大气散射和吸收等原因引起的图像模糊失真、分辨率和对比度下降等辐射畸变进行的辐射校正和对由于搭载传感器的遥感平台飞行姿态变化、地球自转、地球曲率等原因引起的图像几何畸变进行的几何校正。

　　图像增强可以突出图像中的有用信息，扩大不同影像特征之间的差别，使遥感数字图像具有一定的视觉美感，还可以提高对目标地物的解译和分析能力，包括为了充分利用色彩在遥感图像判读和信息提取中的优势，针对多光谱图像的彩色合成方法；应用某种数学模型，通过改变图像的灰度成分，实现图像质量改善的空间域增强方法；将多幅单波段影像完成空间配准后，通过一系列加、减、乘、除等逻辑运算，得以提取某些信息或去掉某些不必要信息的图像运算方法；通过修改遥感图像的频率成分，得以抑制噪声，改善图像质量或突出某些有用信息的图像频域增强方法等。

　　图像分析与理解是对遥感图像数据进行分类的技术。遥感图像分析的主要目的是根据图像所包含的光谱信息、空间信息、多时相信息和辅助数据确定地面物景中对应的物体类别、性质及其变化，如农作物类别、林区林种、农林虫害、泛区面积、矿山岩性、土壤成分和城镇变迁等。常见的遥感图像分析方法有主成分分析方法、K-T 变换方法、植被特征指数模型方法等。

1.1.2　遥感数字图像处理的发展及前景

　　遥感数字图像处理主要经历了如下几个发展时期：其发展于 20 世纪 60～70 年代，主要进行的工作有传感器的研制，使用磁盘和扫描仪进行信息传输、信息处理并生成数字图像；20 世纪 80 年代，遥感数字图像处理技术趋于成熟，地理信息系统（geographic information system，GIS）逐渐推广开来，个人计算机、遥感处理软件、图形工作站逐一出现；20 世纪

90 年代，遥感数字图像处理逐渐步入应用时期，主要应用于地质勘探、测绘、城市管理、资源调查、环境监测等方面。

　　总体上来说，遥感数字图像处理技术的应用已经相当广泛，目前已经成为实现数字地球的关键性技术之一，同时在地球科学、农林业、土地利用管理、城乡规划、环境评价与监测、考古等方面也有着广泛应用。随着遥感数字图像处理技术的发展，其应用潜力巨大，应用前景还可以不断被挖掘，未来人们利用遥感数字图像处理技术可以更精确地对遥感图像进行处理，提取出需要的信息。

1.2　遥感数字图像处理软件概述

　　遥感数字图像处理系统由硬件和软件组成，硬件系统由数字化设备、图像处理计算机、存储设备、输出设备和操作台组成；主流的遥感数字图像处理软件包括 ERDAS 软件、PCI 软件、ENVI 软件等，下面将一一介绍。

　　1. ERDAS 软件

　　ERDAS 是美国亚特兰大 ERDAS（Earth Resource Data Analysis System）公司集遥感和 GIS 于一体的软件包。ERDAS 的设计体现了高度的模块化，主要模块有核心模块、图像处理模块、地形分析模块、数字化模块、扫描仪模块、栅格 GIS 模块、磁带机模块。它也包含了充分的接口，与世界著名的 GIS 软件 ARCINFO、计算机辅助设计软件 AutoCAD、大众数据库 Dbase，以及 Minitab、SAS 各种统计软件等有着良好的接口，这样，ERDAS 的数据文件就能与其他软件进行交流与共享，扩大了 ERDAS 的应用面。ERDAS 以先进的图像处理技术，友好、灵活的用户界面和操作方式，别具特色的栅格地理信息系统，面向广阔应用领域的产品模块，服务于不同层次用户的模型开发工具及高度的 RS/GIS 集成功能，为遥感及相关领域的用户提供了丰富而功能强大的图像处理工具。ERDAS 软件显示图如图 1.2 所示。

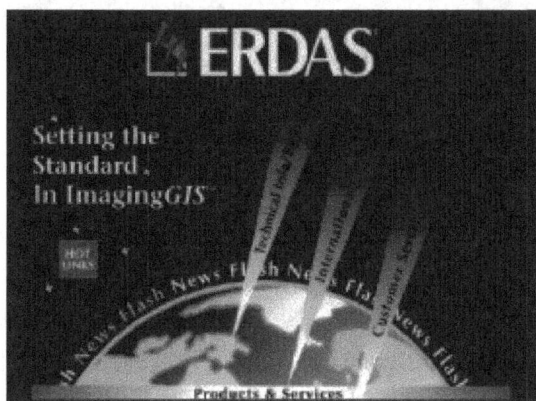

图 1.2　ERDAS 软件显示图

2．PCI 软件

PCI 软件是加拿大 PCI 公司开发的用于图像处理、几何制图、GIS、雷达数据分析，以及资源管理和环境监测的多功能软件系统。PCI 拥有最齐全的功能模块，且能运行于多种平台，不仅可用于卫星和航空遥感图像的处理，还可应用于地球物理数据图像、医学图像、雷达数据图像、光学图像的处理。PCI 是第一款支持多传感器正射投影校正和从立体像对提取数字高程模型（digital elevation model，DEM）图像的软件，并最早提供了用神经网络理论和模糊逻辑理论进行精确分类的方法。从图像处理的产品来讲，PCI 总体已经形成 3 个系列的产品，即专业遥感图像处理产品、专业雷达信号处理及分析产品、数字摄影测量产品。PCI 作为图像处理软件系统的先驱，以其丰富的软件模块、支持所有的数据格式、适用于各种硬件平台、灵活的编程能力和便利的数据可操作性代表了图像处理系统的发展趋势和技术先导。PCI 软件显示图如图 1.3 所示。

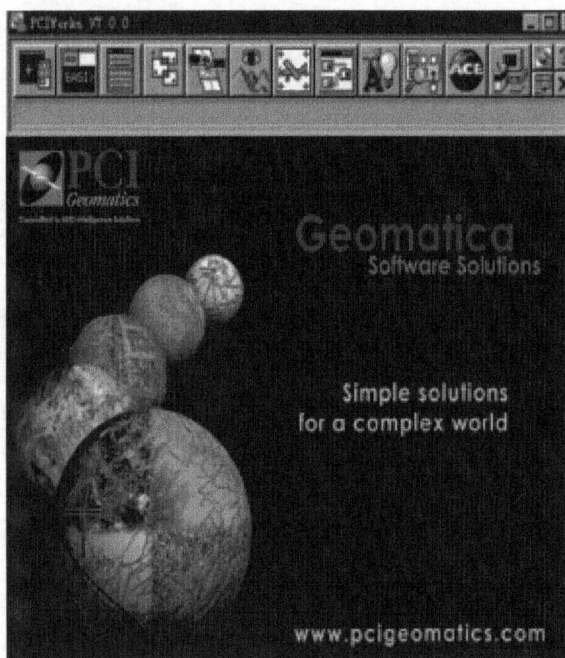

图 1.3　PCI 软件显示图

3．ENVI 软件

ENVI（The Environment for Visualizing Images）是由美国 Exelis Visual Information Solutions 公司（简称 Exelis Vis）开发的一套功能齐全的遥感图像处理系统，是处理分析显示多光谱数据、高光谱数据和雷达数据的高级工具。ENVI 是完全由遥感领域的科学家采用交互式数据语言（interactive data language，IDL）开发的完整的遥感图像处理平台，用户可以灵活地对其进行二次开发，使用方便，可扩展性强。从 ENVI 4.8 版本开始，ENVI 与 ESRI 公司全面合作，将高级的影像处理与分析工具直接整合到 ArcGIS 系列产品中，这也进一步加强了遥感与 GIS 的一体化集成。ENVI 在图像处理中是基于波段的，当多个文件被同时打开时，用户可以选择不同文件中的多个波段同时进行处理，直观且功能强大。它是快速、便捷、准确地从影像中提取信息首屈一指的软件解决方案。今天，众多的影像分析师和科学家都选择用 ENVI 来从遥感影像中提取信息。ENVI 已经广泛应用于科研、环境保护、气象、石油矿产勘测、农业、林业、医学、国防安全、地球科学、公用设施管理、遥感工程、水利、海洋、测绘勘测和城市区域规划等领域。ENVI 软件显示图如图 1.4 所示。

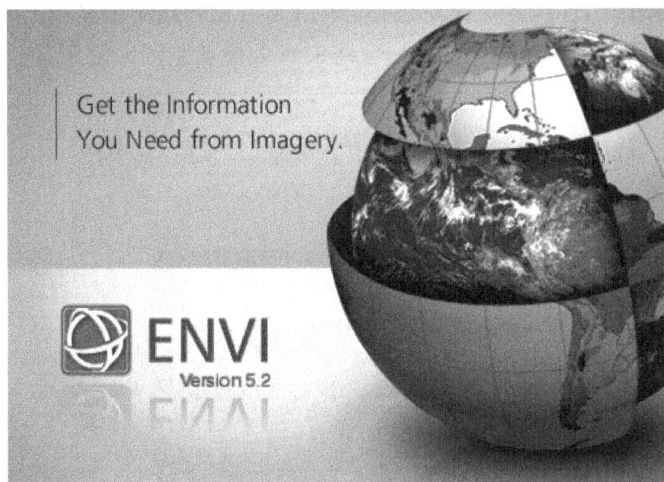

图 1.4   ENVI 软件显示图

相比其他遥感数字图像处理软件，ENVI 具有先进可靠的全套影像信息智能化提取分析工具，可以全面提升影像的价值；还具有专业的高光谱和多光谱分析工具，其高光谱分析一直处于世界领先地位，用户可以识别出图像中纯度最高的像元，通过与已知波谱库的比较确定未知波谱的组分；用户不但可以使用 ENVI 自带的波谱库，也可以自定义波谱库，甚至可以组合使用线性波谱分离和匹配滤波技术进行亚像元分解，以消除匹配误差，得到更精确的结果；ENVI 还具有完整的集成式雷达分析工具，可以快速处理雷达 SAR 数据，纹理分析功能还可以分段分析 SAR 数据；ENVI 还具有三维地形可视分析及动画飞行功能，能按用户制定的路径飞行，并能将动画序列输出为 MPEG 文件格式，便于用户演示成果；在 ENVI 中还可以随心所欲地扩展新功能，因为底层的 IDL 可以帮助用户轻松地添加、扩展 ENVI 的功能，甚至开发定制自己的专业遥感平台；ENVI 还将众多主流的图像处理过程集成到流程化（Workflow）图像处理工作中，进一步提高了图像处理效率。

1.3 软件操作基础

本节介绍 ENVI 中对图像的一些基本操作，包括图像的输入与输出、ENVI 的栅格文件系统。使用的数据为 Landsat TM data。

1.3.1 图像的输入与输出

要完成图像的输入，首先启动 ENVI 软件，选择 File→Open 选项，在打开的对话框中选择文件的正确路径，单击文件名 can_tmr.img，再单击 OK 按钮打开文件，将其进行 Linear2%的裁剪拉伸，即对图像 DN 值在 2%和 98%之间的做线性拉伸，在拉伸时去除小于 2%、大于 98%的值，这样绝大多数的异常值会在拉伸时被舍掉，可以显示出漂亮直观的效果，图像显示界面如图 1.5 所示。在左边打开的 Layer Manager 窗格中，可以显示 TM 图像各个波段的基本信息，在右边的 Toolbox 窗格中有大量功能强大的工具。

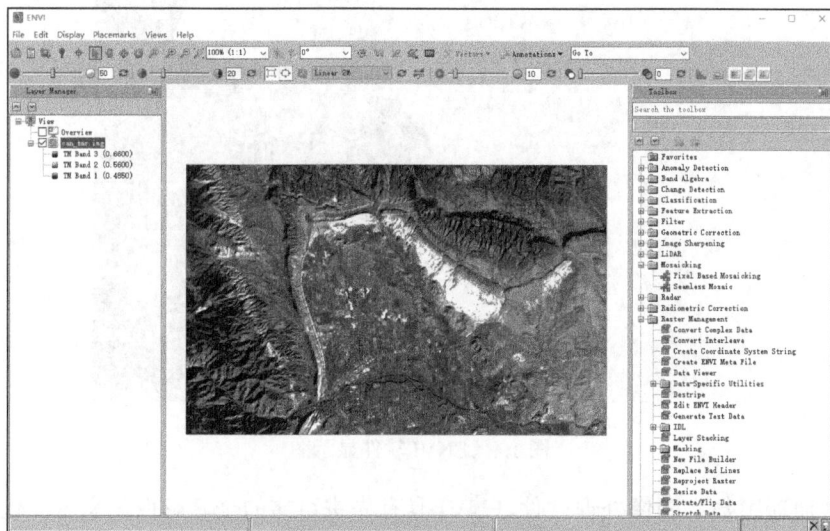

图 1.5　图像显示界面

要完成图像的输出，需要在图像所在窗口中选择 File→Save As 选项，选择需要输出的数据格式或文件类型。ENVI 支持多种数据格式之间的转换，其支持类型如图 1.6 所示。

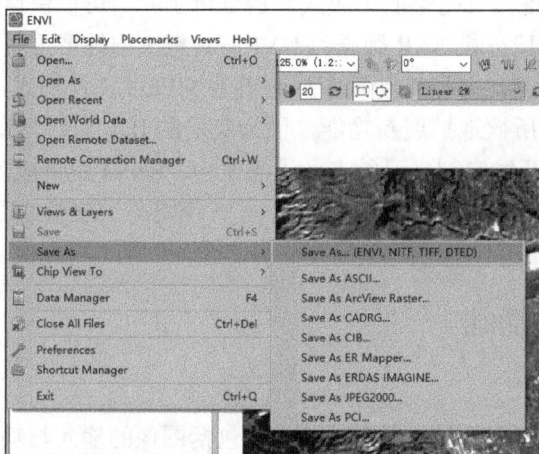

图 1.6　ENVI 支持转换的数据格式

1.3.2　ENVI 的栅格文件系统

ENVI 使用的是通用栅格数据格式，包含一个简单的二进制文件和一个相关的 ASCII 的头文件。ENVI 头文件包含用于读取图像数据文件的信息，它通常在数据文件首次被 ENVI 读取时被创建。单独的 ENVI 头文件提供图像尺寸、嵌入的头文件、数据格式及其他相关信息。所需信息通过交互式输入，或自动地用"文件吸取"创建，并且以后可以被编辑修改。在 Toolbox 中打开 Raster Management→Edit ENVI Header 工具，选择需要编辑头文件的影像，即 can_tmr.img，单击 OK 按钮后可看到该图像的头文件信息，如图 1.7 所示，并可对其头文件信息进行更改。另一种查看图像具体头文件信息的方法是，右击 Layer Manager 窗格中的图像文件名，在弹出的快捷菜单中选择 View Metadata 选项，打开如图 1.8 所示的窗格，也可实现对头文件信息的更改。

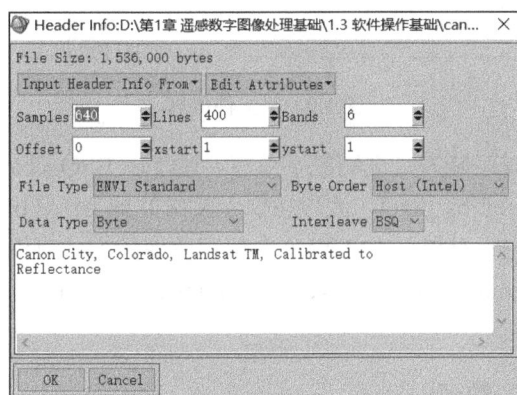

图 1.7　编辑头文件信息（1）

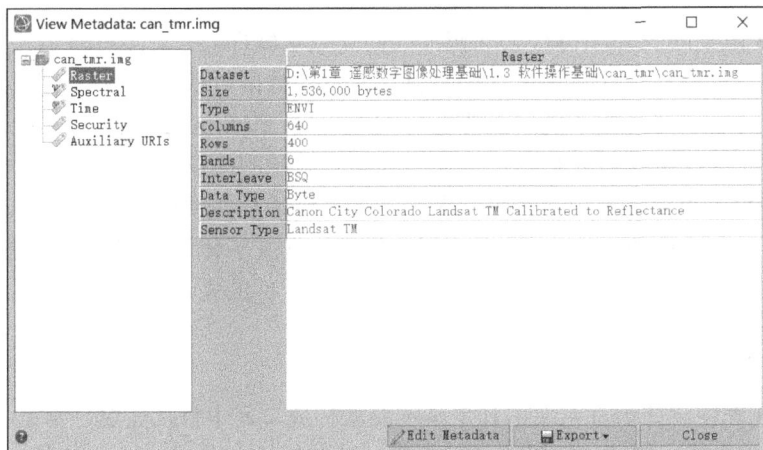

图 1.8　编辑头文件信息（2）

头文件名与图像文件名相同，但是文件的扩展名为.hdr（can_tmr.hdr）。用记事本打开头文件，如图 1.9 所示，在头文件中可以看到关于图像的行列数、波段、分辨率及投影方式等基本信息。

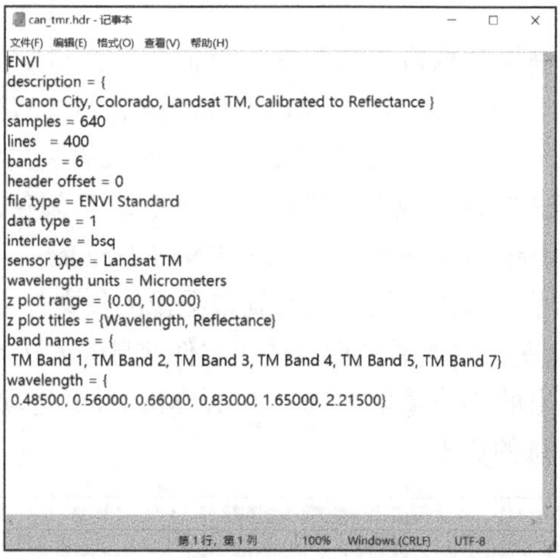

图 1.9　头文件信息

通用栅格数据都会被存储为二进制的字节流，通常以 BSQ（band sequential，按波段顺序）、BIP（band interleaved by pixel，波段按像元交叉）或 BIL（band interleaved by line，波段按行交叉）的方式进行存储。在 ENVI 中保存图像的方式有两种：一种是直接保存为文件；另一种是选择 Memory，记忆在 Available Bands List 菜单中。

1.4 　MATLAB 简介

MATLAB 是美国 MathWorks 公司出品的商业数学软件，主要面对科学计算、可视化及交互式程序设计的高科技计算环境，用于算法开发、数据可视化、数据分析及数值计算的高级技术计算语言和交互式环境，主要包括 MATLAB 和 Simulink 两大部分。它将数值分析、矩阵计算、科学数据可视化，以及非线性动态系统的建模和仿真等诸多强大功能集成在一个易于使用的视窗环境中，为科学研究、工程设计及必须进行有效数值计算的众多科学领域提供了一种全面的解决方案，并在很大程度上摆脱了传统非交互式程序设计语言（如C、Fortran）的编辑模式，代表了当今国际科学计算软件的先进水平。

1.4.1　MATLAB 程序设计语言

MATLAB 程序设计语言主要由几个基本要素构成，其中包括变量、常量、数值、细胞型数据、结构型数据、文本、运算符及标点等，以上各基本要素的组合实现 MATLAB 语言的强大功能。MATLAB 语言的核心是矩阵运算，在 MATLAB 语言中几乎所有的运算都以矩阵运算为基础，同时，与其他程序设计语言一样，MATLAB 语言也支持 for 语句、if-else-end语句、switch-case 语句等流程控制语句。同其他程序设计语言一样，要实现某种功能，需要编写源程序。MATLAB 的源程序就是 M 文件，一种按照 MATLAB 语言规则将 MATLAB

内置函数有机组合在一起的文件。M 文件分脚本文件和函数文件两种，M 文件不仅可以在 MATLAB 程序编辑器中编写，而且还可以在其他文本编辑器中编写，并以".m"作为扩展名加以存储。

　　MATLAB 使用 3 种存储格式来存储图像：uint8（8 位无符号整数）、uint16（16 位无符号整数）和双精度。MATLAB 图像处理工具箱支持 5 种类型的图像：二进制图像、灰度图像、RGB 图像、索引图像和多帧图像。

1.4.2　MATLAB 在遥感影像处理中的应用

　　数字图像实际上就是一组有序的离散数据，其在计算机中以矩阵的形式存储，而 MATLAB 正是基于矩阵的高级程序设计语言，所以 MATLAB 在处理图像方面具有天然的优越性。MATLAB 有着极其强大的图像处理功能，一方面，它采用丰富的图像处理函数，其图像处理函数分为图像的几何操作、图像变换、图像分析和增强图像压缩 4 类；另一方面，支持用户根据自己的需要编写图像处理程序，来完成图像显示、图像运算、图像变换、图像增强、图像复原、图像分析和理解等一般图像处理功能，同时还支持小波分析和神经网络等其他图像处理技术。在 MATLAB 中，通过菜单操作或函数命令操作读入图像，以矩阵形式存储，并通过操作矩阵名——变量来实现图像操作。利用 MATLAB 可以实现遥感影像的显示、遥感图像的输入与输出、遥感图像的影像变换、遥感图像的边缘检测、图像增强等功能。下面将简要介绍具体实现上述功能的函数。

　　1）用于图像显示的函数：image( )和 imshow( )两个函数均可用于数据和图像的显示。

　　2）用于图像输入与输出的函数：imread( )函数支持对 CUR、MP、DF、ICO、JPG、PCX、PNG、TIF 和 XWD 等格式图像的输入；imwrite( )函数支持对 CUR、MP、DF、ICO、JPG、PCX、PNG、TIF 和 XWD 等格式图像的输出。

　　3）用于图像类型转换的函数：im2bw( )函数可以将真彩色、索引色和灰度图像转换为二值图像；ind2gray( )函数可以将索引色图像转换为灰度图像；ind2rgb( )函数可以将索引色图像转换为真彩色图像；mat2gray( )函数可以将数据矩阵转换为灰度图像；rgb2gray( )函数可以将真彩色图像转换为灰度图像；rgb2ind( )函数可以将真彩色图像转换为索引色图像。

　　4）实现遥感图像边缘检测的函数：MATLAB 的图像处理工具箱提供了 edge( )函数来实现检测边缘的功能，其具体代码如下所示，边缘检测结果对比如图 1.10 所示。

图 1.10　边缘检测结果对比

```
img=imread('10.jpg');                    %读入图像
img=rgb2gray(img);                        %原始图像灰度化
img_edge=edge(img,'canny');               %调用 MATLAB 内置函数
figure;imshow(img_edge);title('canny');   %显示边缘检测图像
```

5）实现图像增强的函数：实现图像增强的一般方式有改善视觉效果和抑制噪声两种。图像增强的一般处理原理是输入图像为 $f(x, y)$，处理后的图像为 $g(x, y)$，则图像增强的数学表达式为 $g(X, Y)=T(f(X, Y))$，其中 T 表示输入、输出图像对应点的灰度映射关系。下面以直方图均衡化方法为例，实现图像增强功能，其具体代码如下所示。

```
I=imread('tire.tif');             %读入图像
J=histeq(I);                      %直方图均衡化
subplot(1,2,1),imshow(I)          %显示原始图像
subplot(1,2,2),imshow(J)          %显示增强后的图像
figure
subplot(1,2,1),imhist(I,64)       %显示直方图
subplot(1,2,2),imhist(J,64)
```

图像增强处理结果对比如图 1.11 所示。从图 1.11 可以看到，图像被明显提亮了，一些细节信息更容易被读取。

图 1.11 图像增强处理结果对比

第2章

遥感图像预处理

图像预处理是遥感图像处理工程中非常重要的环节，是遥感图像处理和提取信息的基础，是遥感应用的第一步，也是非常重要的一步。目前的技术也非常成熟，大多数商业化软件都具备这方面的功能。预处理的流程在各个行业、不同数据中有点差异，而且注重点也各有不同，主要包括图像几何校正、图像融合、图像镶嵌和图像裁剪等过程。

遥感图像处理顺序一般如图 2.1 所示。

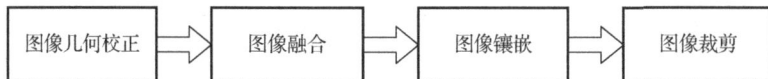

图像几何校正 ⇒ 图像融合 ⇒ 图像镶嵌 ⇒ 图像裁剪

图 2.1 遥感图像处理顺序

本章主要介绍以下内容：
- 2.1 图像几何校正
- 2.2 图像融合
- 2.3 图像镶嵌
- 2.4 图像裁剪

2.1 图像几何校正

遥感成像时，飞行器的姿态、高度、速度及地球自转等因素的影响，造成图像相对于地面目标发生几何畸变，这种畸变表现为象元相对于地面目标的实际位置发生挤压、扭曲、拉伸和偏移等，针对几何畸变进行的误差校正就称为几何校正。

几何校正是利用地面控制点（ground control point，GCP）和几何校正数学模型来校正非系统因素产生的误差，同时也是将图像投影到平面上，使其符合地图投影系统的过程，而将地图坐标系统赋予图像数据的过程称为地理编码（geo-coding）。

2.1.1 图像几何校正概述

1. 校正方法

ENVI 5.1 及更高版本针对不同的数据源和辅助数据提供的校正方法有基于自带地理信

息的几何校正（georeference by sensor）、Image Registration Workflow 流程化工具、图像-图像（image to image）几何校正、图像-地图（image to map）几何校正等。

本节主要讲述图像-图像几何校正及图像-地图几何校正的使用。

2．几何校正计算模型

ENVI 提供 3 种计算模型：仿射变换（RST）、多项式模型（Polynomial）、局部三角网（Triangulation）。

RST 校正是最简单的方法，需要 3 个或更多的控制点。多项式可进行 1～n 次校正，当进行多项式校正时，ENVI 要求所需的控制点数必须大于$(n+1) \times 2$（其中 n 为多项式的次数），局部三角网测量要求控制点较多，以及控制点分布均匀。

2.1.2　图像-图像几何校正

以一幅图像没有经过几何校正的栅格文件或者已经过几何校正的栅格文件作为基准图，通过从两幅图上选择相同的地物（控制点）来配准另一幅栅格文件，使相同地物出现在校正后的相同位置，大多数的几何校正都是通过这种方法来完成的。

本例将已经过校正的 TM 图像作为基准图像，把另一幅同一地区的不具备地理信息的 TM 图像与已经过校正的 TM 图像配准。本节内容需在 ENVI Classic 下完成，操作过程如下。

1．打开并显示图像数据

1）启动 ENVI Classic，选择 File→Open Image File 选项，打开准基图像 12943.img（R: BAND5、G:BAND4、B:BAND3）和待校正的图像 12943-raw.img（R:BAND2、G:BAND1、B:BAND3）。

2）在 Available Bands List 窗口中分别选择显示图像合适的 RGB 通道波段组合（图 2.2）。

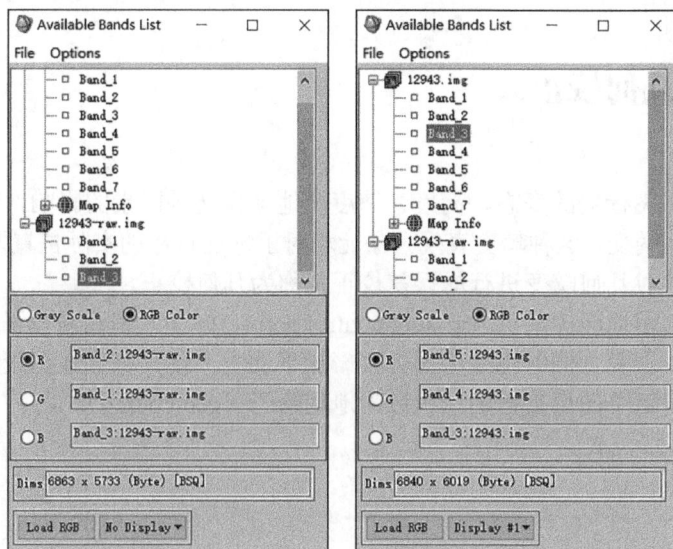

图 2.2　加载波段

3）单击 Load RGB 按钮，分别将两幅图像显示在 Display 窗口中。加载一幅图像后，需新建一个 Display 窗口显示另一幅图像：选择 Display#1 窗口工具栏或在主菜单栏中选择 Window→Start New Display Window 选项，创建新的窗口并加载图像，使得能够在两个窗口显示它们（图 2.3）。

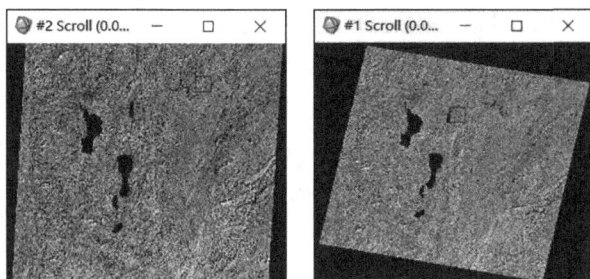

图 2.3　在 Display 中显示图像

2．启动几何校正模块

1）在主菜单栏中选择 Map→Registration→Selects GCPs: Image to Image 选项，打开几何校正对话框。

2）在 Base Image（基准图像）列表中选择 Display #1（显示 12943.img 图像）选项，在 Warp Image（待校正图像）列表中选择 Display #2（显示 12943-raw.img 图像）选项，如图 2.4 所示。单击 OK 按钮，进入"采集地面控制点"步骤。

3．采集地面控制点

1）寻找地面控制点：在两个 Display 窗口中移动方框位置，寻找明显的地物特征点作为输入的地面控制点（ground control point，GCP）。在 Zoom 窗口中，将十字光标定位到相同的点上。

2）添加地面控制点：在 Ground Control Points Selection 窗口中单击 Add Point 按钮，将收集当前找到的点。

用同样的方法继续寻找其余的点，当选择的地面控制点数量达到 3 时，RMS Error 被自动计算并显示在窗体下方（图 2.5）。同时，Ground Control Points Selection 窗口中的 Predict 按钮可用，这时在基准图像显示窗口中单击一个特征点后再单击 Predict 按钮，可在带校正图像显示窗口中自动预测区域，适当调整位置后添加地面控制点。随着地面控制点数量的增多，预测精度会越来越高。

图 2.4　几何校正参数选择

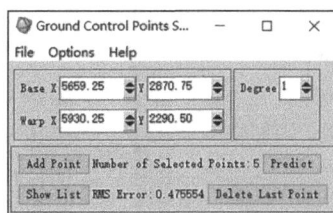

图 2.5　地面控制点信息

3）选择 Options→Auto Predict 选项，打开自动预测功能，在基准图像显示窗口中单击一个特征点后将自动执行 Predict 功能。

4）自动找点功能：当选择的地面控制点达到一定数量（3 个以上）后，可以利用自动找点功能。在 Ground Control Points Selection 窗口中选择 Options→Automatically Generate Points 选项，然后在打开的对话框中选择一个匹配波段，如选择 Band3，单击 OK 按钮。

在打开的 Automatic Tie Points Parameters 对话框中，设置 Number of Tie Points（Tie 点的数量）为 25，其他选项选择默认参数，如图 2.6 所示，单击 OK 按钮。

5）处理地面控制点：在 Ground Control Points Selection 窗口中，单击 Show List 按钮，可以看到所有的地面控制点列表，如图 2.7 所示。

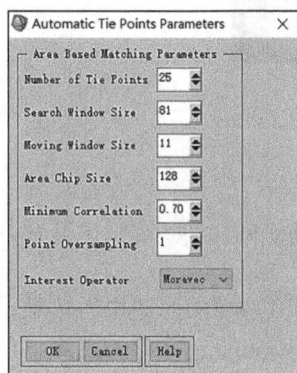

图 2.6　Automatic Tie Points Parameters 对话框

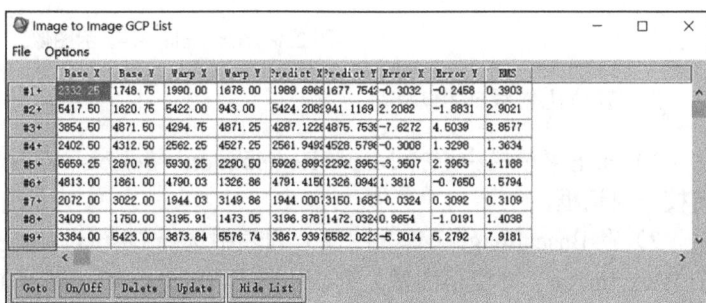

图 2.7　地面控制点列表

选择 Image to Image GCP List 窗口中的 Options→Order Points by Error 选项，按照 RMS Error 值由高到低排序。对于 RMS Error 值较高的点，直接删除或重新定位。

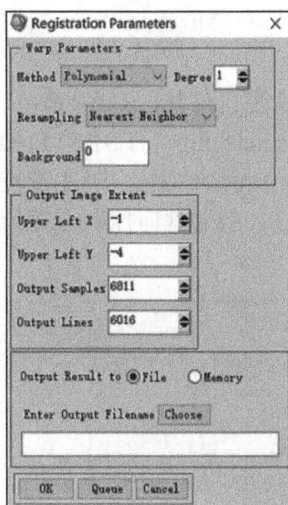

当 Ground Control Points Selection 窗口中的 RMS Error 值小于 1、点的数量足够多且分布均匀时完成地面控制点的选择。

6）保存地面控制点：在 Ground Control Points Selection 窗口中，选择 File→Save GCPs to ASCII 选项，保存地面控制点。

4. 选择校正参数输出结果

Warp File：在 Ground Control Points Selection 窗口中，选择 Options→Warp File 选项，然后在打开的对话框中选择校正文件（12943-raw.img），在 Registration Parameters 对话框中可以修改校正方法（Method）、重采样（Resampling）、背景值（Background）、输出图像范围（Output Image Extent）等信息，选择输出路径和文件名，单击 OK 按钮（图 2.8）。

图 2.8　Warp File 校正参数设置

通过这种校正方法得到的结果，它的尺寸大小、投影参数和像元大小都与基准图像一致。若两幅图像像元大小不一，需要修改像元大小，则需使用 Options→Warp File（as Image Map）选项。

5．检验校正结果

同时在两个窗口中打开图像，其中一幅是基准图像，另一幅是校正后的图像，进行视窗链接（Link Displays）及十字光标或地理链接（Geographic Link），如图 2.9 所示。

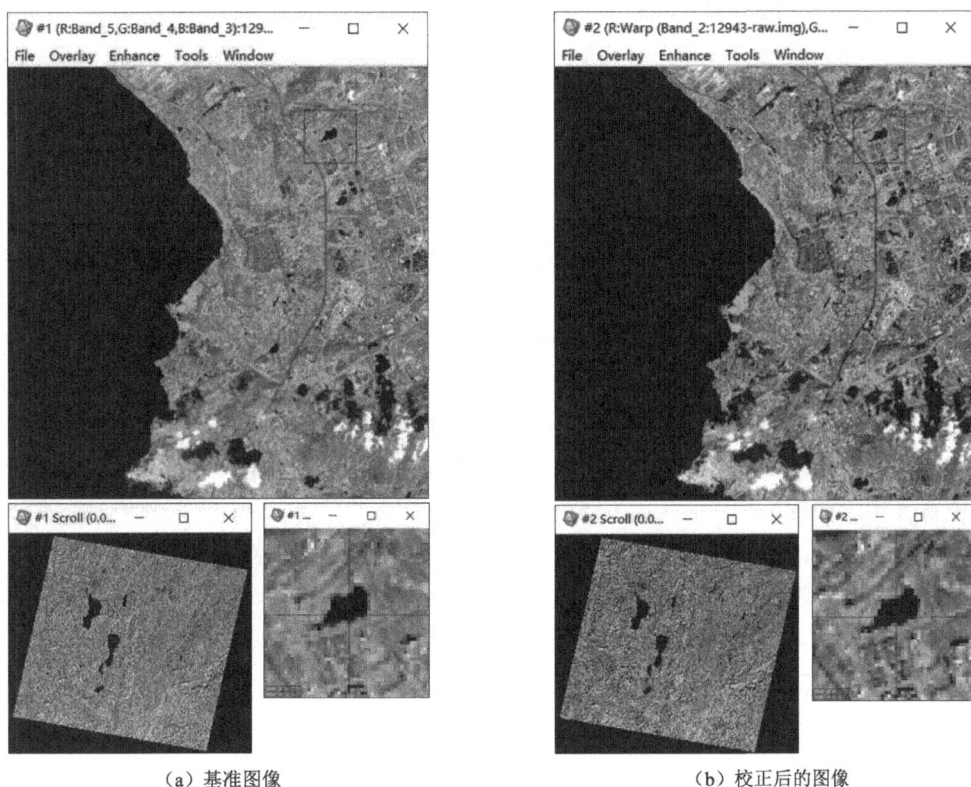

（a）基准图像　　　　　　　　　　（b）校正后的图像

图 2.9　检验校正结果

2.1.3　图像-地图几何校正

图像-地图几何校正的校正过程与图像-图像几何校正的校正过程基本类似。图像中的地面控制点（GCPs）由缩放窗口中的光标选择。也可以选择亚像元坐标，相应的地图坐标被手工输入或从矢量窗口输入。一旦选择了足够的点定义一个校正多项式，在校正图像中的 GCP 位置就能预测。

本例中将具有地理信息的数字线划图（digital line graph，DLG）用作基准，TM 图像将被校正到与它相同的坐标系统下。

操作过程如下。

1. 打开图像

在主菜单栏中选择 File→Open 选项，打开 TM "12943-raw.img" 图像、矢量图层 "河流_.evf" 和 "省道国道_.evf"。

2. 启动校正模块

1）在 Toolbox 中双击 Geometric Correction→Registration→Registration: Image to Map 工具，在打开的 Select Image Display Bands 对话框中选择对应的 R、G、B 波段。

2）在打开的 Image to Map Registration 对话框中的 Select Registration Projection 列表中选择要输出的投影。这里选择 Beijing_1954_GK_Zone_18，像元分辨率为默认的 30m，单击 OK 按钮（图 2.10）。

3. 采集地面控制点

1）在 Ground Control Points Selection 窗口中选择地面控制点，地面控制点的选择类似于图像-图像几何校正。

2）在校正图像的缩放窗口中定位要添加的地面控制点，它的相应像素坐标出现在 Image X 和 Image Y 数值框中（可能为亚像元）。然后分别在标有 E 和 N 的文本框中输入该点对应的地图坐标（将鼠标指针移动至主窗口相应点时，可从主窗口左下角读取）。

① 单击地图投影附近的按钮，在 Latitude 和 Longitude 文本框中输入地图上的地面控制点位置（用经纬度）。

② 用负（-）的经度代表西半球，负（-）的纬度代表南半球。

一旦选择完图像中需要的像元，且地图坐标已经输入，单击 Ground Control Points Selection 窗口中的 Add Point 按钮，即将点添加到地面控制点的列表中（图 2.11）。

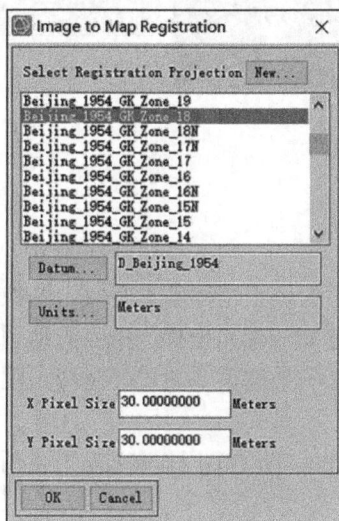

图 2.10　校正参数设置　　　　　　　　图 2.11　添加控制点

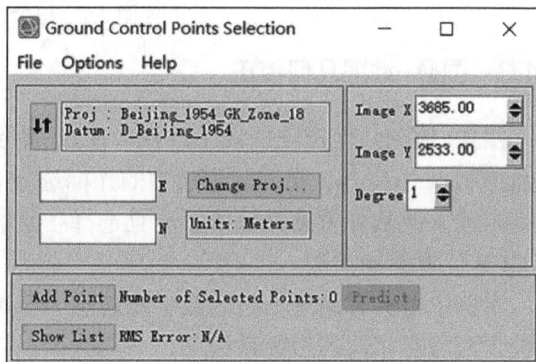

3）用同样的方法添加另外的地面控制点。为方便起见，同之前一样，我们也可从已保存的地面控制点文件中恢复地面控制点，选择 File→Restore GCPs from ASCII 选项，打开.pts文件。

4）单击 Show List 按钮，可以查看所有地面控制点的详细信息，包括地图坐标、图上的像素坐标、预测的像素坐标及 RMS 误差等（图 2.12）。

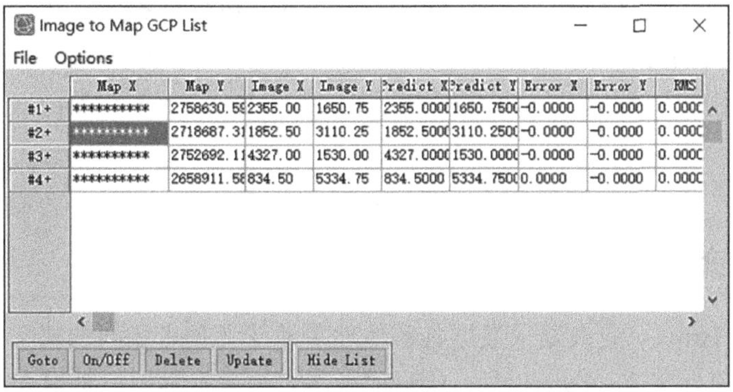

图 2.12　地面控制点信息

4．执行校正

1）在 Ground Control Points Selection 窗口中选择 Options→Warp File 选项，然后在打开的对话框中选择校正文件。

2）在 Registration Parameters 对话框中，Resampling（重采样）选择 Cubic Convolution，其他参数为默认选项，选择输出路径和文件，单击 OK 按钮（图 2.13）。

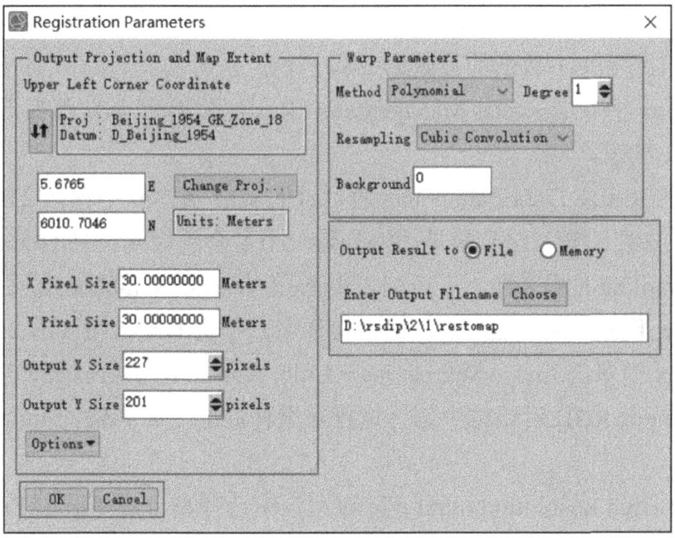

图 2.13　校正参数

2.2 图像融合

图像融合是将低空间分辨率的多光谱图像或高光谱数据与高空间分辨率的单波段图像重采样，生成一幅高分辨率多光谱图像的遥感图像处理技术。该技术可使处理后的图像既有较高的空间分辨率，又具有多光谱特征。ENVI 中提供了 HSV 变换、Brovey 变换、乘积运算（CN）、主成分（PC）变换、Gram-Schmidt Pan Sharpening（GS）几种融合方法。

下面主要介绍 Brovey 变换和 GS 融合方法的应用实例。

2.2.1 Brovey 变换

HSV 变换和 Brovey 变换要求数据具有地理参考或者具有相同的尺寸大小。RGB 输入波段数据类型必须为字节（byte）型。这两种操作方法基本类似，下面介绍 Brovey 变换的操作过程。

TM 与 SPOT 数据融合：

1）选择 File→Open AS→IP Software→ER Mapper 选项，在相应文件夹路径下分别打开 lon_tm.ers 和 lon_spot.ers。

2）Brovey 变换要求融合图像有相同的尺寸大小，因此需对数据进行重采样处理，使得采样后的 TM 图像大小与 SPOT 相同。在波段列表中单击 SPOT 图像的波段，在对话框下面显示其大小为 2820×1569 像素，然后单击 TM 数据的任意一个波段，注意到其图像大小为 1007×560 像素。TM 的空间分辨率为 28m，SPOT 全色波段的空间分辨率为 10m，因此 TM 数据重采样到 SPOT 数据的系数为 2.8。

- 在 Toolbox 中双击 Raster Management→Resize Data 工具，然后选择 lon_tm 文件，单击 OK 按钮。
- 在打开的 Resize Data Parameters 对话框的 xfac 文本框中输入 2.8，在 yfac 文本框中输入 2.802（输入这个数是因为补偿一个多余的像元，1569/560≈2.802）。
- 在 Resampling（重采样）下拉列表中选择 Nearest Neighbor 选项，在 Enter Output Filename 下面的文本框中输入输出文件名，单击 OK 按钮（图 2.14）。

3）在 Toolbox 中双击 Image Sharpening→Color Normalized（Brovey）Sharpening 工具，在打开的 Select Input RGB 对话框中选择进行重采样后的 TM 影像的 RGB 波段，单击 OK 按钮。

4）在打开的 High Resolution Input File 对话框中选择高分辨率波段 Pseudo Layer。

5）在打开的 Color Normalized Sharpening Parameters 对话框中选择重采样方式和输出文件路径及文件名，单击 OK 按钮输出融合结果（图 2.15）。

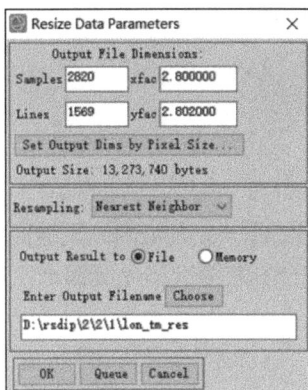

图 2.14 重采样参数

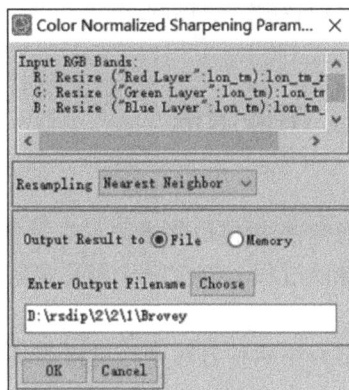

图 2.15 输出融合结果

2.2.2 GS 融合方法

GS 融合方法能较好地保持空间纹理信息，尤其能高保真保持光谱特征，专为最新高空间分辨率图像设计。

下面介绍使用 GS 融合方法实现 IKONOS 多光谱影像与全色波段融合：IKONOS 多光谱影像的分辨率为 4m，全色分辨率为 1m。

1）打开 mul.tif（多光谱数据）和 pan（全色波段数据），加载到显示窗口中，查看其范围和大小（前者为 750×750 像素，后者为 3000×3000 像素），确定采样系数为 4。

2）依照前述重采样步骤对光谱文件进行重采样，使其与全色图像尺寸大小相同（分别在 xfac 和 yfac 文本框中输入 4）。

3）在 Toolbox 中双击 Image Sharpening→Gram-Schmidt Pan Sharpening 工具。

4）在 Select Low Spatial Resolution Multi Band Input File 对话框中选择低分辨率多光谱影像 mul.tif，在 Select High Spatial Resolution Pan Input Band 对话框中选择高分辨率影像 pan。

5）在打开的 Pan Sharpening Parameters 对话框（图 2.16）中设置以下参数。

● 选择传感器类型（Sensor）：IKONOS。

● 选择重采样方法（Resampling）：Cubic Convolution。

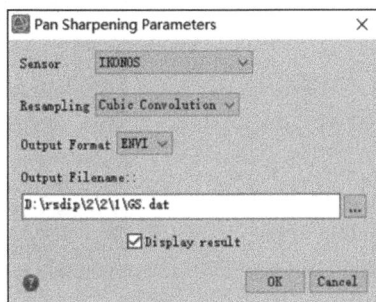

图 2.16 Pan Sharpening Parameters 对话框

6）设置输出文件路径和文件名，单击 OK 按钮输出结果。

2.3 图像镶嵌

图像镶嵌/拼接是将多幅具有重叠部分的遥感图像制作成一个大范围、无缝的、没有重叠的图像的过程。ENVI 5.1 及更高版本提供了基于像元的图像镶嵌和无缝镶嵌工具两种拼接方法。

本节介绍两种方法进行拼接的具体操作过程。

2.3.1 基于像元的图像拼接

基于像元的图像拼接（Pixel Based Mosaicking）操作过程如下：

1）启动 ENVI，打开并显示拼接图像 1、2。

2）在 Toolbox 中双击 Mosaicking→Pixel Based Mosaicking 工具。

3）在打开的 Pixel Based Mosaic 对话框中选择 Import→Import Files 选项，选择相应的镶嵌文件导入。

4）在 Select Mosaic Size 对话框中指定镶嵌图像的大小。可以通过将镶嵌图像行列数相加得到一个大概的范围。这里设置 Mosaic Xsize 为 500 像素，Mosaic Ysize 为 500 像素（图 2.17）。

5）在 Mosaic 窗口下方设置 X0 和 Y0 像素值，或在图像窗口中拖动图像来调整图像位置。

6）选择文件列表中的一个文件，右击，在弹出的快捷菜单中选择 Edit Entry 选项，在打开的对话框（图 2.18）中设置如下：

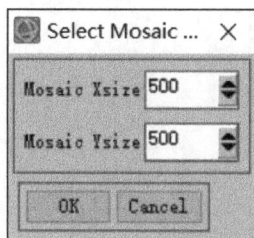

图 2.17　镶嵌图像大小参数设置

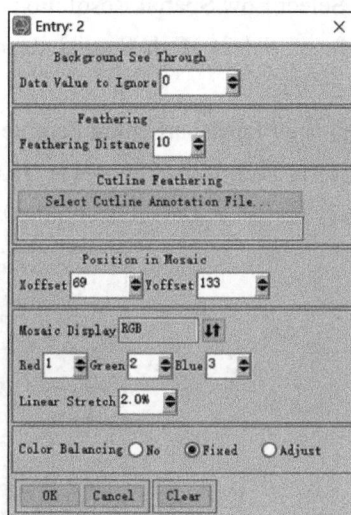

图 2.18　Entry 参数对话框

- 将 Data Value to Ignore（忽略的值）设置为 0；
- 将 Feathering Distance（羽化半径）设置为 10 像素；
- 将 Mosaic Display 设置为 RGB，并选择波段合成 RGB 图像显示；
- 将选中图像的 Color Balancing（颜色平衡）设置为 Fixed（基准图像）。

7）用同样的方法对其他图像文件进行设置，将 Color Balancing 设置为 Adjust。

8）设置效果如图 2.19 所示。

9）在 Mosaic 窗口中选择 File→Apply 选项；在 Mosaic Parameter 对话框中设置文件路径及文件名、背景值等。

图 2.19　拼接图像设置效果

2.3.2　无缝镶嵌工具

使用无缝镶嵌工具可以对图像镶嵌做到更精细的控制，包括镶嵌匀色、接边线生成和预览镶嵌效果等。下面介绍 ENVI 无缝镶嵌工具的操作流程。

1）打开镶嵌文件 lch_01w.img 和 lch_02w.img。

2）在 Toolbox 中双击 Mosaicking→Seamless Mosaic 工具，打开 Seamless Mosaic 对话框。

3）单击对话框左上角的 Add Scenes 按钮，在打开的 File Selection 对话框中选择待镶嵌影像，单击 OK 按钮，将其添加到 Seamless Mosaic 对话框（图 2.20）中。

4）当图像存在背景值时，在 Data Ignore Value 列表中设置每个图像的忽略值，达到透明效果。

5）在 Color Correction 选项卡中选择 Histogram Matching 选项，然后选择 Overlap Area Only（统计重叠直方图进行匹配），或选择 Entire Scene（统计整幅直方图进行匹配）。

6）在 Seamlines/Feathering 选项卡中选择 Apply Seamlines 选项，取消使用接边线。若需添加接边线，选择 Seamlines→Auto Generate Seamlines 选项，自动生成接边线（图 2.21）；

在羽化设置中可以选择 None（不使用羽化处理）、Edge Feathering（使用边缘羽化）和 Seamline Feathering（使用接边线羽化）。

7）在 Export 选项卡中设置输出格式、输出文件名及路径背景值等，设置完成后单击 Finish 按钮完成镶嵌过程，显示镶嵌结果（图 2.22）。

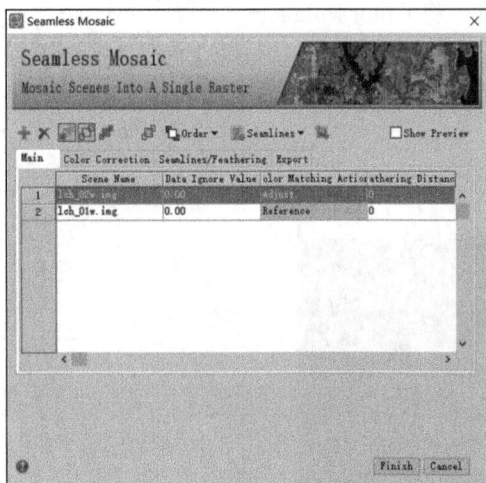

图 2.20　Seamless Mosaic 对话框

图 2.21　自动生成接边线

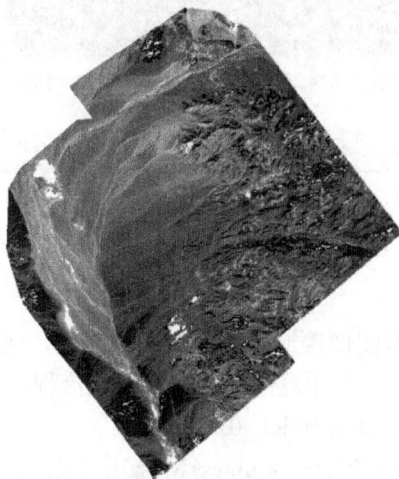

图 2.22　镶嵌结果

2.4　图像裁剪

在实际工作中，经常需要根据研究工作范围对图像进行裁剪（subset image），图像裁剪的目的就是将研究之外的区域去除。ENVI 的图像裁剪可分为规则裁剪和不规则裁剪。

2.4.1　规则裁剪

规则裁剪是指裁剪图像的边界范围是一个矩形，通过左上角和右下角两点坐标、图像文件、地图坐标、ROI/矢量文件，确定图像的裁剪位置的方法。规则裁剪功能在很多处理过程中都可以启动。下面介绍其中一种规则裁剪过程。

1）启动 ENVI，打开裁剪图像 TM5.dat。

2）在主菜单栏中选择 File→Save As 选项（图 2.23）。

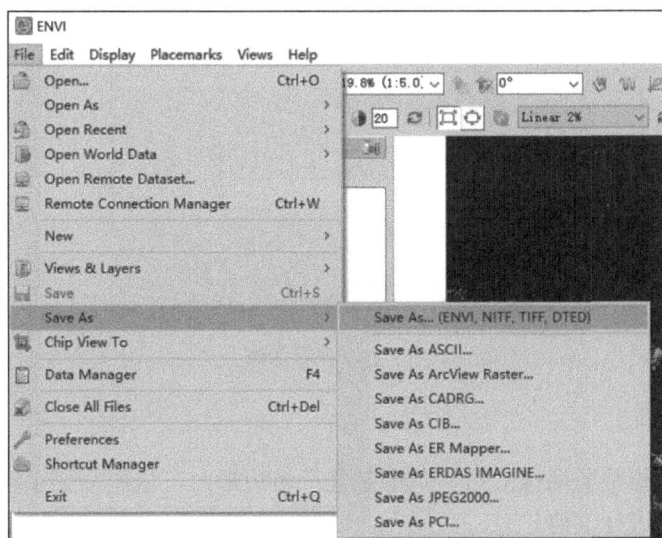

图 2.23　打开图像

3）打开 File Selection 对话框（图 2.24），单击 Spatial Subset 按钮。

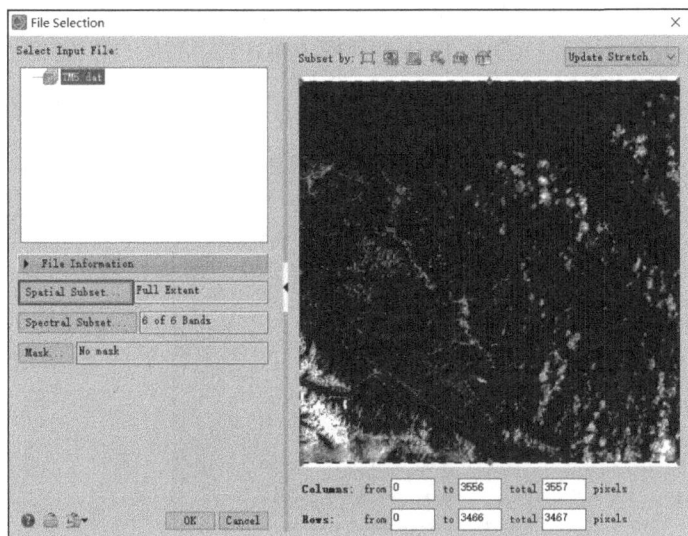

图 2.24　数据文件参数

4）可利用多种方法确定裁剪区域：

● 使用鼠标在图中手绘矩形区域，起始、终止行列号和区域大小显示在 Columns 和 Rows 所在行的文本框中，也可在文本框中直接输入，确定裁减范围。

● Use View Extent：使用当前 ENVI 视窗中显示的范围。

● Use Full Extent：使用整幅图像范围。

● Subset By File：可以根据矢量或栅格等外部文件的范围确定裁减范围。

5）单击 OK 按钮，在打开的 Save File As Parameters 对话框中选择输出路径及文件名（图 2.25），完成规则裁剪过程。

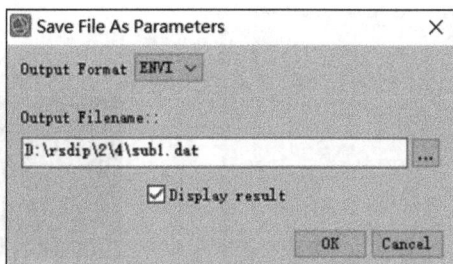

图 2.25　保存图像

2.4.2　不规则裁剪

不规则裁剪是指裁剪图像的边界范围是任意多边形，可依据需要手动绘制裁剪范围或依据已有矢量数据进行裁剪。

1. 手动绘制裁减范围

1）打开图像 TM5.dat。

2）单击主窗体界面中的 ROI 按钮，打开 Region of Interest（ROI）Tool 对话框。

3）在 Region of Interest（ROI）Tool 对话框中单击 按钮（图 2.26）。

图 2.26　Region of Interest（ROI）Tool 对话框

4）依据需要在图像上绘制感兴趣区。

5）在 Toolbox 中双击 Region of Interest→Subset Data from ROIs 工具。

6）选择要裁剪的图像，打开裁剪对话框；选择绘制的矢量文件为裁剪的范围，其余参数的设置如图 2.27 所示。

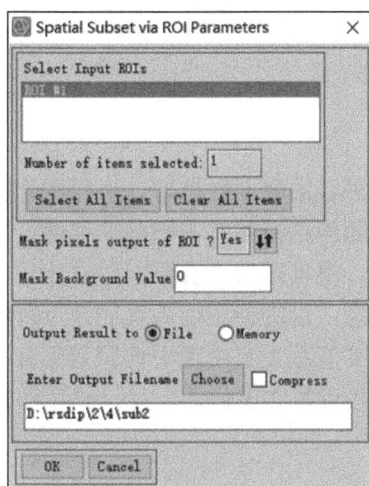

图 2.27　图像裁剪参数设置

7）选择输出路径及文件名，单击 OK 按钮，完成图像裁剪。

注意：在 Mask pixels output of ROI？后面的文本框中输入 Yes。默认为 No，其得到的结果是矢量的最大外边框的裁剪结果，即矩形区域。

2. 依据已有矢量数据裁剪图像

1）打开并显示图像 TM5.dat。

2）打开矢量文件，在 Data Manager 窗口中选中矢量文件后，单击 Load Data 按钮，将矢量文件加载到视窗中。

3）与手动绘制裁减范围进行裁剪的过程基本一致，只需将 Select Input ROIs 参数设置为现有矢量数据即可。

第 3 章

图 像 校 正

图像校正是指对失真图像进行的复原性处理。引起图像失真的原因有：成像系统的像差、畸变、带宽有限等；成像器件拍摄姿态和扫描非线性；运动模糊、辐射失真、引入噪声等。图像校正的基本思路是，根据图像失真原因建立相应的数学模型，从被污染或畸变的图像信号中提取所需要的信息，沿着使图像失真的逆过程恢复图像本来面貌。实际的复原过程是设计一个滤波器，使其能从失真图像中计算得到真实图像的估值，使其根据预先规定的误差准则，最大限度地接近真实图像。

本章主要介绍以下内容：

● 3.1 卫星图像正射校正
● 3.2 自定义 RPC 正射校正
● 3.3 辐射定标
● 3.4 大气校正

3.1 卫星图像正射校正

正射校正是对影像进行几何畸变纠正的一个过程，它对由地形、相机几何特性及与传感器相关的误差所造成的明显的几何畸变进行处理。输出的正射校正影像将是正射的平面真实影像。一般通过在像片上选取一些地面控制点，并利用原来已经获取的该像片范围内的 DEM 数据，对影像同时进行倾斜改正和投影差改正，将影像重采样成正射影像。

下面介绍使用正射校正流程化工具进行正射校正的方法。

1）在主菜单栏中，选择 File→Open As→QuickBird 选项，然后选择打开待校正数据。

2）在主菜单栏中，选择 File→Open 选项，打开正射校正需要的 DEM 数据文件。

3）在 Toolbox 中双击 Geometric Correction→Orthorectification→RPC Orthorectification Workflow 工具，打开正射校正流程化窗口。

4）在 File Selection 步骤中选择数据文件和 DEM 文件，单击 Next 按钮（图 3.1）。

5）在 RPC Refinement 步骤中，设置 4 个选项卡的参数。

① 选择 GCPs 选项卡，可以分别输入地面控制点（GCPs）。本例不使用地面控制点。

② 选择 Advanced 选项卡，设置以下参数（图 3.2）。

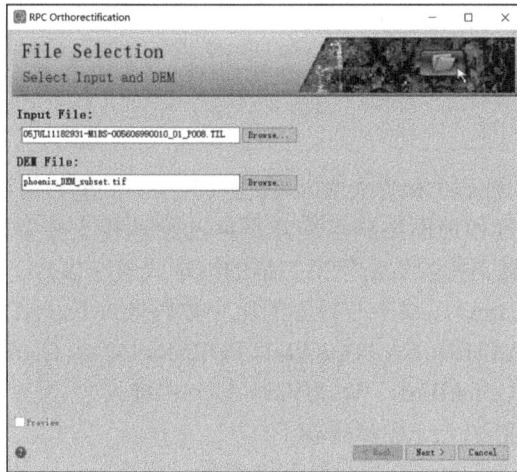

图 3.1　正射校正流程化窗口

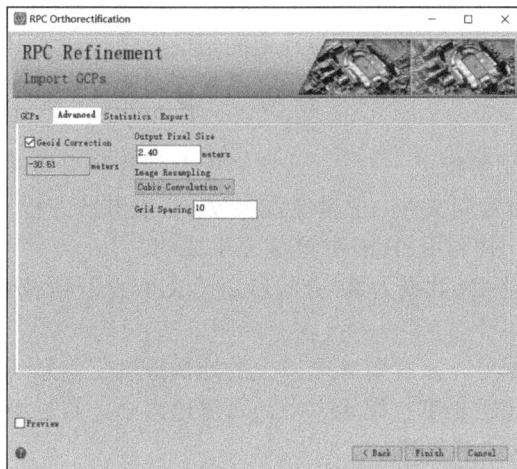

图 3.2　Advanced 选项卡参数设置

- Geoid Correction（大地水准面校正）：选择默认参数。
- Output Pixel Size（输出像元大小）：2.4m。
- Image Resampling（图像重采样方法）：Cubic Convolution。
- Grid Spacing（采样间隔）：10。

③ 选择 Statistics 选项卡，选择默认参数。

④ 选择 Export 选项卡，设置以下参数。

- Output File（输出文件格式）：ENVI。
- Output Filename（输出文件名）：设置输出文件路径和文件名。
- Export Orthorectification Report（输出报告文件）：选择默认参数。

6）选中 Preview 复选框，预览正射校正结果。

7）单击 Finish 按钮，执行正射校正。

3.2 自定义 RPC 正射校正

航空影像（框幅式和数码）和丢失 RPC 参数（缺少）卫星影像数据可以根据相机参数、传感器参数、外方位元素和地面控制点构建严格的物理校正模型，从而实现正射校正。ENVI 的自定义 RPC 工具支持的数据包括扫描的框幅式航空像片、框幅中心投影的航空数码像片（如 Vexcel UltraCamD）、线中心投影的航空数码像片（如 ADS40）及推扫式卫星（如 ALOS PRISM/AVINIR、ASTER、CARTOSAT-1、FORMOSAT-2、GeoEye-1、IKONOS、IRS-C、KOMPSAT-2、MOMS、QuickBird、WorldView-1、SPOT）。

自定义 RPC 文件正射校正一般步骤如下：

1）内定向（interior orientation，只针对航空像片而言）——内定向将建立相机参数和航空像片之间的关系。它使用航空像片间的条状控制点、相机框标点和相机的焦距进行内定向。

2）外定向（exterior orientation）——外定向把航空像片或者卫星遥感图片上的地物点同实际已知的地面位置（地理坐标）和高程联系起来。通过选取地面控制点，输入相应的地理坐标，进行外定向。

3）使用 DEM 进行正射校正——这一步将对航空像片和卫星遥感图片进行真正的正射校正。校正过程中将使用定向文件、卫星位置参数，以及共线方程（collinearity equations）。共线方程是由以上两步，并利用 DEM 共同建立生成的。

本节以一幅 SPOT 4 PAN 数据为例，介绍自定义 RPC 法正射校正卫星图像的操作过程。

（1）准备数据

除 SPOT 4 图像数据外，还需要 6 个以上的地面控制点信息（包括高程信息）及一些图像的属性信息，包括焦距长度、像元大小、入射角大小。常见相机参数介绍和常见传感器的焦距与像素大小见表 3.1 和表 3.2。

表 3.1 常见相机参数介绍

参数	含义	介绍
Type	相机类型	ENVI 支持 4 种相机类型
Focal Length/mm	相机或传感器焦距	常见相机和传感器的焦距参数见表 3.2
Principal Point x0/mm	投影中心点 x 坐标	通常情况下设置为[0.0, 0.0]，即投影中心点位于图像中心。实验室校准报告一般包含此参数
Principal Point y0/mm	投影中心点 y 坐标	
X Pixel Size/mm	CCD 的 X 像素大小	常见相机和传感器的像素大小见表 3.2
Y Pixel Size/mm	CCD 的 Y 像素大小	
Incidence Angle Along Track	沿轨道方向入射角	只对 Pushbroom Sensor 设置。可在 ENVI 帮助中获取常见传感器的参数，如 ASTER、Quickbird、SPOT、WorldView 等
Incidence Angle Across Track	垂直轨道方向入射角	
Sensor Line Along Axis	传感器前进方向轴	可选为 X 或 Y 轴方向
Polynomial Orders	多项式系数	根据需要选择。0 表示整幅图像参数固定；1 表示这些参数与 y 坐标有线性关系；2 表示使用二次多项式进行建模

表 3.2　常见传感器的焦距与像素大小

传感器	焦距/mm	像素大小/mm
ADS40	62.77	（0.0065, 0.0065）
ALOS AVNIR-2	800.0	（0.0115, 0.0115）
ALOS PRISM	1939.0	（0.007 cross-track, 0.0055 along-track）
ASTER	329.0　（Bands 1, 2, 3N） 376.3　（Band 3B）	（0.007, 0.007） Bands 1, 2, 3N, 3B
EROS-A1	3500	（0.013, 0.013）
FORMOSAT-2	2896	（0.0065, 0.0065）Pan
IKONOS-2	10000	（0.012, 0.012）Pan
IRS-1C	982	（0.007, 0.007）Pan
IRS-1D	974.8	（0.007, 0.007）Pan
KOMPSAT-2	900 Pan 2250 Multispectral	（0.013, 0.013）
Kodak DCS420	28	（0.009, 0.009）
MOMS-02	660	（0.01, 0.01）
QuickBird	8836.2	（0.013745, 0.013745）
SPOT-1~4	1082	（0.013, 0.013）Pan
SPOT-5 HRS	580	（0.0065, 0.0065）Pan
STARLABO TLS	60	（0.007, 0.007）
Vexcel UltraCamD	101.4	（0.009, 0.009）Pan
Z/I Imaging DMC	120	（0.012, 0.012）

（2）构建 RPC 文件

1）打开 SPOT 4 图像数据 spot_pan.tif。

2）在 Toolbox 中双击 Geometric Correction→Orthorectification→Build RPCs 工具，选择 SPOT 4 图像作为输入数据，单击 OK 按钮，打开 Build RPCs 窗口，进行窗口参数设置（内定向）。

- Type（相机类型）：Pushbroom Sensor。
- Focal Length（mm）（焦距长度）：1082.0。
- Principal Point x0（像中心点 x 坐标）、Principal Point y0（像中心点 y 坐标）：0。
- X Pixel Size（mm）、Y Pixel Size（mm）（X/Y 像素大小）：0.013。
- Incidence Angle Along Track（沿轨道方向入射角）：0。
- Incidence Angle Across Track（垂直轨道方向入射角）：16.8。
- Sensor Line Along Axis（传感器前进方向轴）：X。
- Polynomial Orders（多项式系数）：均选择 2。

3）进行外定向，在 Build RPCs 窗口中单击 Select GCPs in Display 按钮，在 Select GCPs in Display 选择框中选择 Select Projection for GCPs 选项，设置 GCP 点的投影信息。然后单击 OK 按钮进入控制点选择界面。

4）这里使用已有的控制点文件。在 Exterior Orientation GCPs 窗口中选择 File→Restore GCPs from ASCII 选项，然后在打开的对话框中选择文件 GCP.pts，单击 OK 按钮将控制点导入此窗口，结果如图 3.3 所示。

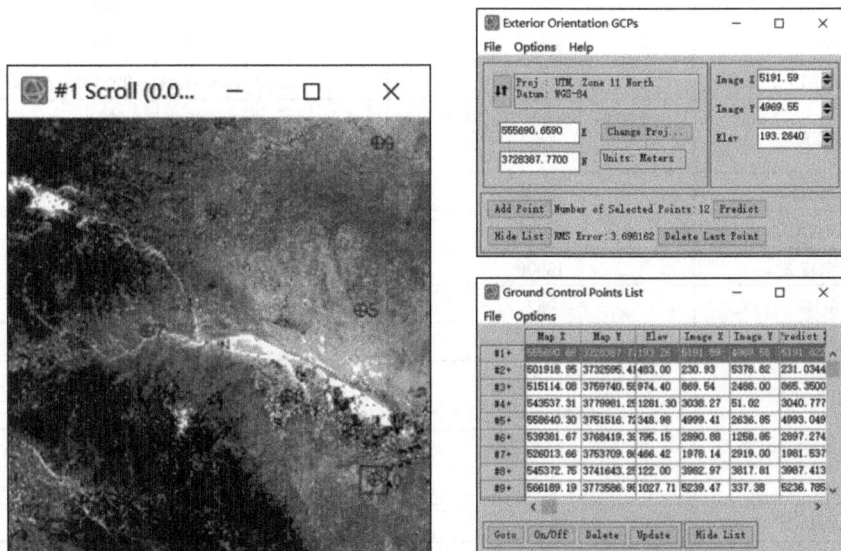

图 3.3　导入控制点

5）选择 Options→Export GCPs to Build RPCs Widget 选项，根据控制点信息计算外方位元素。回到 Build RPCs 窗口中，可以看到计算得到的外方位元素（图 3.4），单击 OK 按钮，出现最大高程（Maximum Elevation）与最小高程（Minimum Elevation）选项，系统会自动计算一个默认值。

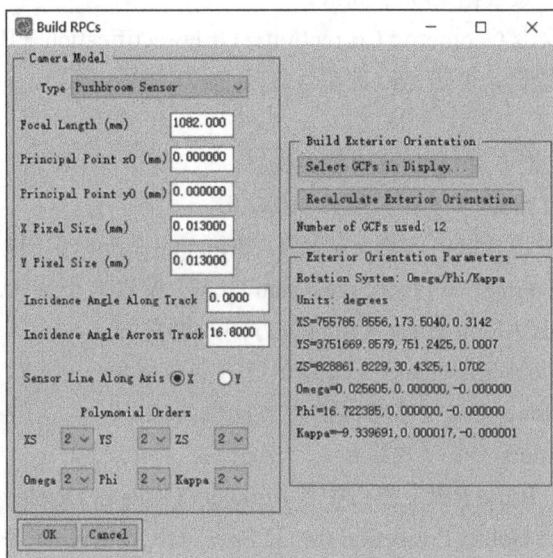

图 3.4　Build RPCs 窗口参数设置

6）单击 OK 按钮，执行 RPCs 计算。

计算得到的 RPCs 信息会自动保存在数据文件的头文件中，并与图像文件相关联（图 3.5）。

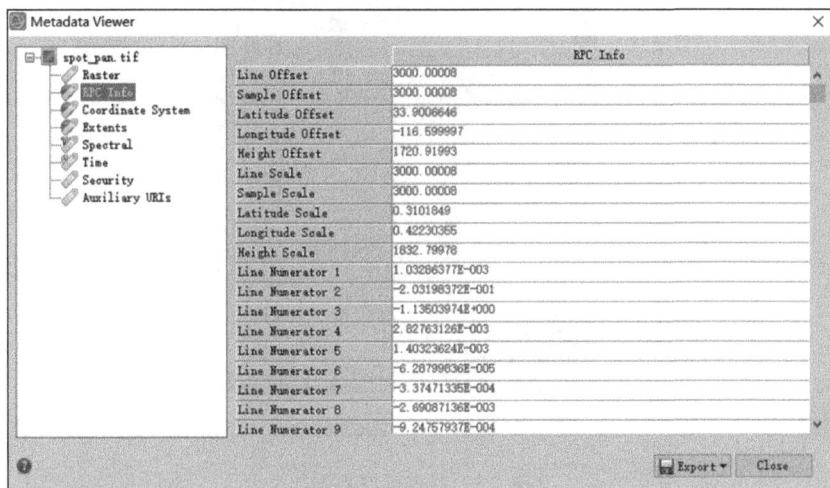

图 3.5　构建的 RPC 信息

（3）执行正射校正

参照 3.1 节介绍的卫星图像正射校正过程进行图像的正射校正，这里不再赘述。

3.3　辐射定标

辐射校正（radiometric correction）是指对由外界因素、数据获取及传输系统等产生的辐射失真或畸变进行校正，以消除或纠正因辐射误差而引起影像畸变的过程。辐射误差产生的原因可以分为传感器响应特性、太阳辐射情况及大气传输情况等几种情况。

辐射定标的目的是尽可能消除因传感器自身条件、薄雾等大气条件、太阳位置和角度条件及某些不可避免的噪声等引起的传感器的测量值与目标的光谱反射率或光谱辐射亮度等物理量之间的差异，尽可能恢复图像的本来面目，为遥感图像的识别、分类、解译等后续工作奠定基础，为大气校正做准备。

ENVI 提供通用定标工具（radiometric calibration），该工具通过读取元数据文件将数据定标为辐射亮度值（radiance）、大气表观反射率（reflectance）和亮度温度（brightness temperatures）。下面介绍辐射定标的过程。

1）数据读取：如图 3.6 所示，在主菜单栏中选择 File→Open As→Landsat→GeoTiff with Metadata 选项，打开 LC08_L1TP_119029_20170714_20170726_01_T1_ANG.txt 文件，数据将以真彩色显示。

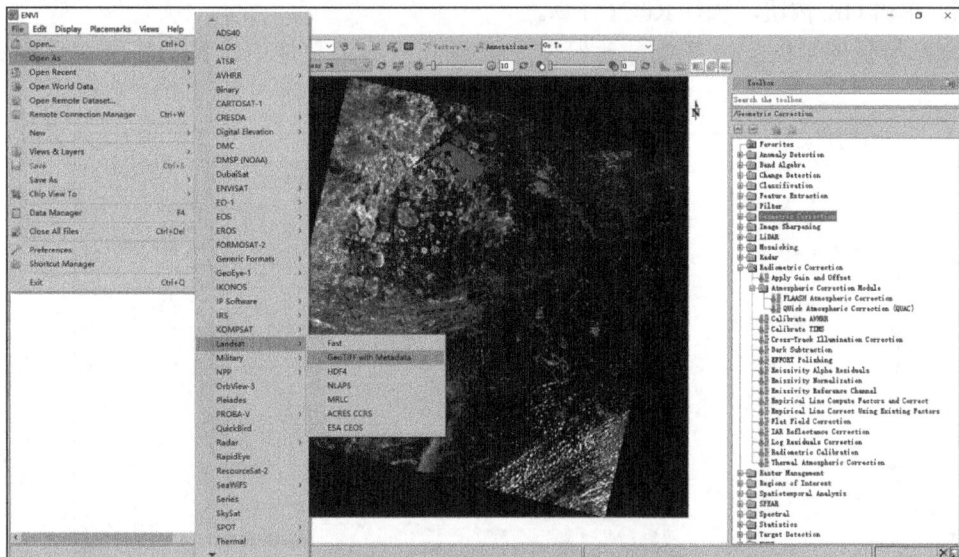

图 3.6　数据读取界面

2）在 Toolbox 中双击 Radiometric Correction→Radiometric Calibration 工具，在打开的 File Selection 对话框中选择可见光-红外组（图 3.7）。

3）单击 OK 按钮，在打开的 Radiometric Calibration 对话框中设置如下参数（图 3.8）。

- Calibration Type（定标类型）：Radiance（辐射亮度值）。
- Output Interleave（输出存储顺序）：BIL（按行顺序存储）。
- Output Data Type（输出数据类型）：Float（浮点型）。
- Scale Factor（缩放系数）：0.10。

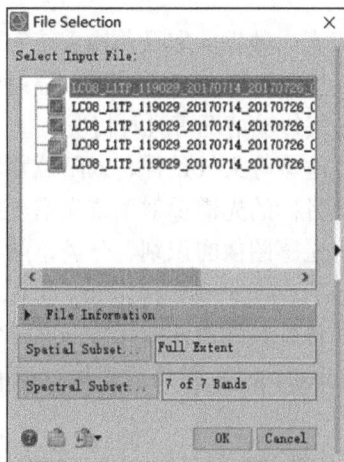

图 3.7　选择可见光-红外组

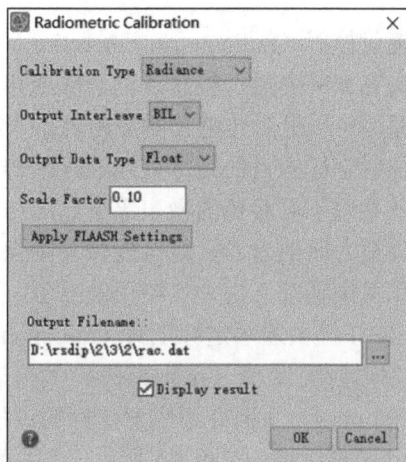

图 3.8　参数设置

4）选择路径和文件名，单击 OK 按钮，执行定标过程。辐射定标结果如图 3.9 所示。

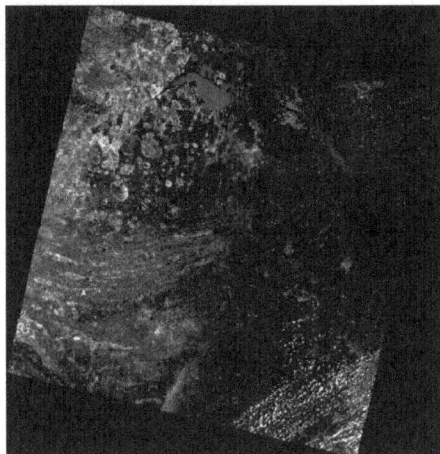

图 3.9 辐射定标结果 彩图 3.9

3.4 大气校正

大气校正的目的是消除大气和光照等因素对地物反射的影响，获得地物反射率、辐射率、地表温度等真实物理模型参数，同时也是为了获取地物真实反射率数据，是反演地物真实反射率的过程。

ENVI 提供两种大气校正模块：FLAASH（fast line-of-sight atmospheric analysis of spectral hypercubes）校正工具和快速大气校正工具（quick atmospheric correction，QUAC）。本节介绍使用 FLAASH 校正模块进行大气校正的过程。

FLAASH 大气校正具有支持传感器种类多、算法精度高、不依赖同步实测数据、操作简单等多种优点。具体流程如下：

1）研究区域的平均高程计算：FLAASH 中使用的平均高程可以通过统计相应区域的 DEM 数据获取。ENVI 5.1 提供全球 30s 空间分辨率（约 900m）的 DEM 数据，下面使用该数据获取区域平均高程（也可自行下载分辨率更高的 DEM 数据）。

① 在主菜单栏中选择 File→Open World Data→Elevation（GMTED 2010）选项，打开 ENVI 自带的全球 900m 分辨率的 DEM 数据。

② 打开并显示与需要统计区域对应的图像，用到的图像为 3.3 节经过辐射定标后的影像数据 rac。

③ 在 Toolbox 中双击 Statistics→Compute Statistics 工具，在打开的 Compute Statistics Input File 对话框中选择 GMTED2010.jp2 数据。单击 States Subsets 按钮，打开 Select Statistics Subset 对话框。

④ 在 Select Statistics Subset 对话框中单击 File 按钮，在打开的 Subset by File 对话框中选择与需要统计区域对应的图像，单击 OK 按钮。

⑤ 在打开的 Compute Statistics Parameters 对话框中选择默认参数设置，单击 OK 按钮。

⑥ 得到图像区域高程统计结果，如图 3.10 所示。Mean 值即为研究区域高程平均值。

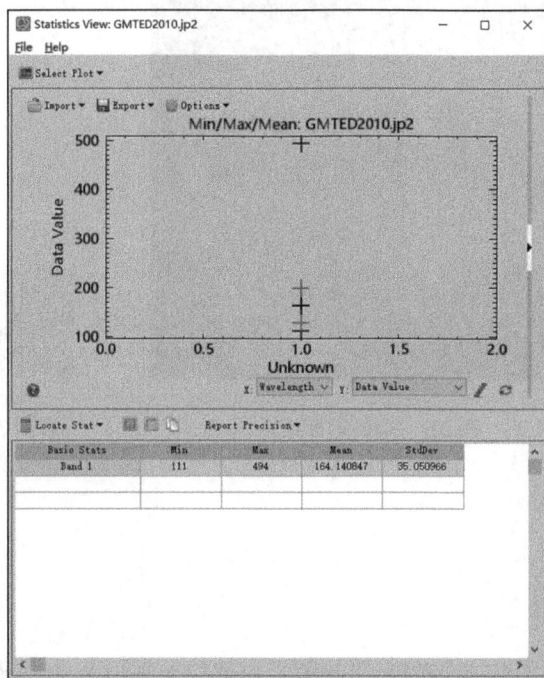

图 3.10　图像区域高程统计结果

2）在 Toolbox 中双击 Radiometric Correction→FLAASH Atmospheric Correction 工具，打开 FLAASH Atmospheric Correction Model Input Parameters 窗口。

3）单击 Input Radiance Image 按钮，添加已经定标好的数据（rec），在 Radiance Scale Factors 对话框中进行参数设置，如图 3.11 所示。

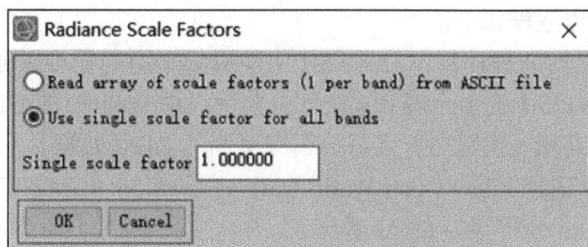

图 3.11　Radiance Scale Factors 对话框参数设置

4）单击 OK 按钮，回到 FLAASH Atmospheric Correction Model Input Parameters 窗口。右击 rac.dat，在弹出的快捷菜单中选择 View Metadata 选项，查看具体参数，并将参数设置到 FLAASH 窗口（图 3.12）中。

- Sensor Type（传感器类型）：Landsat-8 OLI。
- Lon（经度）：124　21　16.03。Lat（纬度）：44　36　13.15（自动获取）。

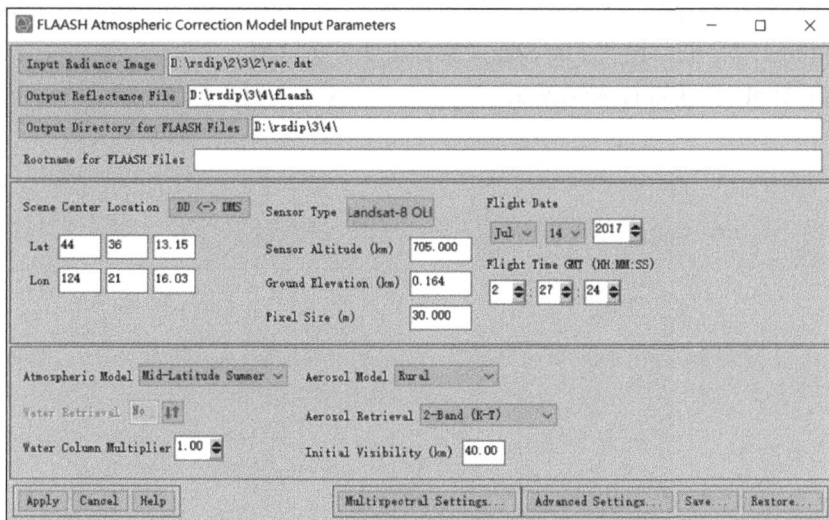

图 3.12　FLAASH 大气校正参数设置

- Ground Elevation（图像区域平均海拔）：0.164km。
- Flight Date（成像时间）：Jul-14-2017。Flight Time GMT（HH:MM:SS）：2:27:24。可由数据的 Time 属性获取，若为 UnKnown，也可由源数据*_MTL.txt 的 DATE_ACQUIRED 和 SCENE_CENTER_TIME 获取。
- Atmospheric Model（大气模型）：Mid-Latitude Summer。
- Aerosol Model（影像地域特征）：Rural。

5）多光谱设置（Multispectral Settings）：在图 3.12 中单击 Multispectral Settings 按钮，打开 Multispectral Settings 对话框，选择 Kaufman-Tanre Aerosol Retrieval 选项卡→Defaults→Over-Land Retrieval Standard（660:2100 nm），如图 3.13 所示。单击 OK 按钮，回到 FLAASH Atmospheric Correction Model Input Parameters 窗口。

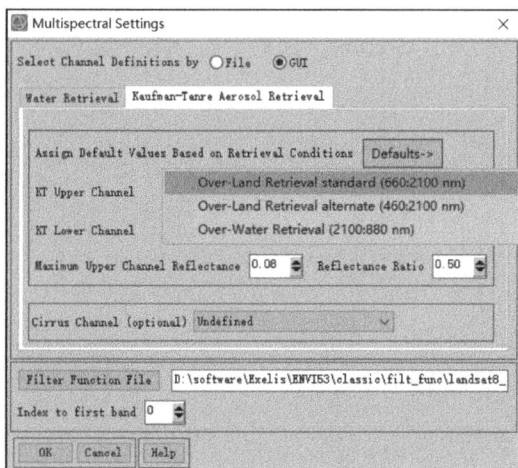

图 3.13　Multispectral Settings 对话框

6）高级设置（Advance Settings）：在图 3.12 中单击 Advance Settings 按钮，打开 FLAASH Advance Settings 对话框，设置 File Size（文件大小）为 200。

7）单击 Apply 按钮进行大气校正。

第4章

图 像 增 强

对图像数据采用各种图像增强算法，可以提高图像的目视效果，方便人工目视解译、图像分类中样本选取等。图像增强的主要目的是增强图像，以使图像更适合于特定的应用要求。

本章主要介绍以下内容：

- 4.1 空间域增强处理
- 4.2 辐射增强处理
- 4.3 光谱增强处理
- 4.4 波段组合图像增强
- 4.5 图像真彩色增强实例

4.1 空间域增强处理

空间域增强处理通过直接改变图像中的单个像元及相邻像元的灰度值来增强图像。这种增强方式往往是有目的的，如增强图像中的线状物体细部部分或主干部分等。

4.1.1 卷积滤波

滤波通常通过消除特定的空间频率来使图像增强。空域上的频率可以理解为像元亮度值随距离的变化。高频信息通常反映局部的变化，而低频信息通常反映整体的轮廓特征。空域滤波是通过将图像与一个模板进行运算而进行的，由于模板的对称性，这种运算相当于数学中的卷积运算，所以也称为卷积滤波，进行滤波的模板也称为卷积算子。用户选择卷积算子与图像进行卷积生成一个新的空间滤波图像。ENVI 中的卷积滤波包括以下类型：高通（high pass）滤波、低通（low pass）滤波、拉普拉斯（Laplacian）滤波、方向（directional）滤波、高斯高通（Gaussian high pass）滤波、高斯低通（Gaussian low pass）滤波、中值（median）滤波、Sobel 滤波、Roberts 滤波及用户自定义（user defined）滤波。

1. 卷积滤波的类型

（1）高通滤波

高通滤波在保持高频信息的同时，消除了图像中的低频成分。它可以用来增强不同区域之间的边缘，使图像尖锐化。通过运用一个具有高中心值的变换核来完成（典型地周围是负值权重）。ENVI 默认的高通滤波用到的变换核是 3×3 像素的（中心值为 8，外部像元值为-1）。高通滤波变换核的大小必须是奇数。

（2）低通滤波

低通滤波保存了图像中的低频成分，相当于对图像进行平滑化。ENVI 默认低通滤波使用 3×3 像素模板，模板中所有元素的和为 1，相当于对模板内的像素求平均后赋给中间像元。

（3）拉普拉斯滤波

拉普拉斯滤波是一个二阶导数算子，它不检测均匀的亮度值变化，而检测亮度值变化的变化率，计算出的图像更加突出亮度值突变的位置。而且它满足各向同性的要求，是同时增强所有方向的边缘和线条信息的简单而有效的方法。拉普拉斯算子的特点是中心像元值为正，南北和东西方向像元值为-1，角落为 0，默认为 3×3 像素。

（4）方向滤波

方向滤波是一个一阶导数算子，它有选择性地增强有特定方向的边缘。

（5）高斯滤波

高斯滤波通过一个指定大小的高斯卷积函数对图像进行滤波，可以采用高通也可以采用低通，默认大小为 3×3 像素，且卷积核的维数必须是奇数。

（6）中值滤波

中值滤波在保留比变换核大的边缘的同时，平滑图像。它用模板内的像元的中值（注意非均值）代替中心像元亮度值，中值滤波对消除图像的"椒盐噪声"（黑白斑点）非常有效。

（7）Sobel 滤波和 Roberts 滤波

Sobel 滤波和 Roberts 滤波算子属于非线性边缘增强，基于 Sobel 函数和 Roberts 函数，前者为两个 3×3 像素模板，后者为两个 2×2 像素模板。滤波器的大小不能被更改，也不能编辑变换核的大小。

（8）用户自定义滤波

用户自定义滤波可以通过选择和编辑一个用户卷积核，定义常用的卷积变换核。

2. 卷积滤波的具体操作过程

1）打开图像数据文件 can_tmr.img。

2）在 Toolbox 中双击 Filter→Convolutions and Morphology 工具。

3）在打开的 Convolutions and Morphology Tool 对话框（图 4.1）中，选择 Convolutions 选项卡后可选择滤波类型。

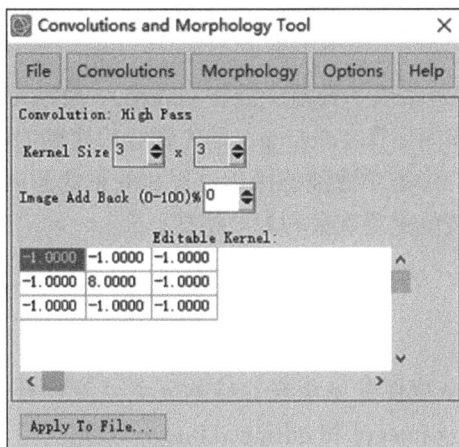

图 4.1　Convolutions and Morphology Tool 对话框

不同的滤波类型对应不同的参数，主要包括以下 3 种参数。

- Kernel Size（卷积核大小）：以奇数来表示，如 3×3 像素。注意：有些卷积核不能改变大小，如 Sobel 和 Roberts 卷积核。默认卷积核是正方形，若需使用非正方形，则选择 Options→Square Kernel。
- Image Add Back：输入一个加回值（add back），将原始图像中的一部分加回到卷积滤波结果图像上，有助于保持图像的空间连续性。该方法常用于图像锐化。加回值大小范围为 0～100。加回值是原始图像在输出图像中所占的百分比（权重）。例如，若加回值设置为 40%，那么原图像亮度值的 40%与滤波图像相应像元亮度值的 60%相加后作为结果图像的像元亮度值；若加回值设置为 100%，则相当于没有滤波。
- Editable Kernel：编辑卷积核中各项的值。在文本框中双击鼠标可进行编辑。选择 File→Save Kernel 或 Restore Kernel 选项，可将卷积核保存为文件（.ker）或打开一个卷积核文件。

4）若选择方向滤波，则打开 Directional Filter Angle 对话框（图 4.2），输入方向角，北向（竖直向上）为 0°方向，逆时针方向为正方向。

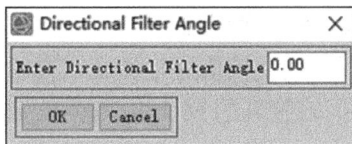

图 4.2　Directional Filter Angle 对话框

5）设置参数后，单击 Apply To File 按钮，在打开的 Convolution Input File 对话框中选择输入文件，单击 OK 按钮。

6）在 Convolution Parameters 对话框中设置输出文件路径，单击 OK 按钮，执行图像增强。

4.1.2　形态学滤波

ENVI 中的形态学滤波包括以下类型：膨胀（dilate）、腐蚀（erode）、开运算（opening，是先腐蚀后膨胀的结果）和闭运算（closing，是先膨胀后腐蚀的结果），它们在增强二值图像和灰度图像中各有特点。形态学滤波的操作过程和卷积滤波的操作过程基本类似，区别在于形态学滤波需设置滤波的重复次数和滤波格式。

1．形态学滤波类型

（1）膨胀

膨胀被用来在二值或灰度图像中填充比结构元素（变换核）小的孔。膨胀只能用于 unsigned byte、unsigned long-integer 和 unsigned integer 数据类型。

（2）腐蚀

腐蚀被用来在二值或灰阶图像中消除比结构元素（变换核）小的像元。

（3）开运算

开运算滤波器可以用于平滑图像边缘、打破狭窄峡部、消除孤立像元、锐化图像最大最小值信息。图像的开运算滤波被定义为先对图像进行腐蚀滤波，再用相同的结构元素（变换核）进行膨胀滤波。

（4）闭运算

闭运算滤波器可以用于平滑图像边缘、融合窄缝和长而细的海湾、消除图像中的小孔、填充图像边缘的间隙。图像的封闭滤波被定义为先对图像进行填充滤波，再用相同的结构元素（变换核）进行侵蚀滤波。

2．形态学滤波的具体操作过程

1）在 Convolutions and Morphology Tool 对话框中选择 Morphology 选项卡，然后选择滤波器类型。

2）设置参数，其中特有的参数如下。

● Cycles：滤波的重复次数。
● Style：滤波格式，有 Binary（二值的）、Gray（灰阶）、Value（值）这 3 种。若选择 Binary，则输出的像元呈黑色或白色；若选择 Gray，则保留梯度；若选择 Value，则表示允许对所选像元的变换核值进行膨胀或腐蚀。

3）单击 Apply To File 按钮，在打开的 Morphology Input File 对话框中选择输入文件和输出路径，对其进行相应的运算。

4.1.3　自适应滤波

自适应滤波主要基于每个像元方框中的像元标准差来计算一个新的像元值。原始的像元值由基于周围有效像元（符合标准差标准的像元）计算的新值代替。

不同于典型的低通平滑滤波器，自适应滤波器在抑制噪声的同时，保留了图像的锐化信息和细节。ENVI 提供了 8 个自适应滤波器，包括 Lee 滤波器、增强型 Lee 滤波器、Frost 滤波器、增强型 Frost 滤波器、Gamma 滤波器、Kuan 滤波器、Local Sigma 滤波器和 Bit Errors 滤波器。

1. Lee 滤波器

Lee 滤波器是一个基于标准差的滤波器，用于平滑强度与图像景象密切相关的噪声数据，但是含有附加成分。它对基于独立滤波窗口中计算出的统计图数据进行滤波。不像典型的低通平滑滤波器，Lee 滤波器和其他类似的标准差滤波器在压制噪声的同时，保留了图像的尖锐和细节。被过滤掉的像元值用周围像元计算的值代替。

2. 增强型 Lee 滤波器

增强型 Lee 滤波器可在保持雷达图像纹理信息的同时减少斑点噪声。它是 Lee 滤波器的改进，也同样对独立滤波窗口中计算出的统计图数据进行滤波。

3. Frost 滤波器

Frost 滤波器可在雷达图像中保留边缘的情况下，减少斑点。它按指数规律阻尼循环地均衡滤波，用于局部统计。参与滤波的像元值由到滤波器中心的距离、阻尼系数和局部变化计算的值来代替。

4. 增强型 Frost 滤波器

增强型 Frost 滤波器可在保持雷达图像纹理信息的同时减少斑点噪声。它是 Frost 滤波器的改进，也同样对独立滤波窗口中计算出的统计图数据进行滤波。

5. Gamma 滤波器

Gamma 滤波器可在雷达图像中保留边缘信息时，减少斑点。它类似于 Kuan 滤波器，但是假定数据呈 γ 分布。参与滤波的像元由局部统计计算的值代替。

6. Kuan 滤波器

Kuan 滤波器可在雷达图像中保留边缘的情况下，减少斑点。它将倍增的噪声模型变换为一个附加的噪声模型。这一滤波器类似于 Lee 滤波器，但有一个不同的权重函数。参与滤波的像元由局部统计计算的值代替。

7. Local Sigma 滤波器

Local Sigma 滤波器运用于滤波器核计算的局部标准差，判定在滤波器窗口内的有效像元。它只用滤波器盒里的有效像元计算出的平均值代替参与滤波的像元值。这一滤波器甚至在对比度低的区域，也能很好地保留细节和有效地减少斑点噪声。

8．Bit Errors 滤波器

比特误差噪声通常是图像中孤立像元（有与图像场景不相关的极值）导致的数据中的 spikes 的结果。这使得图像呈现"椒盐"的外观。ENVI 中比特误差的消除是通过用周围像元的平均值代替 spikes 像元的算法实现的。滤波器核里的局部统计（平均值和标准差）被用来为有效像元设置一个极限。

以 Lee 滤波器为例，比特误差消除的具体操作如下：

1）打开 ENVI，加载图像文件 can_tmr.img。

2）在 Toolbox 中双击 Filter→Lee Filter 工具。

3）在打开的 LEE Filter Input File 对话框中，选择一个文件或波段名。

4）打开 LEE Filter Parameters 对话框（图 4.3），在 Filter Size 文本框中输入所需滤波器的大小。

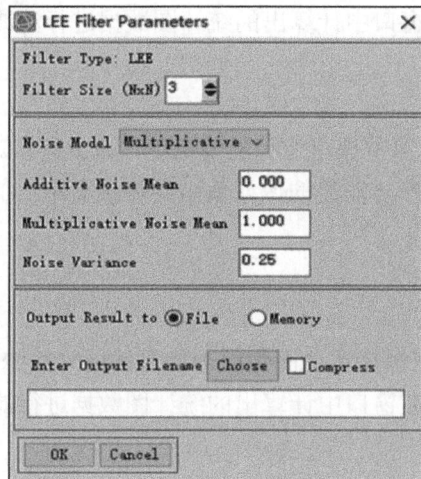

图 4.3　LEE Filter Parameters 对话框

5）在 Noise Model 下拉列表中选择 Additive、Multiplicative 或 Both 噪声模型。若需要，则可在相应文本框中输入数值，以改变 Additive Noise Mean 和 Multiplicative Noise Mean 的默认值 0 和 1。

6）若需要，则改变 Noise Variance 的值。当选择 Additive 或 Both 噪声模型时，Noise Variance 参数被设置为附加噪声变化量；当选择 Multiplicative 噪声模型时，Noise Variance 参数被设置为倍增的噪声。

7）选择 File 或 Memory 输出，单击 OK 按钮开始处理。

4.1.4　傅里叶变换

傅里叶变换又称数学三棱镜，能把遥感图像从空域变换到只包含不同频率信息的频域中，就如同白光通过三棱镜分解为 7 种具有不同频率的单色光一样。

根据傅里叶变换理论，对一幅遥感图像进行傅里叶变换后，将得到一个分布形式完全

不同于原图像的变换域——频域平面。原图像上的灰度突变部位（如物体的边缘）、图像结构复杂的区域、图像细节及干扰噪声等，经傅里叶变换后，其信息大多集中在高频区；而原图像上灰度变化平缓的部位（如区域概貌信息），经傅里叶变换后，大多集中在频域中的低频区。在频域平面中，低频区位于中心部位，而高频区位于低频区的外围，即边缘部位。一幅图像的频域上的信息分布特征被称为这幅图像的频谱。

傅里叶变换是可逆的，即对一幅图像进行傅里叶变换后所得到的频率函数再做反向傅里叶变换，又可得到原来的图像。在正变换之后，人为地改造频域，主要是在频域平面上设置一定的滤波器，有目的地压制或过滤掉某些频率成分，再经过傅里叶反变换，重新得到一张图像，新图像和原图像在空间频率特征方面会不一样，从而达到一定的图像增强的目的。这一过程就是频域滤波。正如前所述，空间滤波与频域滤波本质上是一样的，在空域上做卷积相当于在频域上做乘积（滤波器与频域就是做乘积）。

1. 正向傅里叶变换

正向傅里叶变换将图像从空域变到频域，频域为复数域，图像的数据类型为复数形式，所以它需要的存储空间是普通 byte 型数据的 8 倍，在频域图像中，中心为 0 频率成分，代表图像像元亮度值的平均值。从中心向边缘频率逐渐增大。（注意：若输入图像的行列号为奇数，则逆变换将不能正确进行，所以应确保行列号为偶数。）目前，完整的 FFT（快速傅里叶变换）是不进行 tiling 操作的，因此所能处理的图像大小受到系统内存的限制。

具体操作过程如下：

1）打开 ENVI，加载图像文件 can_tmr.img（图 4.4）。

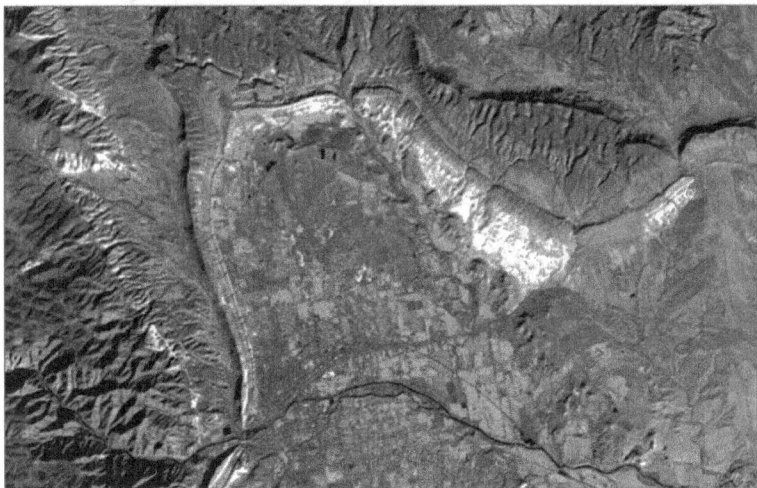

图 4.4　原始图像　　　　　　　　　彩图 4.4

2）在 Toolbox 中双击 Filter→FFT（Forward）工具。

3）在打开的 Forward FFT Input File 对话框（图 4.5）中选择所需处理的图像。需要注意的是，输入图像的行列数必须为偶数。

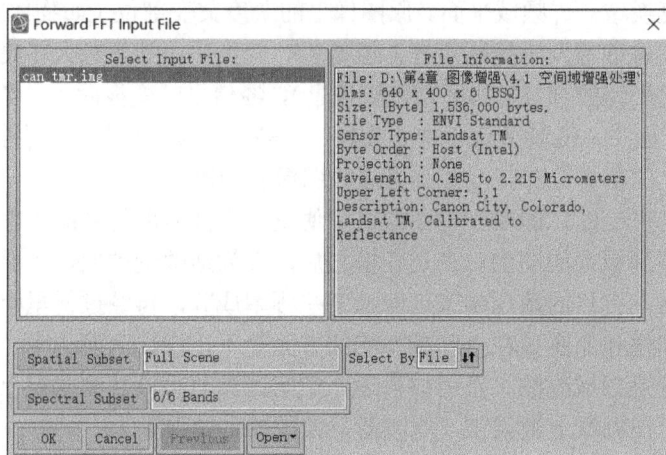

图 4.5　Forward FFT Input File 对话框

4）在 Forward FFT Parameters 对话框中选择输出路径，保存图像。ENVI 自动加载处理后的图像，图中中间很亮的部分集中了图像的低频信息；外围较暗的部分集中了图像的高频信息；图像中存在较为明显的小白条，即为周期性噪声，方向与空域中的图像垂直（图 4.6）。

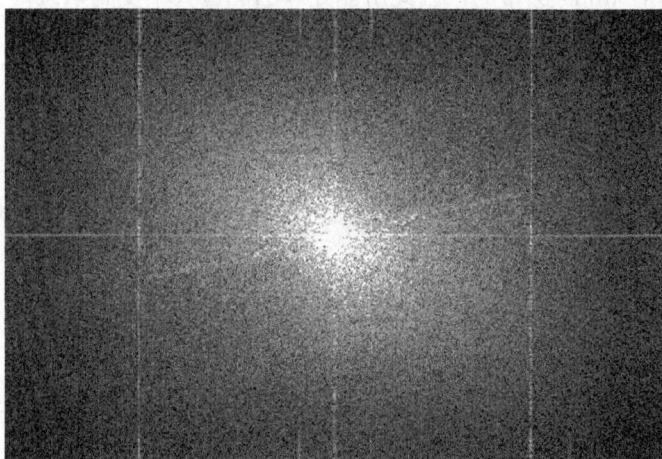

图 4.6　FFT 后的图像

2. 定义 FFT 滤波器

使用 FFT Filter Definition 选项可以交互式地直接定义滤波器，也可以通过在显示的 FFT 图像中绘制注记来定义滤波器。滤波类型包括 Circular Pass 和 Circular Cut，Band Pass 和 Band Cut，以及 User Defined Pass 和 User Defined Cut。其中用户定义的（user defined）滤波器用 ENVI 的注记功能来描述。

1）Circular Pass 和 Circular Cut。Circular Pass 为低通滤波器，Circular Cut 为高通滤波

器。需要在 Radius 数值框中以像元为单位输入滤波半径。Number of Border Pixels 参数用于平滑滤波器的边缘，0 值代表无平滑。

2）Band Pass 和 Band Cut。在 Inner Radius 和 Outer Radius 数值框中以像元为单位输入值，构成一个圆环。Band Pass 滤波器保留圆环以外的能量谱，Band Cut 保留圆环以内的能量谱。Number of Border Pixels 参数用于平滑滤波器的边缘，0 值代表无平滑。

3）User Defined Pass 和 User Defined Cut：可以将 ENVI 的形状注记导入滤波。

注意：注记文件需要在 ENVI Classic 中构建。

定义 FFT 滤波器的具体操作过程如下：

1）在 Toolbox 中双击 Filter→FFT Filter Definition 工具。

2）打开 Filter Definition 窗口（图 4.7），在 Samples 和 Lines 文本框中输入滤波器的尺寸大小。

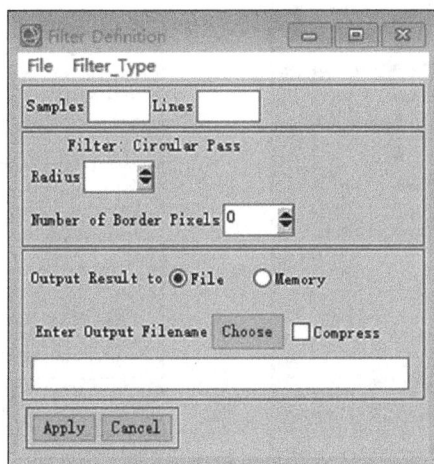

图 4.7　Filter Definition 窗口（1）

3）通过 Filter_Type（滤波器类型）选项选择滤波器的类型，不同的滤波器类型所需设置的参数不同。若选择自定义滤波器，则需要借助注记工具。

注记工具的构建方法如下：

① 打开 ENVI Classic，然后打开 FFT 正向变换后的图像。

② 在显示正向变换的 FFT 图像的主图像窗口中选择 Overlay→Annotation 选项，打开 Annotation Text 窗口（图 4.8），通过在 FFT 图像上绘制多边形或其他形状，勾绘出特定的噪声区域。

③ 在注记窗口中选择 Options→Turn Mirror On 选项，这样画出的图像呈中心对称，在图像窗口中用多边形画出上半部的亮斑区域，呈楔形，右击后下半部的对称位置也将出现一个楔形。

④ 保存注记到.ann 文件，以便下步使用。

⑤ 在主菜单栏中选择 Filter→FFT Filtering→Filter Definition 选项。

● 选择好以后，如果显示出一幅 FFT 图像，应迅速选择包含 FFT 图像的显示索引号

（Display #n），或指出滤波器不与哪个显示相关。因为滤波函数与感兴趣区一样，只与特定的图像大小相关，并不与某一个图像相关联，如果选择一个 FFT 图像显示，则相当于从中读取现成的行列号。

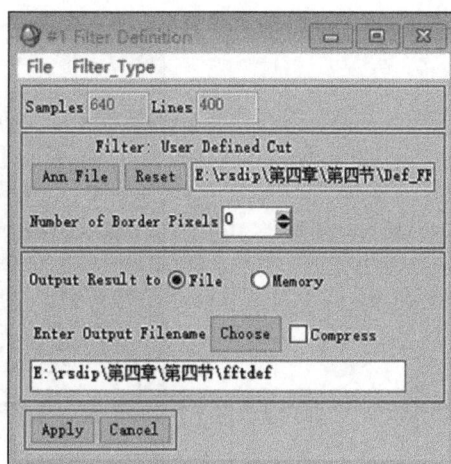

● 如果没有显示图像，在 Filter Definition 窗口（图 4.9）的 Samples 和 Lines 文本框中输入 FFT 图像的列数和行数值，以限定滤波器的大小，效果与上面一样。

⑥ 在 Filter Definition 窗口（图 4.9）的菜单栏中选择 Filter_Type 选项，若想去掉所画区域的频率，则选择 User Defined Cut 选项；若想保留画出区域的频率而去掉其他部分，则选择 User Defined Pass 选项。如果前面的注记窗口没关闭，那么将自动运用 Current Display；若关闭，可以单击 Ann File 按钮，并选择前面保存的注记文件。Number of Border Pixels 数值框可以指定边缘平滑的像素。这里选择默认设置，并输入输出文件的路径，单击 Apply 按钮，生成滤波器图像。

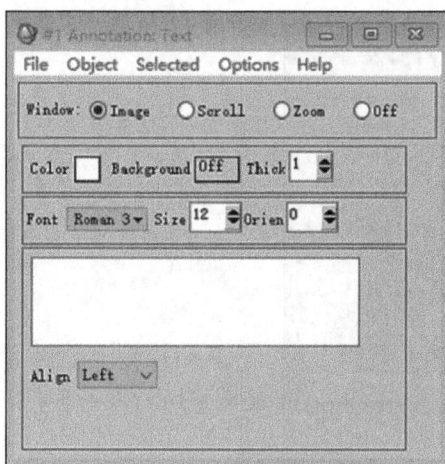

图 4.8　Annotation Text 窗口　　　　　图 4.9　Filter Definition 窗口（2）

3. 反向傅里叶变换

ENVI 反向 FFT 程序实际上包含两步操作，先应用滤波器函数对 FFT 图像进行滤波，然后将 FFT 图像反变换回空间域图像。

反向 FFT 具体操作过程如下：

1）在 Toolbox 中双击 Filter→FFT（Inverse）工具。

2）在打开的 Inverse FFT Input File 对话框中选择之前所处理过的正向 FFT 图像，单击 OK 按钮。

3）在打开的 Inverse FFT Filter File 对话框中，选择应用的滤波图像，单击 OK 按钮。

4）在打开的 Inverse FFT Parameters 对话框中，选择输出到 File 或 Memory，并指定输出数据的类型（字节型、整型、浮点型等）。默认为字节型。单击 OK 按钮，处理图像。

4.1.5　纹理增强

纹理是指图像色调作为等级函数在空间上的变化。被定义为纹理清晰的区域，相对于不同纹理的地区，灰度等级一定是比较接近的。ENVI 支持基于概率统计（occurrence measures）或二阶概率统计（co-occurrence measures）的纹理滤波。

1．基于概率统计的滤波

使用 Occurrence Measures 选项可以应用 5 个不同的基于概率统计的纹理滤波。概率统计滤波可以利用的是数据范围（data range）、平均值（mean）、方差（variance）、信息熵（entropy）和偏斜（skewness）。概率统计把处理窗口中每一个灰阶出现的次数用于纹理计算。

具体操作过程如下：

1）在 ENVI 中打开图像文件。

2）在 Toolbox 中双击 Filters→Occurrence Measures 工具，在 Texture Input File 对话框中选择图像文件。

3）在 Occurrence Texture Parameters 对话框（图 4.10）中，通过选中 Textures to Compute 选项组中纹理类型旁的复选框，选择要创建的纹理图像。

4）在 Rows 和 Cols 数值框中输入处理窗口的大小。

5）选择输出路径及文件名。单击 OK 按钮，开始处理。所选的纹理图像将被计算出来，并被放置在图层管理中。

2．基于二阶概率统计的滤波

使用 Co-occurrence Measures 选项可以应用 8 个基于二阶矩阵的纹理滤波，这些滤波包括平均值（mean）、方差（variance）、协同性（homogeneity）、对比度（contrast）、相异性（dissimilarity）、信息熵（entropy）、二阶矩（second moment）和相关性（correlation）。

二阶概率统计用一个灰色调空间相关性矩阵来计算纹理值，这是一个相对频率矩阵，表示像元值在两个邻近并且特定距离和方向分开的处理窗口中出现的频率，该矩阵显示了一个像元和它的特定邻域之间关系的发生数。例如，图 4.11 所示的二阶概率矩阵是在一个 3×3 的窗口中，由每一个像元和它的水平方向的邻域关系发生数生成的（变换值 $x=1$，$y=0$）。一个 3×3 基窗口中的像元和在水平方向变换了一个像元的 3×3 窗口中的像元被用来生成二阶概率矩阵。操作过程如下：

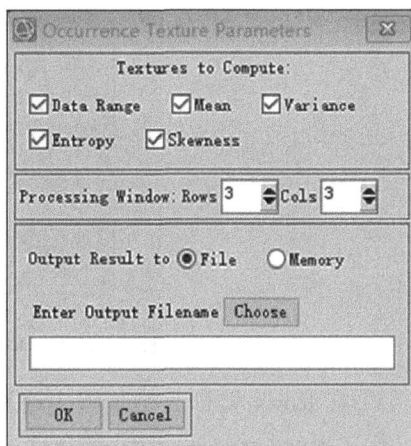

图 4.10　Occurrence Texture Parameters 对话框

图 4.11　二阶概率统计的滤波计算示意图

1）在 Toolbox 中双击 Filters→Co-occurrence Measures 工具，在 Texture Input File 对话框中选择图像文件。

2）在 Co-occurrence Texture Parameters 对话框（图 4.12）中选中 Textures to Compute 选项组中的纹理类型复选框，选择要创建的纹理图像。

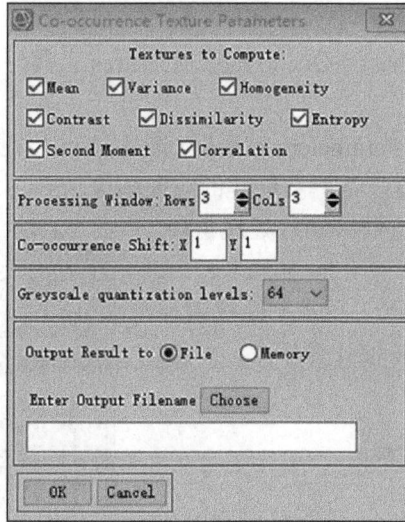

图 4.12　Co-occurrence Texture Parameters 对话框

3）在 Rows 和 Cols 数值框中输入处理窗口的大小。

4）Co-occurrence Shift：输入 X、Y 变换值，用于计算二阶概率矩阵。

5）选择 Greyscale quantization levels（灰度量化级别）：None、64、32 或 16。

6）选择输出路径及文件名。单击 OK 按钮，开始处理。所选的纹理图像将被计算出来，并被放置在图层管理中。

4.2　辐射增强处理

辐射增强处理是通过对单个像元的灰度值进行变换来增强处理的，如直方匹配、直方图拉伸、去除条带噪声等。

4.2.1　交互式直方图拉伸

将一个多光谱图像打开并在视窗中显示。在主菜单栏中选择 Display→Custom Stretch 选项，打开 Custom Stretch 窗口，如图 4.13 所示。

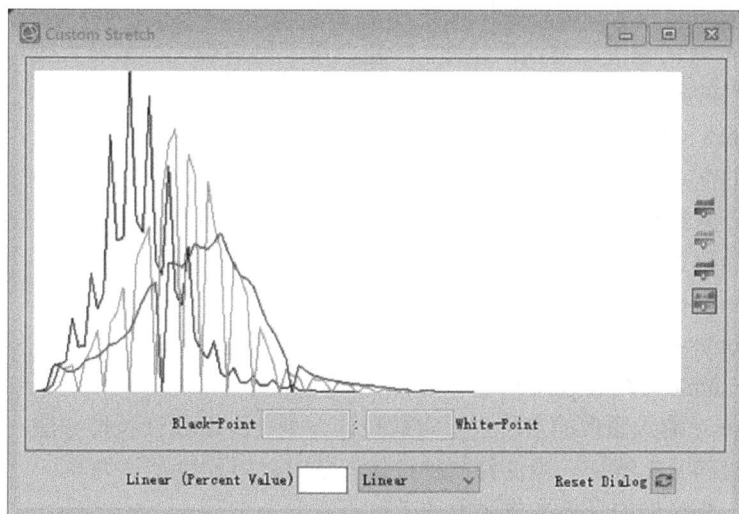

图 4.13　Custom Stretch 窗口

在 Custom Stretch 窗口中显示直方图，表明当前的输入数据及分别应用的拉伸；两条垂直线表明当前拉伸所用到的最小值和最大值，其值显示在 Black-Point 和 White-Point 文本框中。对于彩色图像来说，在 Custom Stretch 窗口中，默认显示了当前视图中 RGB 三个波段的直方图，可使用窗口右侧的按钮切换到要显示直方图的波段；对于灰度图像来说，窗口只显示此波段的直方图（图 4.14）。

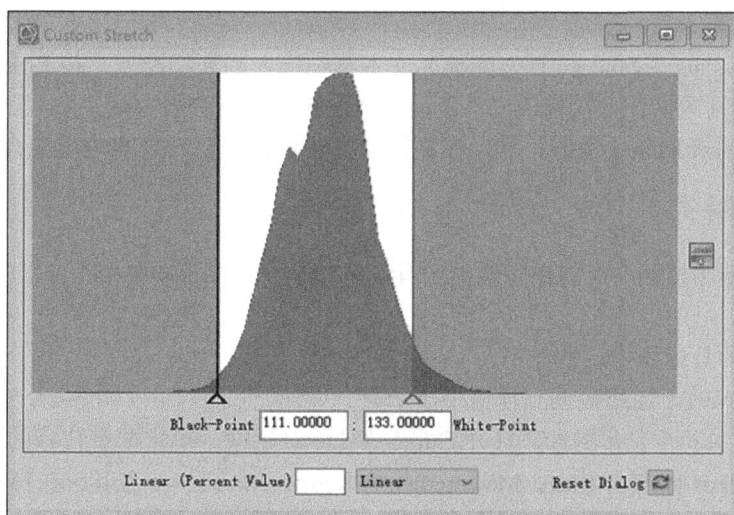

图 4.14　灰色图像的直方图

在 Custom Stretch 窗口下方的下拉列表中，共有以下 5 种拉伸方法。

（1）Linear（线性拉伸）

线性拉伸的最小值和最大值分别设置为 0 和 225，两者之间的所有其他值设置为中间的线性输出值。

（2）Equalization（直方图均衡化拉伸）

Equalization 对图像进行非线性拉伸，一定灰度范围内像元的数量大致相等，输出的直方图是一个较平的分段直方图。

（3）Guassian（高斯拉伸）

系统默认的高斯拉伸使用均值 DN127 和对应于 0～225 的以±3 为标准差的值进行拉伸。输出直方图用一条红色曲线显示被选择的高斯函数。被拉伸数据的分布呈白色，并叠加显示在红色高斯函数上。

（4）Square Root（平方根拉伸）

Square Root 计算输入直方图的平方根，然后应用线性拉伸。

（5）Logarithmic（对数拉伸）

Logarithmic 对输入图像的灰阶进行对数拉伸，是一种非线性拉伸方法，可有效地增强原始图像中较暗部分的特征。当选择此种拉伸方法时，对比度默认为 0。

交互式直方图拉伸的具体操作过程如下：

1）启动 ENVI，打开影像 can_tmr.img，以 RGB 的形式显示在主窗口中。

2）选择 Display→Custom Stretch 选项，打开 Custom Stretch 对话框。

3）在窗口中选择 R、G、B 三个波段之一，拉伸图像的某一波段。这里选择 Guassian 方法对 R 波段进行拉伸。

4）在对话框下方的下拉列表中选择 Guassian 选项，设定拉伸范围：将鼠标指针移动到直方图中的垂直线上，当指针变为横向双箭头时，按住左键可移动直方图中的垂直线到所需要的位置，或在 Black-Point 和 White-Point 文本框中分别输入最小值和最大值，按 Enter 键生效。

5）在 Guassian（Standard Deviation）文本框中输入高斯标准差，按 Enter 键生效。

6）使用相同的操作方法修改 G、B 两个波段的最小值和最大值。

7）单击 Reset Dialog 按钮，可以恢复拉伸方法到打开窗口之前的状态。

4.2.2　坏道填补

由于传感器等原因，有些图像数据中具有坏数据行。在 ENVI 中，可以找出这些坏道，用其他值填充。

坏道填补的具体操作过程如下：

1）打开 ENVI，加载数据到视窗中显示。

2）单击工具栏中的 图标，打开 Cursor Value 对话框，确定要替代行的位置。

3）在 Toolbox 中双击 Raster Management→Replace Bad Lines 工具，在打开的 Bad Lines Input File 对话框中选择所需处理的图像文件。

4）在 Bad Lines Parameters 对话框（图 4.15）中的 Bad Line 文本框中输入要替代的行

后按 Enter 键，这些行将显示在 Selected Lines 列表中。若要从列表中删除行，则单击它即可。设置完毕后，单击 Save 按钮将列表保存到文件，下次使用时可使用 Restore 按钮加载。

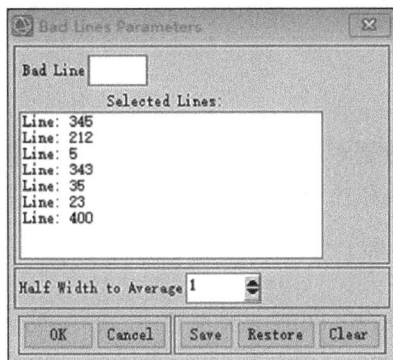

图 4.15　Bad Lines Parameters 对话框

5）在 Half Width to Average 数值框中输入要参与计算平均值的邻近行数。在要替代的行周围，数值应是对称的。例如，值为"2"意味着每边各有两行将参与平均值计算。

6）单击 OK 按钮，在打开的 Bad Lines Output 对话框中选择输出路径及文件名，单击 OK 按钮，开始运行这一功能，用邻近行的平均值替代选择的坏行。

4.2.3　去除条带噪声

使用 Destripe Data 功能可以去除图像数据中的周期性扫描行条带。这种条带噪声常在 Landsat MSS 数据中见到（每 6 行出现一次），在 Landsat TM 数据中也有（每 16 行出现一次）。通过计算每 n 行的平均值，并将每行归一化为各自的平均值。要求数据必须是原始格式（平行条带），并且没有被旋转或地理坐标定位。

去除条带噪声的具体操作过程如下：

1）打开 ENVI，加载图像数据。

2）在 Toolbox 中双击 Raster Management→Destripe 工具，在打开的 Destriping Input File 对话框中选择所需处理的图像文件。

3）在 Destriping Parameters 对话框（图 4.16）中的 Number of detectors 数值框中输入条带出现的周期。例如，对于 Landsat TM，该值为 16。

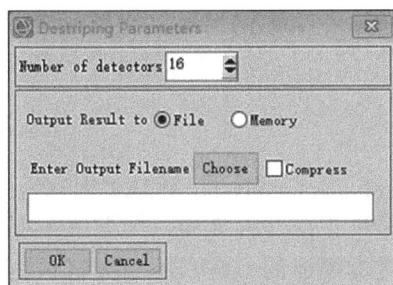

图 4.16　Destriping Parameters 对话框

4）选择输出路径及文件名，单击 OK 按钮即可。

4.3 光谱增强处理

光谱增强是基于多光谱数据对波段进行变换达到图像增强处理的，如主成分变换、独立主成分变换、色彩空间变换和色彩拉伸等。

4.3.1 波段比的计算

波段比的计算可以增强波段之间的波谱差异，也可以增强地物波谱特征间的微小差别；压制图像中乘性光照差异的影响，如地形和阴影的影响，突出地物的反射辐射特征。ENVI以浮点型数据格式或字节型数据格式输出波段比值图像。可以将 3 个比值合成为一幅彩色比值图像（color-ratio-composite，CRC），用于判定每个像元波谱曲线的大致形状。

波段比的计算具体操作过程如下：

1）打开 ENVI，加载图像数据。

2）在 Toolbox 中双击 Band Algebra→Band Ratios 工具。

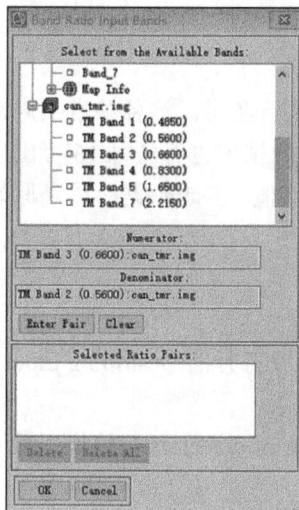

图 4.17　Band Ratio Input Bands 对话框

3）在打开的 Band Ratio Input Bands 对话框（图 4.17）中的可用波段列表中选择分子（Numerator）和分母（Denominator）波段。单击 Clear 按钮，可以清除选择的分子和分母波段。

4）单击 Enter Pair 按钮，将比值波段添加到 Selected Ratio Pairs 列表中。单击 Delete All 按钮，可删除比值波段。

5）可以通过输入另外的波段比建立所需的多比值合成图像。在 Selected Ratio Pairs 列表中的所有比值都将在一个单独文件中作为多波段文件输出，单击 OK 按钮，打开 Band Ratio Parameters 对话框。

6）在 Band Ratio Parameters 对话框中选择输出类型，默认为浮点型。若选择 Byte 类型，ENVI 将按照在 Min 和 Max 文本框中输入的数值对比值进行拉伸。

7）选择输出路径和文件名，单击 OK 按钮即可。

4.3.2 主成分分析

主成分分析（principal component analysis，PCA）也称为主分量分析或 K-L 变换。K-L变换是在统计特征基础上的多维正交线性变换，即着眼于变量之间的相互关系，用几个综合性指标汇集多个变量而进行描述的方法，不丢失信息是其特征之一。遥感图像的不同波段之间往往存在很高的相关性，从提取有用信息的角度来看，有相当大的一部分数据是重复的或多余的。主成分分析就是用假定的有限的几个主成分分量，将有用的信息集中到有限的主成分图像中，使这些主成分图像之间互不相关，从而减少总数据量并使图像信息特征增强。主成分波段是原始波谱波段的线性合成，它们之间是互不相关的，一般情况下，第一主成分包含所有波段中 90% 的方差信息，前 3 个主成分包含了所有波段中的绝大部分信息。由于数据的不相关，主成分波段可以生成颜色更多、饱和度更好的彩色合成图像。

当使用主成分变换时，ENVI 可以通过计算新的统计值，或根据已经存在的统计值进行主成分正变换。ENVI 提供主成分的正变换和逆变换。

主成分分析的具体操作过程如下：

1）打开 ENVI，加载图像文件。

2）在 Toolbox 中双击 Transform→PCA Rotation→Forward PCA Rotation New Statistics and Rotate 工具，在打开的 Principal Components Input File 对话框中选择所需处理的图像文件。

3）在 Forward PC Parameters 对话框（图 4.18）中设置参数：在 Stats X（或 Y）Resize Factor 文本框中输入小于等于 1 的调整系数，用于计算统计值时的数据二次采样；输入一个小于 1 的调整系数，将会提高统计计算速度。

4）选择输出路径统计文件及文件名，单击箭头切换按钮，选择是否计算 Covariance Matrix（协方差）或 Correlation Matrix（相关系数），计算主成分时，有代表性地要用到协方差矩阵。当波段之间数据范围差异较大时，要用到相关系数矩阵，并且需要标准化。

5）选择输出路径及文件名，输出数据类型设置为 Floating Point。

6）如果要检查特征值，单击 Select Subset from Eigenvalues 文本框右侧的箭头切换按钮，若选择 Yes 选项，则统计信息将被计算；若选择 No 选项，则系统会计算特征值并显示供选择的输出波段数。

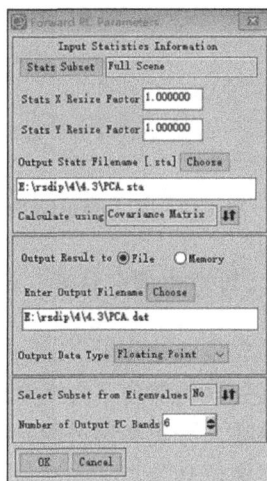

图 4.18　Forward PC Parameters 对话框

7）输出波段数，选择默认值（输入文件的波段数）。

8）单击 OK 按钮。

当 ENVI 处理完毕，将出现 PC Eigenvalues 绘图窗口（图 4.19）。可以看到，第一、二、三分量具有很大的特征值。主成分波段将被导入可用波段列表中，选择 PC1、PC2、PC3 合成 RGB 显示，色彩非常饱和。选择 PC4、PC5、PC6 合成 RGB 显示，可以看到很多噪声。

在 Toolbox 中双击 Transform→PCA Rotation→Inverse PCA Rotation 工具，可以执行主成分逆变换。其方法和主成分变换的方法类似。

在 Toolbox 中双击 Statistics→View Statistics File 工具，打开主成分分析中得到的统计文件，可得到各个波段的基本统计值和协方差矩阵、相关系数矩阵、特征向量矩阵，如

图 4.20 所示。

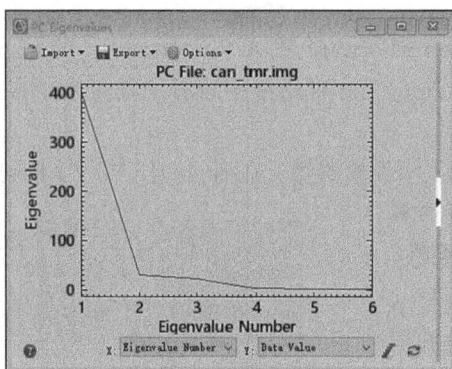

图 4.19　PC Eigenvalues 绘图窗口

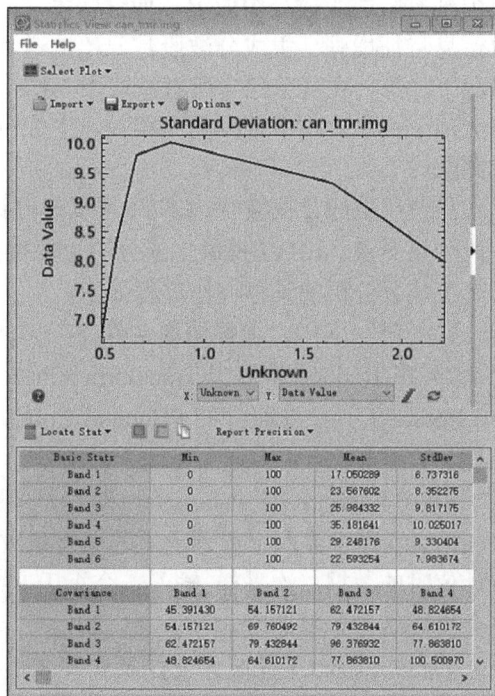

图 4.20　主成分分析得到的各波段统计值

4.3.3　独立主成分分析

独立主成分分析（independent components analysis，ICA）把多光谱或高光谱数据转换成相互独立的部分（去相关），可以用来发现和分离图像中隐藏的噪声，进行降维、异常检测、降噪、分类和波谱像元提取及数据融合，它把一组混合信号转换成相互独立的成分，在感兴趣信号与数据中其他信号相对较弱的情况下，这种变换要比主成分分析得到的结果更加有效。

ENVI 中提供独立主成分正变换和独立主成分逆变换。当使用独立主成分正变换时，ENVI 可以通过计算新的统计值，或根据已经存在的统计值，或其他独立主成分变换的变换文件，进行独立主成分正变换。

独立主成分分析的具体操作过程如下：

1）打开 ENVI，加载图像文件。

2）在 Toolbox 中双击 Transform→ICA Rotation→Forward ICA Rotation New Statistics and Rotate 工具，在打开的 Independent Components Input File 对话框中选择图像文件。

3）在打开的 Forward IC Parameters 对话框（图 4.21）中，在 Sample X（或 Y）Resize Factor 文本框中输入小于等于 1 的调整系数，用于计算统计值时的数据二次采样；输入一个小于 1 的调整系数，将会提高统计计算速度。

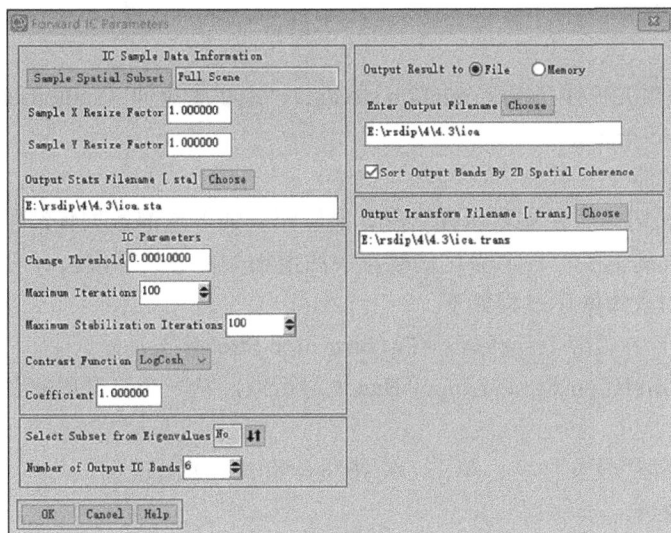

图 4.21　Forward IC Parameters 对话框

4）选择输出统计路径及文件名。

5）设置 Change Threshold（变化阈值）。如果独立成分变化范围小于阈值，则退出迭代。值的范围为 $10^{-8} \sim 10^{-2}$，默认为 10^{-4}，这个值越小，得到的结果越好，但是计算量会增加。

6）设置 Maximum Iterations（最大迭代次数）。最小为 100，值越大，得到的结果越好，但是计算量也增加。

7）设置 Maximum Stabilization Iterations（最大稳定性迭代次数）。当达到最大迭代次数还不收敛时，运行 stabilized fixed-point 算法优化结果。最小值为 0，值越大，得到的结果越好。

8）选择 Contrast Function（对比度函数），提供 3 个函数：LogCosh、Kurtosis 和 Gaussian，默认为 LogCosh，选择这个函数需要设置一个系数（Coefficient），范围为 1.0～2.0。

9）单击 Select Subset from Eigenvalues 文本框右侧的箭头切换按钮，选择 Yes 选项。统计信息将被计算，并打开 Select Number Output IC Bands 对话框，列出每个波段及其相应的特征值。同时也列出每个主成分波段中包含的数据方差的累积百分比。如果选择 No 选项，则系统会计算特征值并显示供选择输出波段数。

10）选择 Number of Output IC Bands（输出波段数）。选择默认（输入文件的波段数）设置。

11）Sort Output Bands by 2D Spatial Coherence 复选框，选中后可以让噪声波段不出现在 IC1 中。

12）选择结果输出路径及文件名。如果需要输出转换特征，在 Output Transform Filename 列表中输入路径和文件名（.trans），这个文件可以用在类似图像中。

在 Toolbox 中双击 Transform→ICA Rotation→Inverse ICA Rotation 工具，可以执行独立主成分逆变换。

4.3.4 色彩拉伸

ENVI 提供去相关拉伸（decorrelation stretch）、饱和度拉伸（saturation stretch）和摄影拉伸（photographic stretch）。

（1）去相关拉伸

RGB 彩色合成时，波段被显示在一起，高度相关的多波谱数据集经常生成十分柔和的彩色图像。去相关提供了一种消除这些数据中高度相关部分的手段。

去相关拉伸的具体操作过程如下：

1）在 Toolbox 中双击 Transform→Decorrelation Stretch 工具。

2）打开 Decorrelation Stretch Input Bands 对话框，从一个打开的彩色图像中选择 3 个波段进行变换。

3）选择输出路径及文件名，单击 OK 按钮开始去相关处理。

（2）饱和度拉伸

饱和度拉伸变换对输入的一个三波段图像进行彩色增强。输入的数据由红、绿、蓝（RGB）变换成色调、饱和度和颜色值（HSV）空间。对饱和度波段进行高斯拉伸，因此数据填满了整个饱和度范围。然后，HSV 数据自动被变换回 RGB 空间。这一功能生成的输出波段包含较饱和的色彩。

饱和度拉伸的具体操作过程如下：

1）在 Toolbox 中双击 Transform→Saturation Stretch 工具。

2）打开 Saturation Stretch Input Bands 对话框，从一个打开的彩色图像可用波段中选择 3 个波段进行变换。

3）选择输出路径及文件名，单击 OK 按钮开始处理。

（3）Photographic 拉伸

Photographic 拉伸可以对一幅真彩色输入图像进行增强，从而生成一幅与目视效果良好吻合的 RGB 图像。其结果与现实彩色照片类似。这种拉伸方法对真彩色输入图像的波段进行非线性缩放，然后将它们叠加。

Photographic 拉伸的具体操作过程如下：

1）在 Toolbox 中双击 Transform→Photographic Stretch 工具。

2）打开 RGB Photographic Stretch Input Bands 对话框，从一个打开的彩色图像可用波段中选择 3 个波段进行变换。

3）选择输出路径及文件名，单击 OK 按钮开始处理。

4.3.5 NDVI 计算

NDVI（normalized difference vegetation index）是一个被普遍应用的植被指数，它将多波谱数据变换成唯一的图像波段显示植被分布。NDVI 值指示着像元中绿色植被的数量，较高的 NDVI 值预示着较多的绿色植被。NDVI 值的范围为-1～+1。NDVI 变换可以用于 AVHRR、Landsat MSS、Landsat TM、SPOT 或 AVIRIS 数据，也可以通过输入其他数据类型的波段来使用。NDVI 的标准算法为

$$\mathrm{NDVI} = \frac{\mathrm{NIR} - \mathrm{Red}}{\mathrm{NIR} + \mathrm{Red}}$$

NDVI 值的范围为-1～+1。ENVI 已经为 AVHRR、Landsat MSS Landsat TM、SPOT 和 AVIRIS 数据预设了相应波段,对于其他数据类型,可以自己指定波段来计算 NDVI 值。

NDVI 计算的具体操作过程如下:

1)打开 ENVI,加载数据图像。

2)在 Toolbox 中双击 Spectral→Vegetation→NDVI 工具,在打开的 NDVI Calculation Input File 对话框中选择输入文件。

3)打开 NDVI Calculation Parameters 对话框(图 4.22),在 Input File Type 下拉列表中选择 Landsat TM 选项,用于计算 NDVI 的波段将被自动导入 Red 和 Near IR 文本框中。

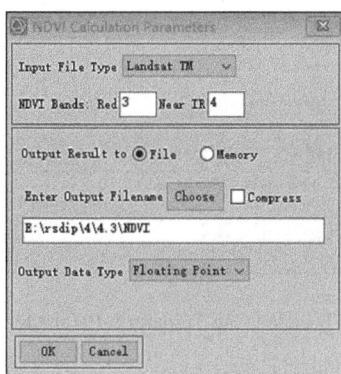

图 4.22　NDVI Calculation Parameters 对话框

4)在 Output Data Type 下拉列表中选择输出类型(字节型或浮点型)。如果选择字节型输出,当输入最小 NDVI 值时,该值将被拉伸为 0;当输入最大 NDVI 值时,该值将被拉伸为 255,获得的 ENVI 将被拉伸为 0～255。如果选择浮点型输出,则 ENVI 数值范围保持为-1～+1。

5)选择输出路径及文件名,单击 OK 按钮开始计算 NDVI。

4.3.6　缨帽变换

缨帽(tasseled cap)变换(又称 K-T 变换)是一种特殊的主成分分析,和其他主成分分析不同的是其转换系数是固定的,因此它独立于单个图像,不同图像产生的土壤亮度和绿度可以互相转换比较。随着植被的生长,在绿度图像上的信息增强,在土壤亮度上的信息减弱,当植被成熟和逐渐凋落时,其在绿度图像上的特征减少,在黄度上的信息增强。这样的解释可以应用于不同区域上的不同植被和作物,但缨帽变换无法包含一些不是绿色的植被和不同的土壤类型的信息。

缨帽变换是一种通用的植被指数,可以对 Landsat MSS、Landsat TM 和 Landsat ETM 数据进行变换。对于 Landsat MSS 数据,缨帽变换将原始数据进行正交变换,变成四维空间〔包括土壤亮度指数 SBI、绿色植被指数 GVI、黄色成分(stuff)指数 YVI,以及与大气影响密切相关的 non-such 指数 NSI〕。对于 Landsat TM 数据,缨帽植被指数由 3 个因子组成——亮度、绿度与第三分量，第三分量与土壤特征和湿度有关。对于 Landsat ETM 数据，缨帽变换生成的 6 个输出波段包括亮度、绿度、湿度、第四分量、第五分量和第六分量。这种类型的变换更适合于反射数据的定标。

缨帽变换的具体操作过程如下：

1）启动 ENVI，打开一个 Landsat TM 数据。

2）在 Toolbox 中双击 Transform→Tasseled Cap 工具，在打开的 Tasseled Cap Transform Input File 对话框中选择输入的数据。

3）在打开的 Tasseled Cap Transform Parameters 对话框（图 4.23）中，根据数据类型选择传感器类型，选择 Input File Type（Landsat 7 ETM、Landsat 5 TM 或 Landsat MSS）。

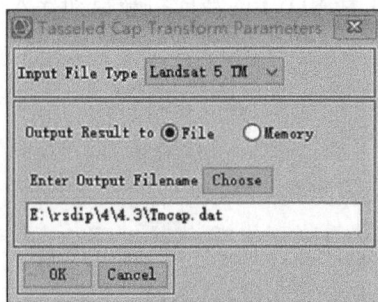

图 4.23　Tasseled Cap Transform Parameters 对话框

4）选择输出路径与文件名，单击 OK 按钮。

处理完成时，ENVI 将缨帽变换后的波段名自动输入 Data Manager 窗口中，其中亮度轴（Brightness）、绿度轴（Greenness）、湿度轴（Wetness）为变换后计算的主要目标。原始影像和变换后的影像分别如图 4.24 和图 4.25 所示。

彩图 4.24

彩图 4.25

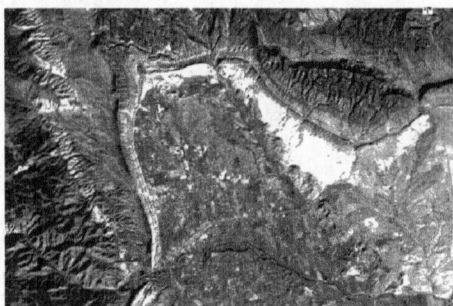

图 4.24　原始影像

图 4.25　变换后的影像

4.4　波段组合图像增强

根据加色法的合成原理，选择遥感影像的某 3 个波段，分别赋予红、绿、蓝 3 种原色，就可以做成彩色合成的图像，这种图像处理方法称为彩色合成，它能够有效突出更多地物信息。

4.4.1　RGB 合成显示

ENVI 的 RGB 合成彩色图像显示过程是在 Data Manager 窗口中完成的。具体操作过程如下：

1）在 Data Manager 窗口（图 4.26）中，将 Band Selection 展开。

2）分别为 RGB 分量选择波段，可以从具有相同像元大小的不同图像文件中选择波段。

3）单击 Load Data 按钮，就能在窗口中显示合成的 RGB 彩色图像。

当图像文件的各个波段具有中心波长（wavelength）时，ENVI 提供自然真彩色和标准假彩色显示方式。即在列表中右击文件名，在弹出的快捷菜单中选择 Load True Color 或者 Load CIR 选项。

不同的波段合成显示可以增强不同地物，表 4.1 是在长期实践中总结得出的 Landsat TM 不同波段合成对地物增强的效果。

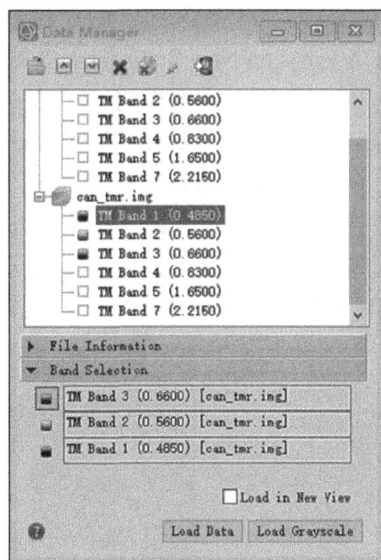

图 4.26　Data Manager 窗口

表 4.1　Landsat TM 不同波段合成对地物增强的效果

RGB	类型	特点
321	真假彩色图像	用于各种地类识别。图像平淡、色调灰暗、彩色不饱和、信息量相对较少
432	标准假彩色图像	地物图像丰富、鲜明、层次好，用于植被分类、水体识别。植被显示红色
743	模拟真彩色图像	用于居民地、水体识别
754	非标准假彩色图像	画面偏蓝色，用于特殊的地质构造调查
541	非标准假彩色图像	植物类型较丰富，用于研究植物分类
453	非标准假彩色图像	①利用了一个红波段、两个红外波段，因此凡是与水有关的地物在图像中都会比较清楚；②强调显示水体，特别是水体边界清晰，有益于区分河渠与道路；③由于采用的都是红波段或红外波段，对其他地物的清晰显示不够，但对海岸及其滩涂的调查比较适合；④具备标准假彩色图像的某些特点，但色彩不会很饱和，图像看上去不够明亮；⑤水浇地与旱地的区分容易，居民地的外围边界虽不十分清楚，但内部的街区结构特征清楚；⑥植物会有较好的显示，但是植被类型的细分会有困难
345	非标准接近于真色的假彩色图像	对水系、居民点及街道和公园水体、林地的图像判读是比较有利的

4.4.2　基于波段组合的假彩色合成

RGB 彩色图像中的 RGB 不仅可以是原始波段，有时为了让特定地物与背景形成很大的反差，可以加入其他信息作为 RGB 中的分量，如植被指数、矿物指数等。下面以增强植被信息为例介绍这种方法。

1. 生成波段及组建多波段数据文件

1) 打开 ENVI，加载经过几何校正的 TM 图像 TM5.dat，图像上植被覆盖面积大。

2) 对 TM 图像进行主成分分析，在 Toolbox 中双击 Transform→PCA Rotation→Forward PCA Rotation New Statistics and Rotate 工具。

3) 计算 TM 图像的 NDVI，在 Toolbox 中双击 Spectral→Vegetation→NDVI 工具。

4) 在 Toolbox 中双击 Raster Management→Layer Stacking 工具。

5) 在打开的 Layer Stacking Parameters 对话框（图 4.27）中，单击 Import File 按钮，在打开的 Layer Stacking Input File 对话框中选择 TM 图像文件；再次单击 Import File 按钮，选择主成分分析结果，单击 Spectral Subset 按钮，选择第一主成分分量即可；再次单击 Import File 按钮，选择 NDVI 数据。

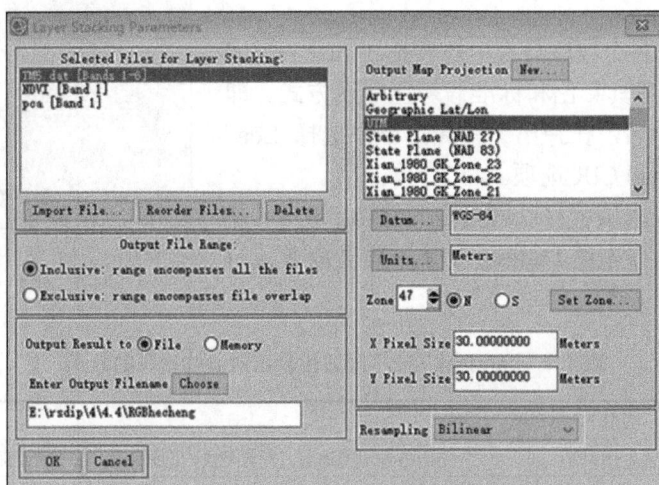

图 4.27　Layer Stacking Parameters 对话框（1）

6) 选中 Inclusive（并集）单选按钮。Exclusive 单选按钮用于选择各个波段之间的交集。

7) 选择输出路径及文件名，像元大小和地图投影参数按照默认从输入图像中读取。

8) Resampling（重采样）方法选择 Bilinear 选项，单击 OK 按钮，输出结果。

2. 选择 RGB 合成波段

通常评价合成影像质量的途径有两个：一是采用信息论及数学方法，如信息熵、均方梯度反映光谱信息的偏差、相关系数等客观判断准则；二是通过彩色合成及视觉感官判断的主观判断准则，如目视解译、RGB 彩色合成原理等。本例中目标是增强植被覆盖信息，最终效果是要植被信息从背景信息中凸显出来，因而单波段信息量大小不是决定波段组合方案的主导因素，森林信息和背景信息间的高反差是本例要达到的目的。所以本例采用上述两种途径来选择和验证波段组合方案。

方法一：以信息量来判断最佳波段组合，即以组合的三波段标准差之和最大、组合波段间相关系数之和最小为依据。本例中以选择 PCA 所得的第一分量为 R 波段，NDVI 为 G

波段，从原始图像中选取某一波段为 B 波段进行假彩色合成。现对波段进行相关性分析。

1）在 Toolbox 中双击 Statistics→Compute Statistics 工具，选择合成的多波段文件。

2）在打开的 Compute Statistics Parameters 对话框中选中 Covariance（协方差）复选框与 Output to the Screen 复选框，如图 4.28 所示。

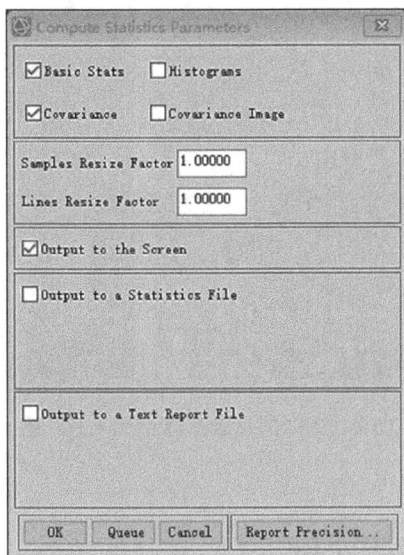

图 4.28　Compute Statistics Parameters 对话框

3）在显示统计窗口中找到相关系数项（Correlation），如图 4.29 所示。

Correlation	Band 1	Band 2	Band 3	Band 4	Band 5	Band 6	Band 7	Band 8
Band 1	1.000000	0.932799	0.928658	0.221611	0.471777	0.692870	-0.814424	0.943004
Band 2	0.932799	1.000000	0.986851	0.285145	0.514567	0.719326	-0.770863	0.961763
Band 3	0.928658	0.986851	1.000000	0.271256	0.550112	0.763690	-0.802127	0.968517
Band 4	0.221611	0.285145	0.271256	1.000000	0.631462	0.432643	0.247993	0.420263
Band 5	0.471777	0.514567	0.550112	0.631462	1.000000	0.909122	-0.227232	0.692973
Band 6	0.692870	0.719326	0.763690	0.432643	0.909122	1.000000	-0.539002	0.848935
Band 7	-0.814424	-0.770863	-0.802127	0.247993	-0.227232	-0.539002	1.000000	-0.722003
Band 8	0.943004	0.961763	0.968517	0.420263	0.692973	0.848935	-0.722003	1.000000

图 4.29　相关系数

4）从分析结果中可知：TM1～TM3 波段具有很高的相关性。TM4 比较独立，TM5 和 TM7 相关性较高。因此，可选择 TM1、TM4 和 TM7。

方法二：从视觉效果和 RGB 合成方面来看，在波段列表中选择 PC1、NDVI、TM1 合成 RGB，再选择 PC1、NDVI、TM7 合成彩色图像，查看结果对比分析。

3．应用合成结果

经过假彩色合成，颜色反差拉大，易于选择样本或训练区，应用于植被分类中能提高精度。

选择 TM1、TM4、TM7 的合成图像如图 4.30 所示。选择 PC1、NDVI、TM1 的合成图像如图 4.31 所示。

彩图 4.30

彩图 4.31

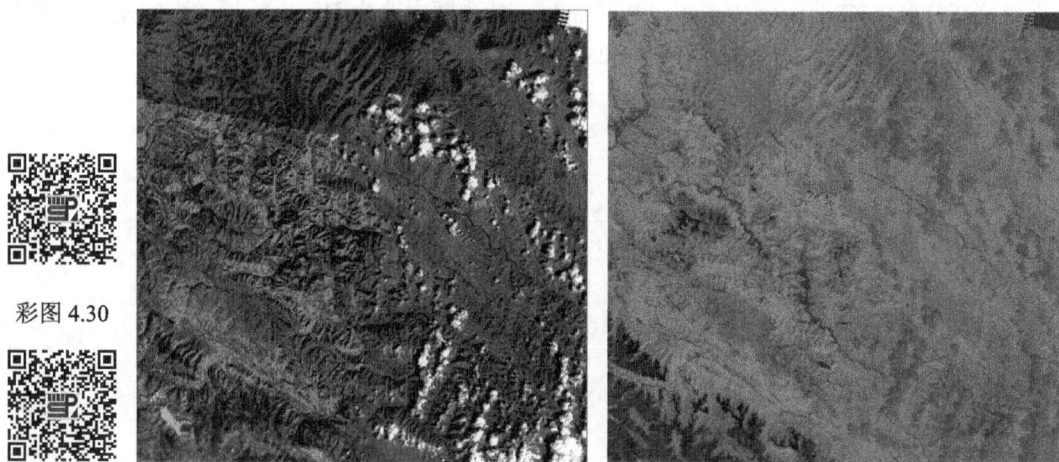

图 4.30　选择 TM1、TM4、TM7 的合成图像　　图 4.31　选择 PC1、NDVI、TM1 的合成图像

4.5　图像真彩色增强实例

多光谱影像彩色合成方法主要分为两种：自然真彩色合成和非自然假彩色合成。自然真彩色合成是指合成后的彩色影像上的地物色彩与实际地物色彩接近或者一致，一般的方法就是多光谱影像的红、绿、蓝对应 R、G、B 合成；非自然假彩色则反之。

遥感影像自然真彩色合成方法可分为以下几种：直接用多光谱影像的红、绿、蓝通道合成，一般用于高分辨率影像；利用其他波段加权处理，重新生成红、绿、蓝波段，一般用于增强某种地物颜色层次，如植被、水体等；利用其他波段信息重新生成某一波段，一般用于缺少波段的传感器，如 SPOT、Aster 等。

本实例介绍波段加权处理重新生成红绿蓝波段和重新生成新波段两种图像真彩色增强的方法。

4.5.1　波段加权真彩色增强

最常见的是增强植被信息，可使用绿色和近红外波段加权运算。公式如下：

$$\text{Band}_{\text{new}} = a \cdot \text{Band}_{\text{green}} + (1-a)\text{Band}_{\text{nir}}$$

式中，a 是权重值，取 0～1，a 越小，植被显示越绿。

下面使用 ENVI 下的 Band Math 和 Layer Stacking 工具，利用 Landsat 8 影像合成真彩色图像。具体操作过程如下：

1）打开 ENVI，打开 "Landsat 8 OLI_TIRS（KM）.dat" 图像，这个数据有多个波段，包括红（Red）、绿（Green）、蓝（Blue）波段及近红外（Near Infrared）波段。

2）在视窗中以 RGB 显示，可观察到植被颜色为暗绿色，颜色偏深、偏黑，与其他地物区别不够明显。

3）在 Toolbox 中双击 Band Algebra→Band Math 工具，打开 Band Math 对话框，在 Enter an expression 文本框中输入表达式：uint (b2*0.8+b4*0.2)，如图 4.32 所示。

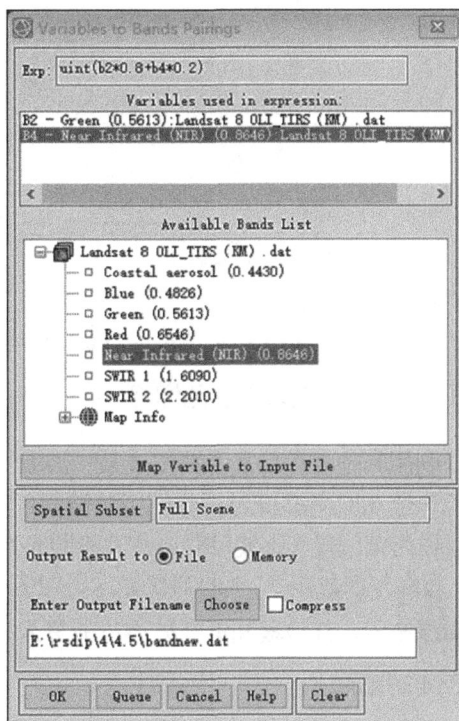

4）单击 OK 按钮，在打开的 Variables to Bands Pairings 对话框（图 4.33）中，为变量 b2 和 b4 选择绿波段和近红外波段，并选择输出路径及文件名。

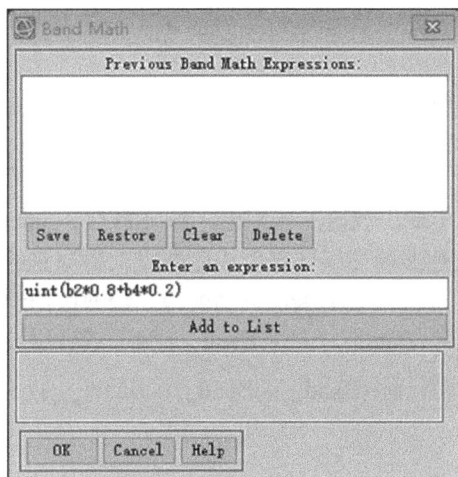

图 4.32　Band Math 对话框　　　　　图 4.33　Variables to Bands Pairings 对话框（1）

5）在 Toolbox 中双击 Raster Management→Layer Stacking 工具。

6）在打开的 Layer Stacking Parameters 对话框（图 4.34）中单击 Import File 按钮，在打开的 Layer Stacking Input File 对话框中选择 Landsat 8 OLI_TIRS（KM）.dat 选项，单击 Spectral Subset 按钮，选择蓝波段，确认后再次单击 Import File 按钮，选择新合成的波段；同样的操作选择 Landsat 8 OLI_TIRS（KM）.dat 的红色波段，然后选择输出路径及文件名，其余参数为默认设置，单击 OK 按钮输出结果。

7）在数据管理中选择以红、新合成的波段、蓝波段合成 RGB 显示，可以发现，植被显示为亮绿色，与其他地物的区别更加明显了。

另外，为了让植被之外的地物颜色更加真实，可以只对植被进行增强，这里使用 NDVI 对植被进行区分。首先计算 NDVI（下式中的 b3），使用以下波段运算表达式进行加强运算：

$$(b3 \text{ gt } 0.2)*(b2*0.8+b4*0.2)+(b3 \text{ le } 0.2)*b2$$

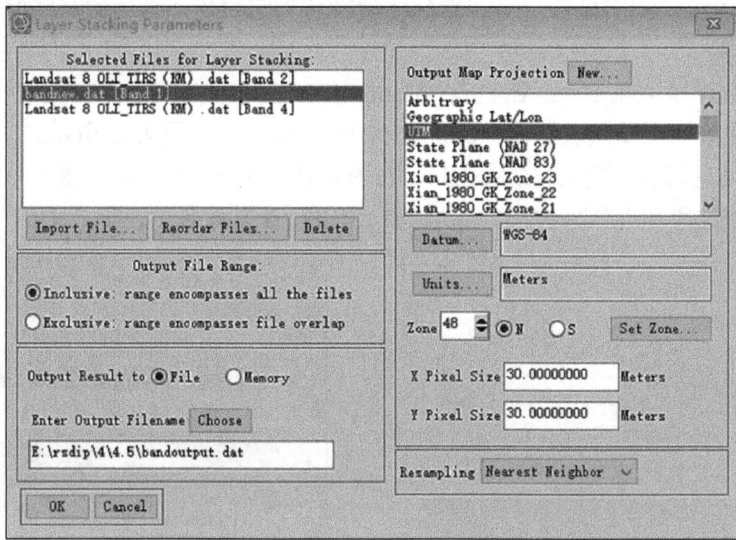

图 4.34　Layer Stacking Parameters 对话框（2）

4.5.2　生成新波段真彩色增强

利用其他波段信息重新生成某一波段，一般用于缺少波段的传感器，如 SPOT、Aster、资源一号 02C 等多光谱图像缺少蓝波段，可通过其他波段加权计算生成蓝波段，将原来的绿波段作为蓝波段（该波段靠近蓝波段的光谱范围），红波段依旧为原来的波段，绿波段用绿波段、近红外波段按 3∶1 的加权算术平均值来代替，即 $(\mathrm{Band}_{green} \times 3 + \mathrm{Band}_{nir})/4$，或者绿波段采用绿波段、红波段和近红外波段的算术平均值代替，即 $(\mathrm{Band}_{nir} + \mathrm{Band}_{red} + \mathrm{Band}_{green})/3$，如表 4.2 所示。

表 4.2　波段真彩色显示

R	G	B	Band Math 表达式
Band_{red}	$(\mathrm{Band}_{green} \times 3 + \mathrm{Band}_{nir})/4$	Band_{green}	byte((b1*3+b3)/4)
Band_{red}	$(\mathrm{Band}_{nir} + \mathrm{Band}_{red} + \mathrm{Band}_{green}/3$	Band_{green}	byte((fix(b1)+b2+b3)/3)

下面使用 ENVI 下的 Band Math 和 Layer Stacking 工具,利用资源一号 02C 影像生成新波段真彩色增强。具体操作过程如下：

1）打开 ENVI，打开"资源一号 02C 多光谱.dat"图像，这个数据共有 3 个波段，包括红（Band2）、绿（Band1）、近红外（Band3）波段。

2）在视窗中以 RGB（对应 Band3、Band2、Band1）显示，可观察到植被颜色为红色。

3）在 Toolbox 中双击 Band Algebra→Band Math 工具，打开 Band Math 对话框，在 Enter an expression 文本框中输入表达式：byte((b1*3+b3)/4)。

4）单击 OK 按钮，在打开的 Variables to Bands Pairings 对话框（图 4.35）中，为变量 b1 和 b3 选择绿波段和近红外波段，选择输出路径及文件名。

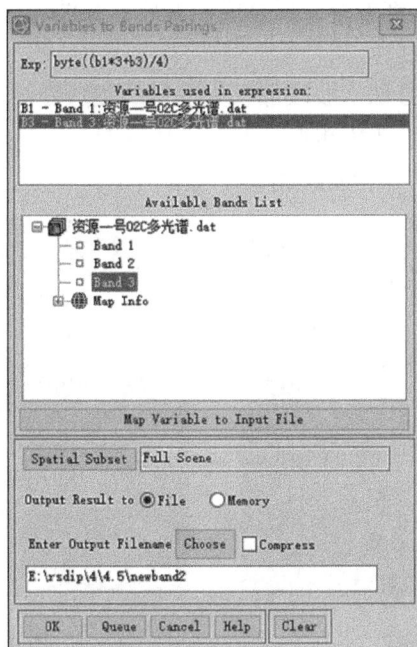

图 4.35　Variables to Bands Pairings 对话框（2）

5）在 Toolbox 中双击 Raster Management→Layer Stacking 工具。

6）在打开的 Layer Stacking Parameters 对话框（图 4.36）中单击 Import File 按钮，在打开的 Layer Stacking Input File 对话框中选择"资源一号 02C 多光谱.dat"，单击 Spectral Subset 按钮，选择 Band1，确认后再次单击 Import File 按钮，选择新合成的波段；同样的操作选择"资源一号 02C 多光谱.dat"的 Band2，选择输出路径及文件名，其余参数采用默认设置，单击 OK 按钮输出结果。

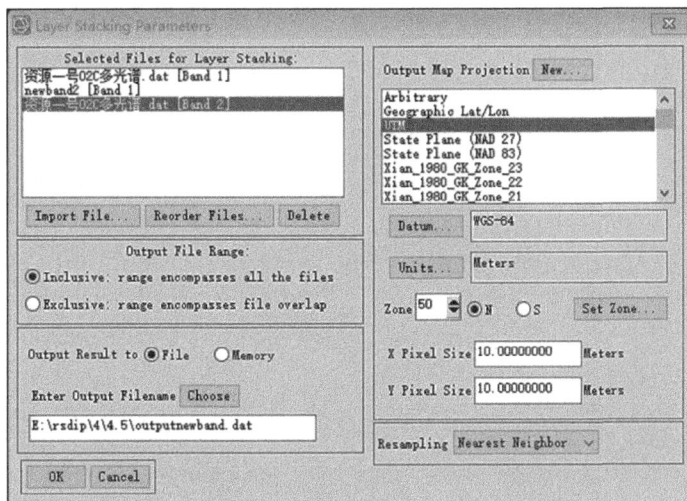

图 4.36　Layer Stacking Parameters 对话框（3）

7）在数据管理中选择以红波段、新合成的波段、绿波段合成 RGB 显示，可以发现，植被显示为绿色，而不再是红色。

用同样的方法对第二种方法（波段加权处理重新生成新波段）进行计算，可得出另一种增强效果，两种方法总体上颜色相近。但在水体方面，第二种方法更偏向于蓝紫色。

原始图像如图 4.37 所示，合成图像如图 4.38 所示。

图 4.37　原始图像

图 4.38　合成图像

彩图 4.37

彩图 4.38

第5章

图 像 分 类

遥感影像通过亮度值或像元值的高低差异（反映地物的光谱信息）及空间变化（反映地物的空间信息）来表示不同地物的差异，这是区分不同影像地物的物理基础。遥感影像分类就是利用计算机通过对遥感影像中各类地物的光谱信息和空间信息进行分析，选择特征，将图像中每个像元按照某种规则或算法划分为不同的类别，然后获得遥感影像中与实际地物的对应信息，从而实现遥感影像的分类，即遥感信息提取。一般的分类方法可分为密度分割、监督分类和非监督分类，以及基于专家知识的决策树分类。

1）密度分割。密度分割通常又称彩色分割，是应用于单波段灰度图像的分类方法。假设灰度图像上在某像元值范围内表示一种物质，我们将这部分像元从图像上分离出来形成一类。密度分割可用于植被指数、地表温度、地形等数据的分类。

2）监督分类。监督分类又称训练分类法，用被确认类别的样本像元去识别其他未知类别像元的过程。选择具有代表性的典型实验区或训练区，用训练区中已知地面各类地物样本的光谱特性来"训练"计算机，获得识别各类地物的判别函数或模式，并以此对未知地区的像元进行分类处理，分别归入已知的类别中。

3）非监督分类。非监督分类也称为聚类分析或点群分类，是在多光谱图像中搜寻、定义其自然相似光谱集群组的过程，是在没有先验类别（训练场地）作为样本的条件下（事先不知道类别特征），主要根据像元间相似度的大小进行归类合并（将相似度相同的像元归为一类）的方法。

4）基于专家知识的决策树分类。根据光谱特征、空间关系和其他上下文的关系，通过专家经验总结及简单的数学统计和归纳方法等归类像元。分类规则易于理解，分类过程也符合人的认知过程。

本章主要介绍以下内容：

- 5.1 彩色变换与密度分割
- 5.2 监督分类和非监督分类
- 5.3 基于专家知识的决策树分类
- 5.4 分类后处理
- 5.5 图像分类流程化工具的使用

5.1 彩色变换与密度分割

5.1.1 彩色变换

在图像处理中通常应用的有两种彩色坐标系统：一种是由红（R）、绿（G）、蓝（B）三原色构成的彩色空间或坐标系统；另一种是由色调（H）、饱和度（S）和明度（V）3个变量构成的彩色空间。彩色系统变换主要是指这两种坐标系统之间的变换。

彩色变换操作比较简单，下面以 RGB to HSV 为例，各种彩色变换操作过程类似。这一变换类型可将一幅 RGB 图像变换为 HSV 彩色空间。生成的 RGB 值是字节数据，其范围为0～255。运行这一功能必须先打开一个至少包含3个波段的输入文件，或一个彩色显示能用于输入。在彩色显示中用到的拉伸将被用到输入数据。这一功能产生范围为0～360度的色调（红是0度，绿是120度，蓝是240度），饱和度和值的范围是0～1（浮点型）。

彩色变换的具体操作过程如下：

1）打开多光谱图像 bhtmref.img，显示为 RGB 彩色图像。

2）在 Toolbox 中双击 Transform→Color Transforms→RGB to HSV Color Transform 工具，在打开的 RGB to HSV Input Bands 对话框（图 5.1）中，可以从一个显示的彩色图像窗口或可用波段列表中选择3个波段进行变换，单击 OK 按钮。

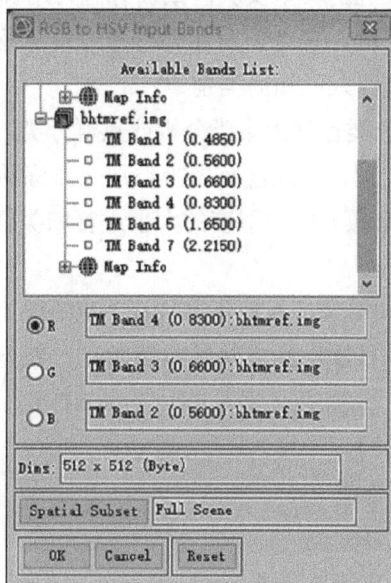

图 5.1　RGB to HSV Input Bands 对话框

3）在打开的 RGB to HSV Parameters 对话框中，选择输出路径及文件名，单击 OK 按钮完成。

5.1.2　密度分割

密度分割是一种单波段图像彩色变换方法，它是把单波段的黑白遥感图像按照亮度来分层，对于每一层赋予不同的颜色，使之成为一幅彩色图像，其中每一层包含的亮度值范围可以不同。如果分层方案与地物光谱差异对应很好，则可以更好地利用密度分割区分出各种地物的类别。

密度分割的具体操作过程如下：

1）打开 ENVI，加载软件自带数据 bhdemsub.img（…\Exeils\ENVI52\classic\data）。

2）在 Layer Manager（图层管理器）中的 bhdemsub.img 图层上右击，在弹出的快捷菜单中选择 New Raster Color Slices 选项或者在 Toolbox 中双击 Classification→Raster Color Slices 工具，在打开的 File Selection（文件选择）对话框中选择图像的一个波段，单击 OK 按钮，打开 Edit Raster Color Slices: Raster Color Slice 窗口（图 5.2）。

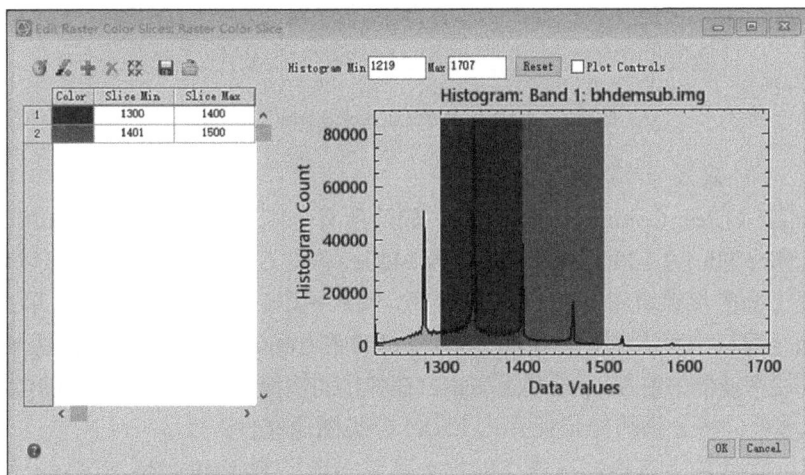

图 5.2　Edit Raster Color Slices: Raster Color Slice 窗口

3）在 Edit Raster Color Slices: Raster Color Slice 窗口中，有以下两种方式进行灰度分割。

方法一：自动分割。

① 单击 按钮，打开 Default Raster Color Slices 对话框（图 5.3），设置以下参数。

● Num Slices（分割数量）：设置分割的数量。

● Selected Color Table（选择颜色表）：提供标准颜色表，也可选择 RGB、HLS、HLV 和 CMY 这 4 种颜色空间，自行设置参数。

● 分割区间设置：可以选择按照最小/最大值（By Max / Min）或者最小值/分割区间（By Min/Slice Size）。

② 单击 OK 按钮即可应用。

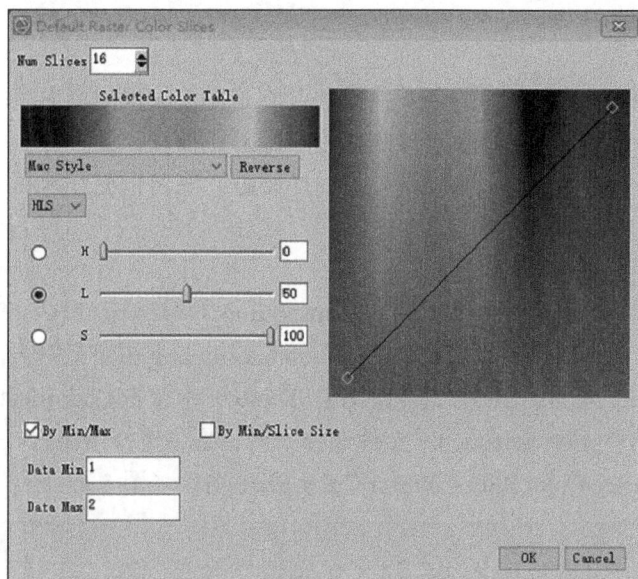

图 5.3　Default Raster Color Slices 对话框

方法二：手动输入分割区间。

① 单击 （Clear Color Slices）按钮，删除所有分割区间；单击 （Add Color Slice）按钮，设置 Slice Min 为 1300，Slice Max 为 1400；单击 Color 列中的色块可以修改颜色。

② 重复上面的步骤增加 1401～1500 区间，输入完毕后按 Enter 键确认，单击 OK 按钮。

③ 在显示窗口中可看到，已经将 1300～1400 和 1400～1500 范围内的区域提取出来。

④ 在图层管理器中的 Slice 选项上右击，在弹出的快捷菜单中选择 Export Color Slices→Class Image 选项，将分割的结果保存为 ENVI 分类图像文件。

⑤ 在 Slices 选项上右击，在弹出的快捷菜单中选择 Statistics for All Color Slices 选项，可以统计分析所有类别。

5.2　监督分类和非监督分类

遥感图像按照是否有已知训练样本的分类依据，可以分为两大类，即监督分类与非监督分类。

遥感图像的监督分类是在已知类别的训练场地上提取各类别训练样本，通过选择特征变量、确定判别函数或判别式（判别规则），进而把图像中的各个像元点划归到各个给定类的分类中。遥感图像的非监督分类是在没有先验知识（训练场地）的情况下，根据图像本身的统计特征及自然点群的分布情况划分地物类别的分类处理，事后再对已分出的各类地物属性进行确认，也称为"边学习边分类法"。两者的最大区别在于，监督分类首先给定类别，而非监督分类则由图像数据本身的统计特征决定。

5.2.1 监督分类

监督分类用于在数据集中按照用户定义的训练分类器收集像元。监督分类技术需要在执行以前事先定义训练分类器（training classes），训练分类器也可以用 ENVI 感兴趣区（region of interest，ROI）函数限定。ENVI 的监督分类技术包括平行六面体（平行管道）、最小距离、马哈拉诺比斯距离、最大似然、波谱角度制图仪及二进制编码方法。

监督分类总体上一般可分为 4 个步骤：打开分类图像并分析图像、选取训练样本、执行监督分类和评价分类结果。

1．打开分类图像并分析图像

1）打开 ENVI，加载图像 can_tmr.img，并以 band 4、3、2 假彩色合成。

2）运用图像增强等方法使得显示的 RGB 图像色彩饱和，目视可以解译出地物。虽然只是 3 个波段的组合显示，但是我们还是大致可以看出具有相似波谱特性的地物类型，亮红色代表在近红外波段具有高反射率的地物，对应健康植被，通常是人工种植的或沿河流生长的，稍微有点暗红色的区域通常代表自然植被，还有些与地质和城市相关的类也可以判别出一些地物。

3）通过分析图像，得出地物样本：林地、草地、耕地、裸地、沙地。

2．选取训练样本

1）在图层管理器中，在文件 can_tmr.img 上右击，在弹出的快捷菜单中选择 New Region of Interest 选项，打开 ROI 工具，打开 Region of Interest（ROI）Tool 对话框，设置感兴趣区（图 5.4）。

图 5.4　设置感兴趣区

2）设置样本名称，设置样本颜色。

3）在 Geometry 选项卡中，单击 Polygon（多边形）类型按钮，在图像窗口中目视确定林地区域，单击绘制感兴趣区。

4）在图上分别绘制几个感兴趣区，数量根据图像大小确定。

3．执行监督分类

根据分类的复杂程度和精确度等需求确定一种分类器，有 Parallelepiped（平行六面体）、Minimum Distance（最小距离）、Mahalanobis Distance（马哈拉诺比斯距离）、最大似然（Maximum Likelihood）、支持向量机（Support Vector Machine）、神经网络（Neural Net），还包括应用于高光谱数据的波谱角（Spectral Angle Mapper）、光谱信息散度（Spectral Information Divergence）和二进制编码（Binary Encoding）、最小能量约束（Constrained Energy Minimization）、正交子空间投影（Orthogonal Subspace Projection）、自适应一致估计（Adaptive Coherence Estimator）分类方法。

表 5.1　6 种监督分类器说明

分类器	说明
Parallelepiped（平行六面体）	根据训练样本的亮度值形成一个 n 维的平行六面体数据空间，其他像元的光谱值如果落在平行六面体任何一个训练样本所对应的区域，则被划分到其对应的类别中。平行六面体的尺度是由标准差阈值所确定的，而该标准差阈值则是根据所选类的均值求出的
Minimum Distance（最小距离）	利用训练样本数据计算出每一类的均值向量和标准差向量，然后以均值向量作为该类在特征空间中的中心位置，计算输入图像中每个像元到各类中心的距离，到哪一类中心的距离最小，该像元就归入哪一类
Mahalanobis Distance（马哈拉诺比斯距离）	计算输入图像到各训练样本的马哈拉诺比斯距离（一种有效的计算两个未知样本集的相似度的方法），最终统计马哈拉诺比斯距离最小的，即为此类别
Maximum Likelihood（最大似然）	假设每一个波段的每一类统计都呈正态分布，计算给定像元属于某一训练样本的似然度，像元最终被归并到似然度最大的一类当中
Support Vector Machine（支持向量机）	支持向量机分类是一种建立在统计学习理论（statistical learning theory，SLT）基础上的机器学习方法。SVM 可以自动寻找那些对分类有较大区分能力的支持向量，由此构造出分类器，可以将类与类之间的间隔最大化，因而有较好的推广性和较高的分类准确率
Neural Net（神经网络）	指用计算机模拟人脑的结构，用许多小的处理单元模拟生物的神经元，用算法实现人脑的识别、记忆、思考过程应用于图像分类

不同的分类器所需设置的参数不同。

（1）Parallelepiped（平行六面体）

平行六面体分类器用一条简单的判定规则对多波谱数据进行分类。判定边界在图像数据空间中，形成了一个 n 维平行六面体。各平行六面体的中心为各训练区的均值向量。平行六面体的各维大小由每一种类别的平均值在相应波段的标准差的阈值确定。如果像元值位于 n 个被分类波段的低阈值与高阈值之间，则它归属于这一类。如果像元值落在多个类里，那么 ENVI 将这一像元归到最后一个匹配的类里。如果像元没有落在平行六面体的任何一类里的区域中，则被称为无类别的。

1）在 Toolbox 中双击 Classification→Supervised Classification→Parallelepiped 工具，选

择要进行监督分类的图像文件。

2）单击 OK 按钮，打开 Parallelepiped Parameters 对话框（图 5.5），在 Select Classes from Regions 列表中选择感兴趣区。若要选择全部感兴趣区，可以单击 Select All Items 按钮。

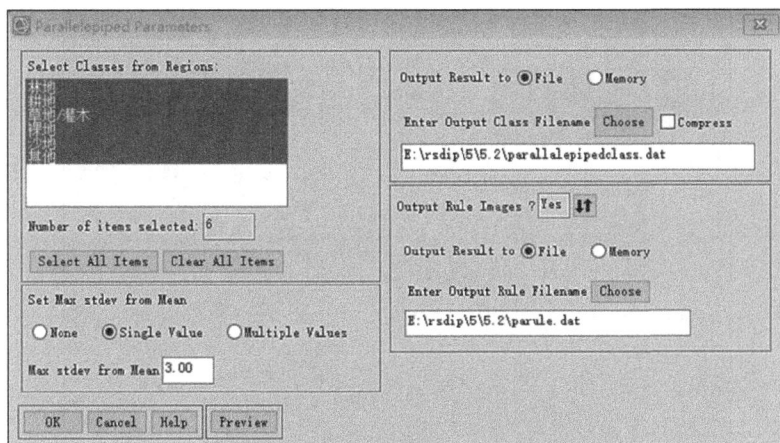

图 5.5　Parallelepiped Parameters 对话框

3）Set Max stdev from Mean（设置标准差阈值）有 3 种类型：None——不设置标准差阈值；Single Value——为所有类别设置一个标准差阈值；Multiple Values——分别为每一个类别设置一个标准差阈值。

4）单击 Preview 按钮，可在窗口预览分类选项，单击 Change View 按钮可改变预览区域。

5）选择输出路径及文件名。

6）设置 Output Rule Images?答案为 Yes，选择规则图像输出路径及文件名。

7）单击 OK 按钮开始分类。

（2）Minimum Distance（最小距离）

最小距离技术用到每一个训练区的均值矢量，计算每一个未知像元到每一类均值矢量的欧几里得距离。所有像元都被归为最近的一类，除非限定了标准差和距离的极限（这时，会出现一些像元因不满足选择的标准，而成为"无类别"的）。

1）在 Toolbox 中双击 Classification → Supervised Classification → Minimum Distance Classification 工具，选择要进行监督分类的图像文件。

2）单击 OK 按钮，打开 Minimum Distance Parameters 对话框（图 5.6），在 Select Classes from Regions 列表中选择感兴趣区。若要选择全部感兴趣区，可以单击 Select All Items 按钮。

3）Set Max stdev from Mean（设置标准差阈值）有 3 种类型：None——不设置标准差阈值；Single Value——为所有类别设置一个标准差阈值；Multiple Values——分别为每一个类别设置一个标准差阈值。

4）Set Max Distance Error（设置最大距离误差）：以 DN 值方式输入一个值，距离大于该值的像元不会被分入该类。若选中 None 单选按钮，则无须输入值。

5）单击 Preview 按钮，可在窗口预览分类选项，单击 Change View 按钮可改变预览区域。

6）选择输出路径及文件名。

7）设置 Output Rule Images？答案为 Yes，选择规则图像输出路径及文件名。

8）单击 OK 按钮开始分类。

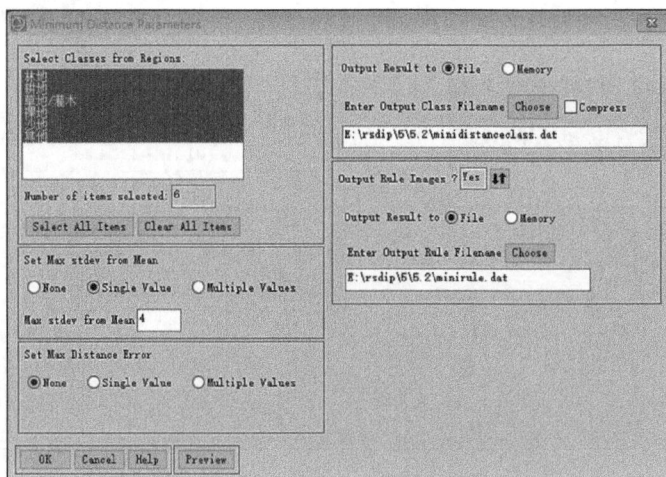

图 5.6　Minimum Distance Parameters 对话框

（3）Mahalanobis Distance（马哈拉诺比斯距离）

马哈拉诺比斯距离分类是一个方向灵敏的距离分类器，分类时用到了统计。它与最大似然分类有些类似，但是假定所有类的协方差相等，所以是一种较快的方法。所有像元都被归到最近的 ROI 类，除非用户限定了一个距离阈值（这时，如果一些像元不在阈值内，就会被划为无类别的）。

1）在 Toolbox 中双击 Classification→Supervised→Mahalanobis Distance 工具。

2）在打开的 Classification Input File 对话框中选择一个输入文件，单击 OK 按钮，打开 Mahalanobis Distance Parameters 对话框（图 5.7）。

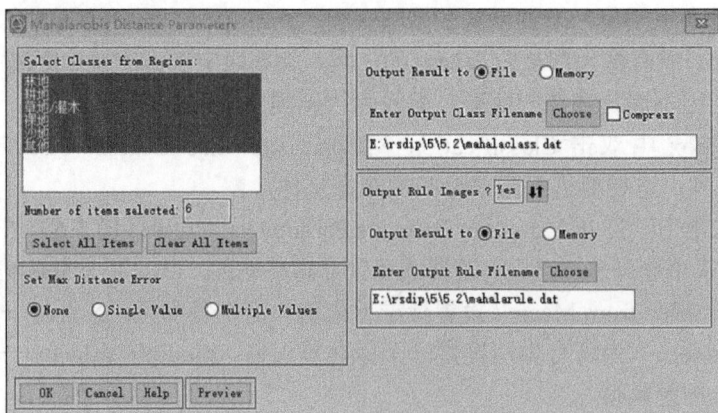

图 5.7　Mahalanobis Distance Parameters 对话框

3）在 Select Classes from Regions 列表中选择感兴趣区。若要选择全部感兴趣区，可以单击 Select All Items 按钮。

4）在 Set Max Distance Error 文本框中，输入允许的最大距离误差。如果输入了选择的参数，距离超过所有类的这个参数的像元将被归为"无类别的"。如果没有输入最大距离误差值，则所有像元都将参与分类。若选中 None 单选按钮，则无须输入参数。

5）单击 Preview 按钮，可在窗口预览分类选项，单击 Change View 按钮可改变预览区域。

6）选择输出路径及文件名。

7）设置 Output Rule Images？答案为 Yes，选择规则图像输出路径及文件名。

8）单击 OK 按钮开始分类。

（4）Maximum Likelihood Classification（最大似然分类）

最大似然分类假定每个波段每一类统计呈均匀分布，并计算给定像元属于一特定类别的可能性。除非选择一个可能性阈值，所有像元都将参与分类。每一个像元被归到可能性最大的那一类里。

1）在 Toolbox 中双击 Classification→Supervised Classification→Maximum Likelihood Classification 工具。

2）在打开的 Classification Input File 对话框中选择所需分类的文件，单击 OK 按钮。

3）选择一个输入文件以后，打开 Maximum Likelihood Parameters 对话框（图 5.8）。

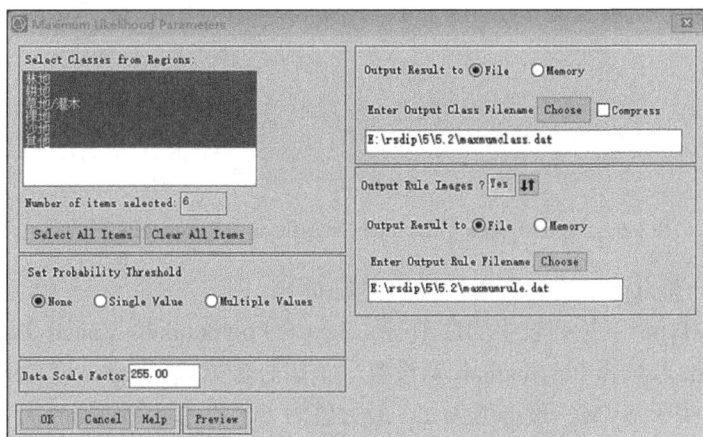

图 5.8 Maximum Likelihood Parameters 对话框

4）与其他分类方法不同，所需设置的参数如下：

● Set Probability Threshold（设置似然度的阈值）：若选中 Single Value 单选按钮，则在 Probability Threshold 文本框中输入一个阈值（0～1）。

● Data Scale Factor（设置数据比例系数）：这个比例系数是一个比值系数，用于将整形反射率或辐射率数据转换为浮点型数据。

5）单击 Preview 按钮，可在窗口预览分类选项，单击 Change View 按钮可改变预览区域。

6）选择输出路径及文件名。

7）设置 Output Rule Images？答案为 Yes，选择规则图像输出路径及文件名。

8）单击 OK 按钮开始分类。

（5）Support Vector Machine Classification（支持向量机）

1）在 Toolbox 中双击 Classification→Supervised Classification→Support Vector Machine Classification 工具，选择要进行监督分类的图像文件。

2）单击 OK 按钮，打开 Support Vector Machine Classification Parameters 对话框（图 5.9），在 Select Classes from Regions 列表中选择感兴趣区。若要选择全部感兴趣区，可以单击 Select All Items 按钮。

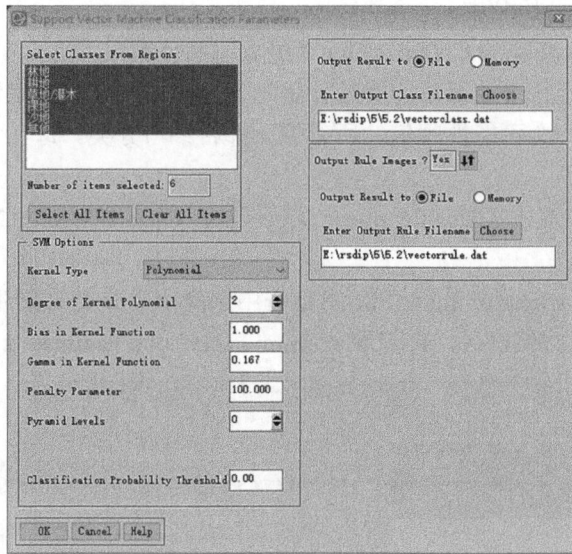

图 5.9 Support Vector Machine Classification Parameters 对话框

3）与其他分类方法不同，所需设置的参数如下：

- Kernel Type 下拉列表中的选项有 Linear、Polynomial、Radial Basis Function 和 Sigmoid。若选择 Polynomial，则设置一个核心多项式（Degree of Kernel Polynomial）的次数用于 SVM，最小值为 1，最大值为 6。若选择 Polynomial 或 Sigmoid，则需要使用向量机规则为 Kernel 指定 Bias in Kernel Function，默认值为 1。若选择 Polynomial、Radial Basis Function 或 Sigmoid，则需要设置 Gamma in Kernel Function 参数，这个值是一个大于 0 的浮点型数据，默认值为输入图像波段数的倒数。

- Penalty Parameter：这个值是一个大于 0 的浮点型数据。这个参数控制了样本错误与分类刚性延伸之间的平衡，默认值为 100。

- Pyramid Levels：设置分级处理等级，用于 SVM 训练和分类处理过程。如果这个值为 0，则将以原始分辨率处理，最大值随着图像的大小而改变。

- Pyramid Reclassification Threshold（0~1）：当 Pyramid Levels 大于 0 时，需要设置

这个重分类阈值。

- Classification Probability Threshold（0～1）：分类设置概率阈值。如果一个像素计算得到所有的规则概率小于该值，该像素将不被分类，默认值为 0。

4）选择输出路径及文件名。

5）设置 Output Rule Images?答案为 Yes，选择规则图像输出路径及文件名。

6）单击 OK 按钮开始分类。

（6）Neural Net Classification（神经网络）

1）在 Toolbox 中双击 Classification→Supervised Classification→Neural Net Classification 工具。

2）在打开的 Classification Input File 对话框中选择所需分类的文件，单击 OK 按钮。

3）选择一个输入文件以后，打开 Neural Net Parameters 对话框（图 5.10）。

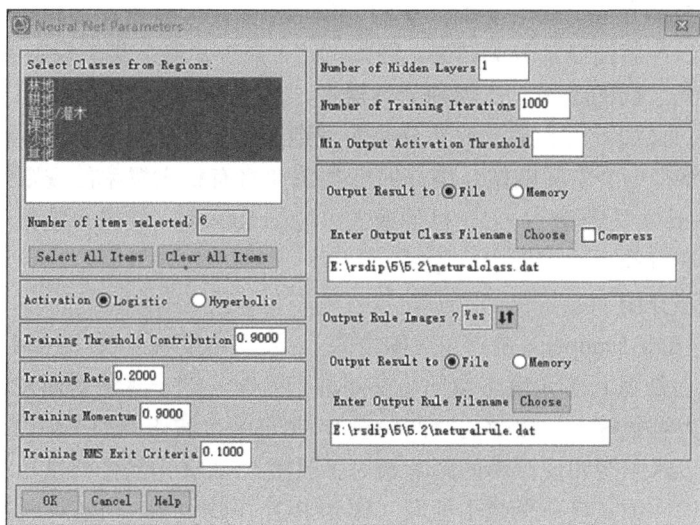

图 5.10　Neural Net Parameters 对话框

4）与其他分类方法不同，所需设置的参数如下：

- Activation（选择活化函数）：包括对数（Logistic）和双曲线（Hyperbolic）。
- Training Threshold Contribution［输入训练贡献阈值（0～1）］：该参数决定了与活化节点级别相关的内部权重的贡献值，用于调节节点内部权重的变化。训练算法交互式地调整节点间的权重和节点阈值，从而使输出层和响应误差达到最小。
- Training Rate［权重调节速度（0～1）］：参数值越大，训练速度越快，但也可增加摆动或者使训练结果不收敛。
- Training Momentum：输入一个 0～1 的值，当该值大于 0 时，在 Training Rate 文本框中输入较大值不会引起摆动，该值越大，训练的步幅越大。该参数的作用是促使权重沿当前方向改变。
- Training RMS Exit Criteria：指定 RMS 误差为何值时训练应该停止。RMS 误差值在训练过程中将显示在图表中，当该值小于输入值时，即使还没有达到迭代次数，训练也会停止，然后开始进行分类。

● Number of Hidden Layers（所用隐藏层的数量）：要继续线性分类，输入值为 0。无隐藏层，不同的输入区域必须与一个单独的超平面线性分离。要进行非线性分类，输入值应该大于或等于 1，当输入的区域并非线性分离或需要两个超平面才能区分类别时，必须拥有至少一个隐藏层才能解决这个问题。

● Number of Training Iterations：输入用于训练的迭代次数。

● Min Output Activation Threshold（最小输出活化阈值）：若被分类像元的活化值小于该阈值，则在输出的分类中该像元将被归入未分类中。

5）选择输出路径及文件名。

6）设置 Output Rule Images?答案为 Yes，选择规则图像输出路径及文件名。

7）单击 OK 按钮开始分类。

所有监督分类都有一个输出 Rule（规则）图像的选项。规则图像是中间结果图像，它在分类最终完成以前就能显示分类结果。例如，运用最小距离分类的规则图像（每类一个）是分类与未知像元之间的距离。在规则分类器中，这些规则图像可以被用于调整阈值，产生新的分类图像。又如，用于最大似然分类的规则图像将是图像本身的概率；分类中每一个输入的 ROI 都有一个中间图像。最终的分类图像将有最大概率的规则结果［以像元到像元（pixel-by-pixel）为基础］，它只包含最大可能的 ROI 数。这些可能值本身只保留在规则图像中，而不在分类后的图像中。

（7）其他方法介绍

1）Spectral Angle Mapper（波谱角度映射表）。波谱角度映射表（SAM）是一个基于自身的波谱分类，它是用 n 维角度将像元与参照波谱匹配。这一算法是通过计算波谱间的角度（将它们处理为维数等于波段数的空间矢量），判定两个波谱间的类似度。这一技术用于校准反射数据时，对照明和反照率的影响相对不灵敏。SAM 用到的终端单元波谱可以来自 ASCII 文件、波谱库或直接从图像中抽取（作为 ROI 平均波谱）。SAM 将终端单元波谱矢量和每一个像元矢量放在 n 维空间比较角度。较小的角度代表与参照波谱匹配紧密。远离指定的弧度阈值最大角度的像元被认为无法分类。

2）Binary Encoding（二进制编码）。二进制编码分类技术将数据和终端单元波谱编码为 0 和 1（基于波段是低于波谱平均值还是高于波谱平均值）。"异或"逻辑函数用于对每一种编码的参照波谱和编码的数据波谱进行比较，生成一幅分类图像。所有像元被分类到与其匹配波段最多的终端单元一类里，除非指定了一个最小匹配阈值（这时，如果一些像元不符合标准，它们将不参与分类）。

4．评价分类结果

监督分类执行之后，需要对分类结果进行评价。ENVI 提供了多种评价方法，如分类结果叠加、混淆矩阵和 ROC 曲线。

（1）分类结果叠加

在视窗中显示原始图像和分类图像，在图层管理器中显示或隐藏两幅图像，通过在图像上叠加分类目视判断分类精度。

（2）混淆矩阵

使用 Confusion Matrix 工具可以把分类结果的精度显示在一个混淆矩阵中，ENVI 通过使用一幅地表真实图像或地表真实感兴趣区来计算混淆矩阵。

1）地表真实图像。使用地表真实图像时，可以为每个分类计算误差掩模图像，用于显示哪些像元被错误归类。计算之前先打开一个真实的分类图，格式为 ENVI 分类图像格式。

① 在 Toolbox 中双击 Classification→Post Classification→Generate Random Sample Using Ground Truth Image 工具。

② 在打开的 Classification Input File 对话框中选择分类图像，在打开的 Ground Truth Input File 对话框中选择地表真实分类图像。

③ 在打开的 Match Classes Parameters 对话框（图 5.11）中，在两个列表中选择所需匹配的名称，再单击 Add Combination 按钮，把地表真实类别与最终分类结果相匹配。若地表真实图像中的类别与分类图像中的类别名称相同，它们将自动匹配。单击 OK 按钮，输出混淆矩阵。

④ 在混淆矩阵输出窗口中，设置 Output Confusion Matrix 选项，选择像素和百分比。

⑤ 选择输出路径和文件名，单击 OK 按钮，输出混淆矩阵。

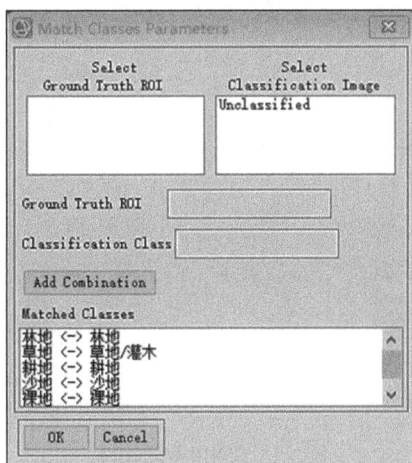

图 5.11　Match Classes Parameters 对话框

2）地表真实感兴趣区。使用地表真实感兴趣区之前，需要准备反映地表真实地物信息的 ROI 文件。可在高分辨率图像上通过目视解译获取各个类别的地表真实感兴趣区，或者通过野外实地调查生成地表真实感兴趣区，生成方法与分类样本的方法一致。

① 打开 ENVI，打开验证感兴趣区文件，在 Select Base ROI Visualization La…对话框中选择分类结果文件。

② 在 Toolbox 中双击 Classification→Post Classification→Confusion Matrix Using Ground Truth ROIs 工具。

③ 在 Classification Input File 对话框中选择分类图像，地表真实分类图像被自动加载到 Match Classes Parameters 对话框中。

④ 在 Match Classes Parameters 对话框中，在两个列表中选择所需匹配的名称，再单击 Add Combination 按钮，把地表真实类别与最终分类结果相匹配。若地表真实图像中的类别与分类图像中的类别名称相同，将自动匹配。单击 OK 按钮输出混淆矩阵。

⑤ 在 Confusion Matrix Parameters 对话框（图 5.12）中，设置 Output Confusion Matrix in 选项，选中 Fixels（像素）和 Percent（百分比）复选框。

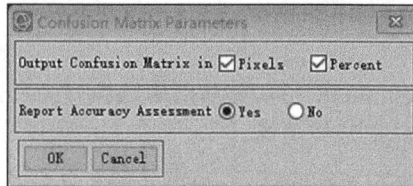

图 5.12　Confusion Matrix Parameters 对话框

⑥ 单击 OK 按钮，输出混淆矩阵，如图 5.13 所示。

Unclassified	0.00	4.21
林地	1.19	19.28
草地/灌木	0.00	14.52
耕地	0.00	16.70
沙地	0.00	10.45
裸地	0.00	21.54
其他	98.81	13.30
Total	100.00	100.00

Class	Commission (Percent)	Omission (Percent)	Commission (Pixels)	Omission (Pixels)
林地	12.64	5.59	66/522	27/483
草地/灌木	32.32	39.27	127/393	172/438
耕地	0.00	15.20	0/452	81/533
沙地	0.35	6.62	1/283	20/302
裸地	17.50	21.66	102/583	133/614
其他	7.50	1.19	27/360	4/337

Class	Prod. Acc. (Percent)	User Acc. (Percent)	Prod. Acc. (Pixels)	User Acc. (Pixels)
林地	94.41	87.36	456/483	456/522
草地/灌木	60.73	67.68	266/438	266/393
耕地	84.80	100.00	452/533	452/452
沙地	93.38	99.65	282/302	282/283
裸地	78.34	82.50	481/614	481/583
其他	98.81	92.50	333/337	333/360

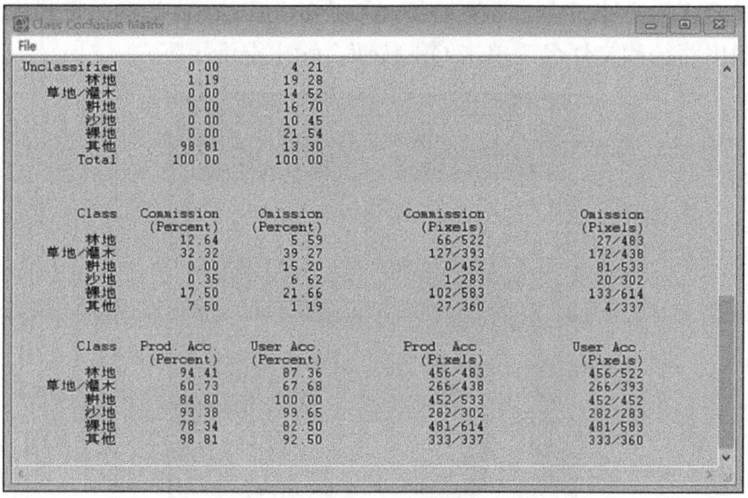

图 5.13　输出混淆矩阵

混淆矩阵说明：用于混淆矩阵计算的条目包括总体精度、Kappa 系数、混淆矩阵（可能性）、Commission 误差（每类中额外像元占的百分比）、冗长误差（类左边的像元占的百分比）、生产者（制造者）精度及用户精度。

具体说明如下：

- 混淆矩阵（像元数）：混淆矩阵是通过将每个地表真实像元的位置和分类与分类图像中的相应位置和分类相比较计算的。混淆矩阵的每一栏代表了一个地表真实分类，并且每一栏中的数值与地表真实像元中分类图像的标签相对应。
- 混淆矩阵（百分比）：地表真实（百分比）表显示了每个地表真实分类中类分布的百分比。数值通过每个地表真实栏中的像元数除以一个给定地表真实类中的像元总数得到。
- Overall Accuracy（总体分类精度）：总体分类精度由被正确分类的像元总和除以总

像元数计算。地表真实图像或地表真实感兴趣区限定了像元的真正分类。被正确分类的像元沿着混淆矩阵的对角行分布，它显示出被分类到正确地表真实分类的像元数。像元总数是所有参与地表真实分类的像元总和。

- Kappa Coefficient（Kappa 系数）：Kappa 系数是另外一种计算分类精度的方法。它是通过所有地表真实分类中的像元总数乘以混淆矩阵对角行的和，再减去一类中地表真实像元的总和与这一类中被分类的像元总数的积，再除以总的像元数的平方减去这一类中地表真实像元的总和与这一类中被分类的像元总数的积之和得到的。
- Commission error（错分误差）：错分误差代表了被标注为属于兴趣类，实际属于另一类的像元。错分误差被显示在混淆矩阵的行中。在地表真实分类中，分类不正确的像元数占参与分类的像元总数的比例形成了错分误差。
- Omission error（结果误差/漏分误差）：漏分误差代表了属于地表真实分类的像元，但是分类技术很难将它们分到合适的类里。被误分类的像元占地表真实分类像元总数的比例称为漏分误差。漏分误差显示在混淆矩阵的列中。
- Producer Accuracy（生产者精度/制图精度）：生产者精度是指假定地表真实为 A 类，分类器能将一幅图像的像元归为 A 类的可能性。
- User Accuracy（用户精度）：用户精度是指假定分类器将像元归到 A 类，则相应的地表真实类别是 A 的可能性。

（3）ROC 曲线

通过 ROC 曲线来检测分类器的精度，从而选择合适的判定阈值。ROC 曲线将一系列不同阈值的规则图像分类结果与地表真实信息进行比较。ENVI 通过地表真实图像或地表真实感兴趣区来计算一条 ROC 曲线，对于每种所选类别，都将记录该类别的"探测"概率相对于"false alarm"概率曲线和相对于阈值的曲线。

1）地表真实图像。

① 在 Toolbox 中双击 Classification→Post Classification→ROC Curves Using Ground Truth Image 工具。

② 在打开的 Rule Input File 对话框中选择分类规则图像，在打开的 Ground Truth Input File 对话框中选择地表真实分类图像。

③ 在打开的 Match Classes Parameters 对话框中，在两个列表中选择所需匹配的名称，再单击 Add Combination 按钮，把地表真实类别与最终分类结果相匹配。若地表真实图像中的类别与分类图像中的类别名称相同，它们将自动匹配。

④ 单击 OK 按钮，打开 ROC Curve Parameters 对话框（图 5.14），参数设置如下：

- Classify by：单击箭头切换按钮，选择用最大值或最小值对规则图像进行分类。若规则图像来自最大似然法，则选用最大值进行分类；若规则图像来自最小距离或波谱角分类，则选用最小值分类。
- 在 Min 和 Max 文本框中，为 ROC 曲线阈值范围输入最小值和最大值，规则图像将按照最小值和最大值之间的 N 等分阈值进行分类。若规则图像来自最大似然分类器，则选择输入的最小值为 0，最大值为 1。

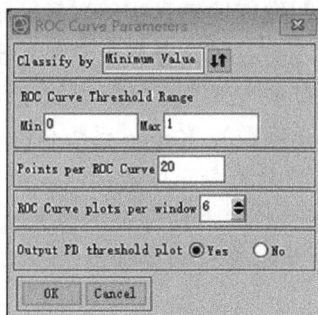

图 5.14　ROC Curve Parameters 对话框

● Points per ROC Curve：输入 ROC 曲线上的点数。
● ROC Curve plots per window：输入每个窗口中图表的数量。
● Output PD threshold plot：选中 Yes 或 No 单选按钮，确定是否输出探测相对于阈值的曲线。
⑤ 单击 OK 按钮，在图表窗口中绘制出 ROC 曲线和探测曲线。

2）地表真实感兴趣区。

地表真实感兴趣区必须提前打开，且应与选择的规则图像大小相同，否则需要重新匹配地表真实感兴趣区。

① 在 Toolbox 中双击 Classification→Post Classification→ROC Curves Using Ground Truth ROIs 工具。

② 在打开的 Rule Input File 对话框中选择分类图像，规则图像中所选择的每个波段将用于生成一条 ROC 曲线。

③ 在 Match Classes Parameters 对话框中，在两个列表中选择所需匹配的名称，再单击 Add Combination 按钮，把地表真实类别与最终分类结果相匹配。若地表真实图像中的类别与分类图像中的类别名称相同，将自动匹配。单击 OK 按钮。

④ ROC Curve Parameters 对话框中的参数设置与使用地表真实图像的参数设置一致。

⑤ 单击 OK 按钮，在图表窗口中绘制出 ROC 曲线和探测曲线。

5.2.2　非监督分类

非监督分类仅仅用统计方法对数据集中的像元进行分类，它不需要用户定义任何训练分类器。Unsupervised Classification 菜单提供了 ENVI 的 ISODATA 和 K-Means 非监督分类技术。

非监督分类总体上一般可分为 4 个步骤：执行非监督分类、类别定义、合并子类和评价分类结果。

1. 执行非监督分类

（1）K-Means 分类
K-Means 非监督分类任意确定集群中心，然后用最短距离技术重复地把像元聚集到最近的类里。每次迭代重新计算了均值，且用这一新的均值对像元进行再分类。除非限定了标准差和距离的阈值（这时，如果一些像元不满足选择的标准，那么它们就无法参与分类），所有像元都被归到与其最近的一类里。这一过程持续到每一类的像元数变化少于指定的像元变化阈值或已经到了迭代的最多次数。

K-Means 分类器采用集群分析的方法，要求分类人员选择所分类别（集群）的数目，并任意确定集群中心，然后迭代直到类别间的分离性达到最大。

K-Means 方法的不足：分类数目一经确定便不能改变，受初始参数的影响。

K-Means 分类的具体操作过程如下：

1）在 Toolbox 中双击 Classification→Unsupervised Classification→K-Means Classification 工具。

2）在打开的 Classification Input File 对话框中选择需要分类的文件。

3）单击 OK 按钮，打开 K-Means Parameters 对话框（图 5.15），参数如下：

● Number of Classes（分类数目）：一般设置为最终分类数目的 2～3 倍。在相应文本框中输入分类数目及迭代的最大次数。

● Change Threshold（变化阈值）：当每类的像元数目变化小于该阈值时，迭代停止。

● Maximum Iterations（最大迭代次数）：迭代次数越大，得到的结果越精确。

● Maximum Stdev From Mean（距离类别均值的最大标准差）：可选项。筛选小于这个标准的像元参与分类。

● Maximum Distance Error（允许的最大距离误差）：可选项。筛选小于这个最大距离误差的像元参与分类。

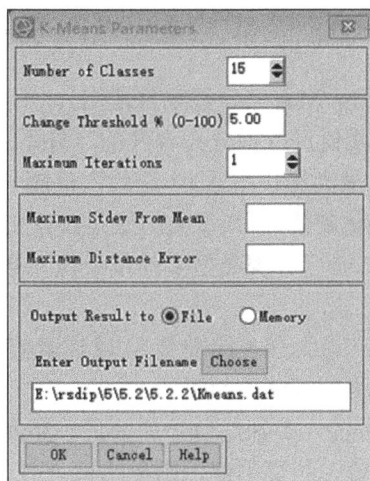

图 5.15　K-Means Parameters 对话框

4）选择输出路径及文件名，单击 OK 按钮，开始进行 K-Means 分类。

（2）ISODATA 分类

ISODATA 非监督分类计算数据空间中均匀分布的类均值，然后用最小距离技术将剩余像元迭代聚集。每次迭代重新计算了均值，且用这一新的均值对像元进行再分类。重复分类的分割、融合和删除是基于输入的阈值参数的。除非限定了标准差和距离的阈值（这时，如果一些像元不满足选择的标准，那么它们就无法参与分类），所有像元都被归到与其最近的一类里。这一过程持续到每一类的像元数变化少于选择的像元变化阈值或已经到了迭代的最大次数。该方法是对 K-Means 分类方法的改进，它允许在 K-Means 分类方法的基础上对分类数目和分类结果进行调整和改变。

ISODATA 分类的具体操作过程如下：

1）在 Toolbox 中双击 Classification→Unsupervised Classification→ISODATA Classification 工具。

2）打开 Classification Input File 对话框，进行文件选择。

3）单击 OK 按钮，打开 ISODATA Parameters 对话框（图 5.16）。

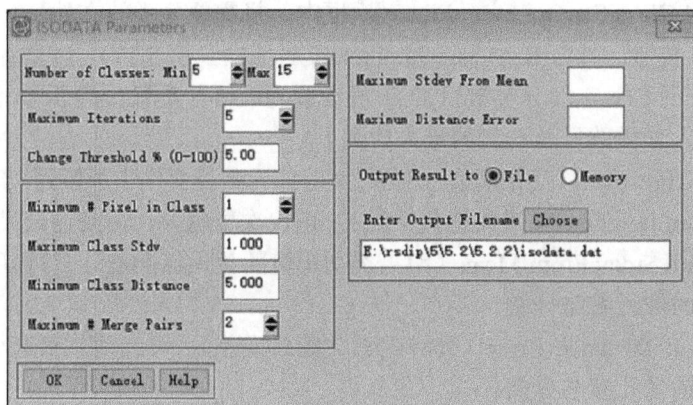

图 5.16　ISODATA Parameters 对话框

- Number of Classes：Min/Max（分类数目范围），用到分类数目范围是由于独立数据算法是基于输入的阈值进行拆分与合并的，并不遵循一个固定的分类数目。
- Maximum Iterations（最大迭代次数）：迭代次数越大，得到的结果越精确。
- Change Threshold（变化阈值）：当每类的像元数目变化小于该阈值时，迭代停止。
- Minimum # Pixel in Class（分类类型中的最小像元数）：输入形成一类所需的最小像元数。
- Maximum Class Stdev（最大分类标准差）：以像素值为单位，如果某一类的标准差比该阈值大，则该类将被拆分为两类。
- Minimum Class Distance（类别均值之间的最小距离）：以像素值为单位，如果类均值之间的距离小于输入的最小值，则类将被合并。
- Maximum # Merge Pairs：2。
- Maximum Stdev From Mean（距离类别均值的最大标准差）：可选项，筛选小于这个标准的像元参与分类。
- Maximum Distance Error（允许的最大距离误差）：可选项，筛选小于这个最大距离误差的像元参与分类。

4）选择输出路径和文件名，单击 OK 按钮，开始进行独立数据分类。

2．类别定义

执行非监督分类后，得到一个初步的分类结果，接下来需要进行类别定义与合并子类。具体操作过程如下：

1）打开图像底图和非监督分类结果图像并在视窗中显示。

2）在 Layer Manager 中，在 Classes 上右击，在弹出的快捷菜单中选择 Hide All Classes 选项，之后选中 Class1 复选框，只显示一个分类类别，通过目视判读判别该类别。

3）在 Toolbox 中双击 Raster Management→Edit ENVI header 工具，在打开的文件输入对话框中选择非监督分类结果，单击 OK 按钮后，打开 Header Info 对话框。

4）选择 Edit Attribute→Classification Info 选项，采用默认设置，单击 OK 按钮，打开 Class Color Map Editing 对话框（图 5.17）。

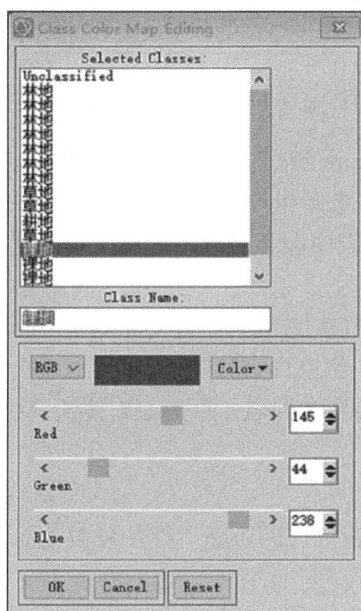

图 5.17　Class Color Map Editing 对话框

5）在 Class Color Map Editing 对话框中的 Selected Classes 列表中选择"裸地"选项，在 Class Name 文本框中输入识别出的类别名称，同时可修改显示颜色。

6）重复步骤 3）～5）为其他类别定义名称和颜色。

注意：ENVI 5.2 版本中每次修改图像头文件信息后将自动关闭图像，需要重新加载图像文件，因此最好一次将所有类别识别后，在 Class Color Map Editing 对话框中一次修改。

3．合并子类

在选择非监督分类类别数量时，一般选择为最终结果数量的 2～3 倍，因此在定义类别之后，需要将相同类别合并。

1）在 Toolbox 中双击 Classification→Post Classification→Combine Classes 工具，在文

件输入对话框中选择定义好的非监督分类结果，单击 OK 按钮后，打开 Combine Classes Parameters 对话框（图 5.18）。

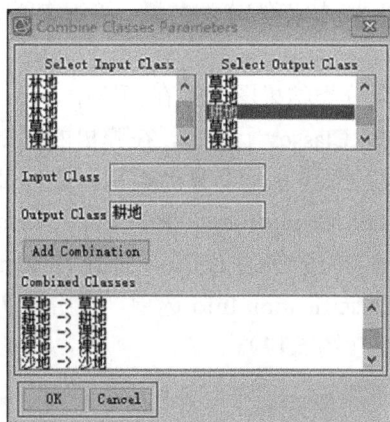

图 5.18　Combine Classes Parameters 对话框

2）在 Combine Classes Parameters 对话框中，从 Select Input Class 列表中选择合并的类别，从 Select Out Class 列表中选择并入的类别，单击 Add Combination 按钮添加到合并方案中。在 Combined Classes 列表中会显示合并方案，单击其中某一项即可将该项从方案中移除。

3）合并方案确定后，单击 OK 按钮，打开 Combine Classes Output 对话框，在 Remove Empty Classes？项中选择 Yes，将空白类移除。

4）选择输出合并结果路径及文件名，单击 OK 按钮，执行合并。

4．评价分类结果

评价分类结果的过程与监督分类的方法一样，可参考 5.2.1 节。

5.3　基于专家知识的决策树分类

基于专家知识的决策树分类是基于遥感影像数据及其他空间数据，通过专家经验总结、简单数学统计和归纳方法等，获得分类规则并进行遥感分类的。分类规则易于理解，分类过程也符合人的认知过程，最大的特点是利用多源数据。

决策树分类器是一个典型的多级分类器，由一系列二叉决策树构成，用于将像元划分到相应的类别，每个决策树依据一个分类规则的表达式将图像中的像元划分为两类，每个新生成的类别又可根据其他分类规则继续向下一级分类，直到达到最终分类结果。难点是分类规则的定义，一般可根据经验总结，或者通过统计的方法从样本中获取规则。

专家知识决策树分类的步骤大体上可分为 4 步：定义分类规则、规则的输入、决策树运行和分类后处理。

5.3.1　定义分类规则

分类规则可以来自经验总结，如坡度小于 20°是缓坡等，也可以通过统计的方法从样本中获取规则，如 ID3 算法、C4.5 算法、CART 算法和 S-PLUS 算法等。

ID3 算法是由 Ross Quinlan 在 1986 年提出的一种构造决策树的方法，用于处理标称型数据集，其构造过程如下：输入训练数据是一组带有类别标记的样本，构造的结果是一棵多叉树，树的分支节点表示为一个逻辑判断，如形式为 $a=a_j$ 的逻辑判断，其中 a 是属性，a_j 是该属性的所有取值。

在该节点上选取能对该节点处的训练数据进行最优划分的属性。最后划分的标准是信息增益，即划分前后数据集的熵的差异。如果在该节点的父节点或祖先中用了某个属性，则这个用过的属性就不再被使用。选择好最优属性后，假设该属性有 N 个取值，则为该节点建立 N 个分支，将相应的训练数据传递到这 N 个分支中，递归进行，停止条件如下：

1）该节点的所有样本属于同一类，该节点成为叶节点，存放相应的类别。

2）所有的属性都已被父节点或祖先使用。这种情况下，该节点成为叶节点，并以样本中元组个数最多的类别作为类别标记，同时也可以存放该节点样本的类别分布。

算法中描述的属性也称为变量。以 Landsat TM 数据和 DEM 数据构成多源数据，DEM 文件可作为变量，根据经验和专家知识获取如下规则。

- Class1（缓坡植被）：NDVI>0.3，slope<20°。
- Class2（朝北陡坡植被）：NDVI>0.3，slope≥20°，90°≤aspect≤270°。
- Class3（朝南陡坡植被）：NDVI>0.3，slope≥20°，aspect<90°或 aspect>270°。
- Class4（水体）：NDVI≤0.3，$0<b_4<20$。
- Class5（裸地）：NDVI≤0.3，$b_4≥20$。
- Class6（无数据区，背景）：NDVI≤0.3，$b_4=0$。

其中，NDVI 为归一化植被指数；slope 为坡度；aspect 为坡向；b_N 代表第 N 个波段。

5.3.2　规则表达式

在 ENVI 中，分类规则由变量和运算符组成的规则表达式描述。在创建决策树之前，需要将分类规则转换成规则表达式。规则表达式主要由 4 个部分组成：操作函数、变量、常量、数据类型转换函数。

1．操作函数

常用的运算符和函数如表 5.2 所示。

表 5.2　常用的运算符和函数

表达式	部分可用函数
基本运算	加（+）、减（−）、乘（*）、除（/）
三角函数	正弦 sin(x)、余弦 cos(x)、正切 tan(x)
	反正弦 asin(x)、反余弦 acos(x)、反正切 atan(x)
	双曲正弦 sinh(x)、双曲余弦 cosh(x)、双曲正切 tanh(x)

续表

表达式	部分可用函数
关系/逻辑	小于（LT）、小于等于（LE）、等于（EQ）、不等于（NE）、大于等于（GE）、大于（GT） 并（and）、或（or）、非（not）、或非（XOR） 最大值（>）、最小值（<）
其他符号	指数（^）、自然指数 exp、自然对数 alog(x) 以 10 为底的对数 alog10(x) 取整——round(x)、ceil(x) 平方根（sqrt）、绝对值（abs）

2. 变量

ENVI 决策树分类器中的变量是指一个波段或作用于数据的一个特定函数。如果为波段，需要命名为 b_N，其中 N 为 1~255 的数字，代表数据的某一个波段；如果为函数，则变量名必须包含在大括号中，即{变量名}，如{ndvi}。如果变量被赋值为多波段文件，变量名必须包含一个写在方括号中的下标，用于表示波段数，例如，{pc[1]}表示主成分分析的第一主成分。特定变量如表 5.3 所示，用户也可以通过 IDL 编写自定义函数。

表 5.3 特定变量

变量	作用
slope	计算坡度
aspect	计算坡向
ndvi	计算归一化植被指数
tascap[n]	缨帽变换，n 表示获取的是哪一分量
pc[n]	主成分分析，n 表示获取的是哪一分量
lpc[n]	局部主成分分析，n 表示获取的是哪一分量
mnf[n]	最小噪声变换，n 表示获取的是哪一分量
lmnf[n]	局部最小噪声变换，n 表示获取的是哪一分量
Stdev[n]	波段 n 的标准差
lStdev[n]	波段 n 的局部标准差
Mean[n]	波段 n 的平均值
lMean[n]	波段 n 的局部平均值
Min[n]、Max[n]	波段 n 的最大、最小值
lMin[n]、lMax[n]	波段 n 的局部最大、最小值

3. 数据类型转换函数

表达式中的数据类型转换函数同其他编程语言中的类型转换函数一样，由于计算，需要将数据转换为特定类型。

表 5.4 数据类型转换函数

数据类型	转换函数	数据范围
字节型（byte）	byte( )	0～255
整型（integer）	fix( )	–32768～+32767
无符号整型（unsigned int）	uint( )	0～65535
长整型（long integer）	long( )	±20 亿
无符号长整型（unsigned long）	ulong( )	0～40 亿
浮点型（floating point）	float( )	±1e38
双精度浮点型（double precision）	double( )	±1e308
64 位长整型（64-bit integer）	long64( )	±9e18
无符号长整型（unsigned 64-bit）	ulong64( )	0～2e19
复数型（complex）	complex( )	±1e38
双精度复数型（double complex）	dcomplex( )	±1e308

按照以上规则表达式，可将分类规则转换为规则表达式。

- Class1（缓坡植被）：{ndvi} gt 0.3，{ slope } lt 20。
- Class2（朝北陡坡植被）：{ndvi} gt 0.3，{slope} ge 20，{aspect} lt 90 and {aspect} gt 270。
- Class3（朝南陡坡植被）：{ndvi} gt 0.3，{ slope } ge 20，({aspect} lt 90 or {aspect} gt 270)。
- Class4（水体）：{ndvi} le 0.3，(b4 gt 0) and (b4 lt 20)。
- Class5（裸地）：{ndvi} le 0.3，b4 ge 20。
- Class6（无数据区，背景）：{ndvi} le 0.3，b4 eq 0。

5.3.3 创建决策树

1）打开待分类数据及其他多源数据。选择 File→Open 选项，打开实验数据 boulder_tm.dat 和 boulder_dem.dat。

注：boulder_tm.dat 为待分类图像，boulder_dem.dat 为 DEM 数据。

2）在 Toolbox 中双击 Classification→Decision Tree→New Decision Tree 工具，打开 ENVI Decision Tree 窗口，默认显示一个节点和两个类别。

3）ENVI Decision Tree 窗口中的菜单命令及功能如下：

- File 菜单：New Tree——新建决策树；Save Tree——保存决策树文件；Restore Tree——打开一个决策树文件。
- Options 菜单：Rotate View——水平/垂直显示决策树；Zoom In——放大决策树；Zoom Out——缩小决策树；Assign Default Class Values——在决策树中按照从左到右的顺序重新制定分类数目和颜色；Show（Hide）Variable/File Pairing——显示（隐藏）变量/文件窗口；Change Output Parameters——更改输出参数。

● Execute：执行决策树。

4）单击节点 Node1，打开 Edit Decision Properties（节点属性编辑）对话框（图 5.19），设置 Name（节点名称）为"NDVI>0.3"，Expression（节点表达式）为"{ndvi} gt 0.3"，单击 OK 按钮，打开 Variable/File Pairings 窗口（图 5.20）。

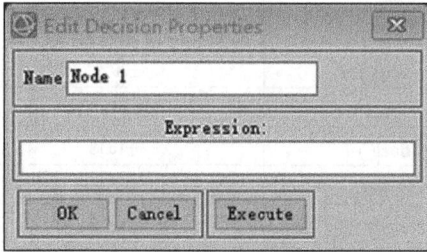

图 5.19 Edit Decision Properties 对话框

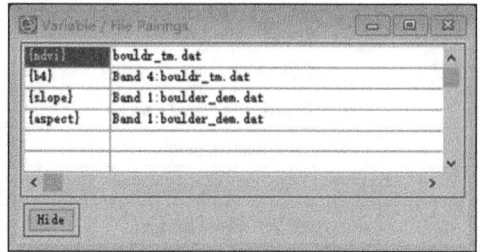

图 5.20 Variable/File Pairings 窗口

5）单击窗口左侧列表中的{ndvi}变量，在打开的 File Selection（文件选择）对话框中选择 TM 图像，确定后，决策树根据 NDVI>0.3 与否被划分为植被和非植被两部分。

6）第一个节点属性设置完毕后，右击 Class1，在弹出的快捷菜单中选择 Add Children 选项，将 NDVI 值高的那类根据坡度划分成缓坡植被和陡坡植被。

7）单击空白的节点，打开 Edit Decision Properties 对话框，设置 Name 为"Slope<20"，Expression 为"{slope} lt 20"，单击 OK 按钮，打开 Variable/File Pairings 窗口。单击窗口左侧列表中的{slope}变量，在打开的 File Selection 对话框中选择 DEM 文件，给{slope}变量指定 DEM 文件。

8）重复步骤 6）～7）的操作，根据规则表达式（表 5.5）将剩余的子节点编辑完成。

表 5.5 节点规则表达式

节点名	表达式
ndvi>0.3	{ndvi} gt 0.3
$0<b_4 \leqslant 20$	b4 lt 20 and b4 gt 0
$b_4 = 0$	b4 eq 0
slope<20	{slope} lt 20
north	{aspect} lt 90 and {aspect} gt 270

9）单击 Class#，打开 Edit Class Properties（分类属性编辑）对话框（图 5.21），可以设置 Name（分类名称）、Class Value（分类值），选择 Color（分类颜色）。

10）选择 File→Save Tree 选项，选择输出路径及文件名，将决策树（图 5.22）文件保存。

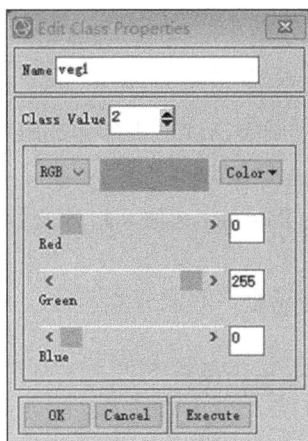

图 5.21　Edit Class Properties 对话框

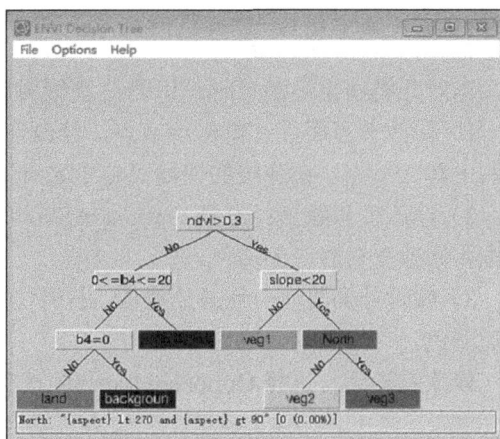

图 5.22　决策树

5.3.4　执行决策树与修改决策树

1．执行决策树

1）在 ENVI Decision Tree 窗口中选择 Options→Execute 选项，打开 Decision Tree Execute Parameters 对话框。

2）在 Decision Tree Execute Parameters 对话框（图 5.23）中，选择一个 TM 文件分类结果文件作为基准。

图 5.23　Decision Tree Execute Parameters 对话框

3）选择重采样方法（Resampling）。

4）设置保存路径及文件名，单击 OK 按钮进行分类。

进行计算时，可以看到一个节点到另一个节点的处理过程。处理完成后，会自动加载到新窗口中显示。

2．修改决策树

当对分类结果不满意时，可修改决策树后重新分类。

1）修改节点属性：单击该节点，修改节点的名称和规则表达式；当需要删除节点时，可右击其父节点，在弹出的快捷菜单中选择 Delete Children 选项即可。

2）修改变量赋值：选择 Options→Show Variable/File Pairings 选项，打开变量/文件对话框，修改变量对应的文件。

3）编辑分类属性：单击分类项，打开分类属性编辑对话框，编辑分类名称、分类值和分类颜色。

修改完毕后，选择 Options→Execute 选项，重新执行决策树即可。

5.4 分类后处理

无论是监督分类还是非监督分类、决策树分类，得到的初始结果都是初步结果，不可避免地会产生一些面积很小的图斑，通常难以达到最终的应用目的。所以，需要对初步分类结果进行处理才能达到理想的分类结果。

常用的分类处理有小斑块去除（Majority/Minority 分析、聚类统计、过滤处理）、分类统计分析、分类叠加、分类结果转矢量等操作。

实验数据：minidistanceclass.dat。

5.4.1 Majority/Minority 分析

Majority/Minority 分析采用类似于卷积滤波的方法将较大类别中的虚假像元归到该类中，定义一个变换核尺寸，Majority Analysis（主要分析）用变换核中占主要地位（像元数最多）的像元类别代替中心像元的类别。如果使用 Minority Analysis（次要分析），将用变换核中占次要地位的像元的类别代替中心像元的类别。

Majority/Minority 分析的具体操作过程如下：

1）打开 ENVI，加载需要处理的分类后的图像。

2）在 Toolbox 中双击 Classification→Post Classification→Majority/Minority Analysis 工具。

3）在打开的 File Selection 对话框中选择分类图像。

4）打开 Majority/Minority Parameters 对话框（图 5.24），设置参数：

● Select Classes（选择分类类别）：单击 Select All Items 按钮选择所有类别。

● Analysis Method（分析方式）：Majority 或 Minority。在本实例中选择 Majority。

● Kernel Size（核的大小）：必须为奇数×奇数，核越大，处理后的结果越平滑。默认为 3×3。

● Center Pixel Weight（中心像元权重）：在判定在变换核中哪个类别占主体地位时，

中心像元权重用于设定中心像元类别将被计算多少次。例如，如果输入 5，系统将计算 5 次中心像元类别。权重设置越大，中心像元分为其他类别的概率越小。默认为 1。

5）选择输出路径及文件名，单击 OK 按钮。

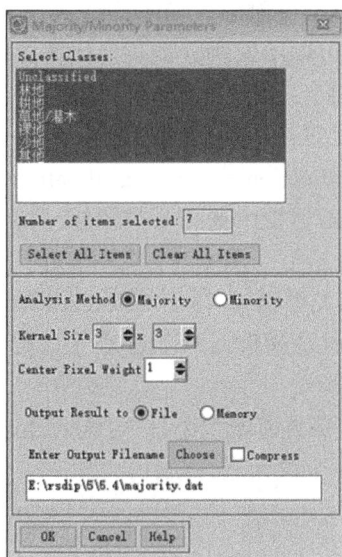

图 5.24 Majority/Minority Parameters 对话框

5.4.2 聚类统计

分类图像经常缺少空间相关性（由于分类区域中斑点或洞的存在）。低通滤波可以用来平滑这些图像，然而，一个类信息常常被邻近类的代码干扰。Clump Classes 选项运用形态学算子将邻近的类似的分类区域合并成块解决了这个问题。被选的分类首先用一个扩大的操作合并到一块，然后用参数对话框中指定了大小的变换核对分类图像进行侵蚀操作。

聚类统计的具体操作过程如下：

1）打开 ENVI，加载需要处理的分类后的图像。

2）在 Toolbox 中双击 Classification→Post Classification→Clump Class 工具。

3）在打开的 File Selection 对话框中选择分类图像。

4）打开 Clump Parameters 对话框（图 5.25），参数如下：

● Select Classes（选择分类类别）：单击 Select All Items 按钮选择所有类别。

● Operator Size Rows/Cols（算子大小行/列）：必须为奇数，设置的值越大，效果越明显。

5）选择输出路径及文件名，单击 OK 按钮。

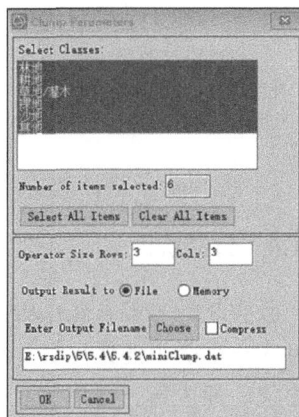

图 5.25 Clump Parameters 对话框

5.4.3　过滤处理

Sieve Classes 选项通过用斑点分组消除这些隔离的被分类的像元。这一方法需要观察周围的 4 个或 8 个像元，判定一个像元是否为周围的同类。如果一类中被分组的像元数少于输入的值，那些像元就会被从类中删除。当用筛选从一类中删除像元时，将剩下黑色像元（未被分类的）。筛选以后，可以用成块分类功能代替黑色像元。

过滤处理的具体操作过程如下：

1）打开 ENVI，加载需要处理的分类后的图像。

2）在 Toolbox 中双击 Classification→Post Classification→Sieve Class 工具。

3）在打开的 File Selection 对话框中选择分类图像。

4）打开 Sieve Parameters 对话框（图 5.26），参数如下：

● Select Classes（选择分类类别）：单击 Select All Items 按钮选择所有类别。

● Group Min Threshold（过滤阈值）：一组中小于该数值的像元将从相应类别中删除，归为未分类。

● Number of Neighbors（聚类邻域大小）：可选四连通域或八连通域，分别表示使用中心像元周围 4 个或 8 个像元进行统计。

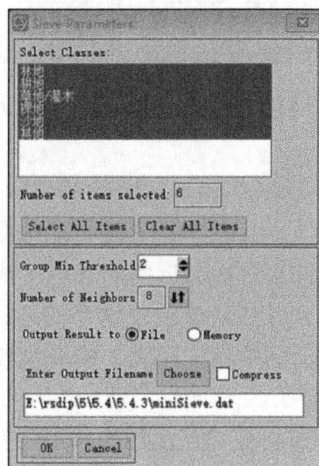

图 5.26　Sieve Parameters 对话框

5）选择输出路径及文件名，单击 OK 按钮。

5.4.4　分类统计

分类统计（class statistics）可以基于任何相关输入文件的分类结果进行计算。基本统计包括在一个类中的像元数、最小值、最大值、平均值及类中每个波段的标准差等。每类中，最小值、最大值、平均值及标准差可以做成图显示。可以看到每类的直方图，以及计算出的协方差矩阵、相关矩阵、特征值和特征矢量。对所有分类的描述也可以看到。

分类统计的具体操作过程如下：

1）打开 ENVI，加载需要处理的分类后的图像。

2）在 Toolbox 中双击 Classification→Post Classification→Class Statistics 工具，在打开的 File Selection 对话框中选择分类图像。

3）在打开的 Statistics Input File 对话框中，选择原始影像，单击 OK 按钮。

4）在打开的 Class Selection 对话框中，单击 Select All Items 按钮，统计所有分类的信息，单击 OK 按钮。

5）打开 Compute Statistics Parameters 对话框（图 5.27），设置统计信息。

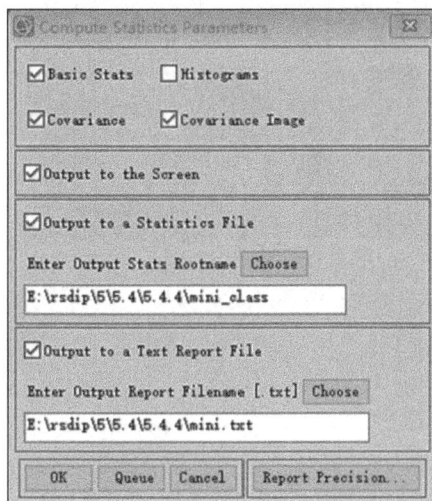

图 5.27　Compute Statistics Parameters 对话框

- 统计功能包含 3 种统计类型，分别如下：
  - Basic Stats（基本统计）：基本统计信息包括所有波段的最小值、最大值、均值和标准差。若该文件是多波段的，还包括特征值。
  - Histograms（直方图统计）：生成一个关于频率分布的统计直方图，列出图像直方图（如果直方图的灰度小于或等于 256）中每个 DN 值的 Npts（点的数量）、Total（累积点的数量）、Pct（每个灰度值的百分比）和 Acc Pct（累积百分比）。
  - Covariance（协方差统计）：协方差统计信息包括协方差矩阵和相关系数矩阵，以及特征值和特征向量。当选择这一项时，还可以将协方差结果输出为图像（Covariance Image）。
- 输出结果的方式有 3 种：Output to the Screen（输出到屏幕显示）、Output to a Statistics File（生成一个统计文件，扩展名为.sta）和 Output to a Text Report File（生成一个文本文件，扩展名为.txt）。其中，生成的统计文件可以通过以下工具打开：Toolbox→Statistics→View Statistics File。

6）图 5.28 所示为显示统计结果的窗口，统计结果以图形和列表形式表示。从 Select Plot 下拉列表中选择图形绘制的对象，如基本统计信息、直方图等。从 Stats for 下拉列表中选择分类结果中的类别，列表中显示的类别对应于输入图像文件 DN 值统计信息，如协方差、相关系数、特征向量等信息。列表中的第一段显示的是分类结果中各个类别的像元数、占百分比等统计信息。

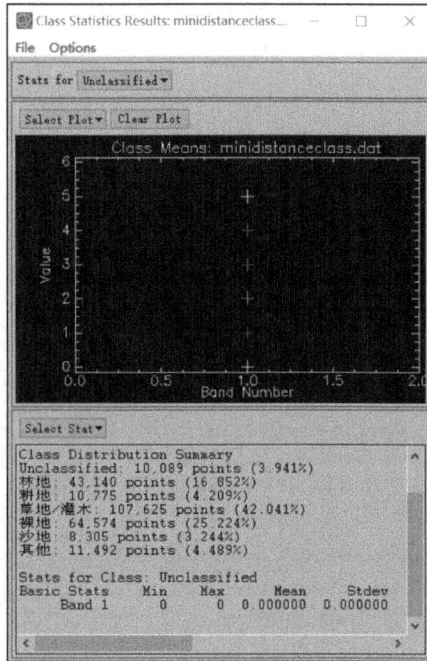

图 5.28　Class Statistics Results 窗口

5.4.5　分类叠加

除了上面各种对分类图像的操作外，ENVI 还提供了一个强大的分类图像操作工具——分类叠加工具，它允许在一个显示窗口内把类覆盖在一幅灰阶或彩色图像上，控制显示某些类，收集统计资料，编辑类的颜色和名称，合并类，以及通过添加、删除或移动类间的像元对类进行编辑。可以保存对分类图像所做的更改。

分类叠加的具体操作过程如下：

1）打开分类结果和原始影像 minidistanceclass.dat 和 can_tmr.img。

注：这里将原始影像的真彩色图像作为背景图像。

2）在 Toolbox 中双击 Classification→Post Classification→Overlay Classes 工具。

3）在打开的 Input Overlay RGB Image Input Bands 对话框中，R、G、B 分别选择数据"can_tmr.img"的 band 3、2、1，单击 OK 按钮。

注意：如果需要一个灰度背景，为 RGB 三个通道输入同样的波段即可。

4）在打开的 Classification Input File 对话框中选择分类图像 minidistanceclass.dat，单击 OK 按钮。

5）在打开的 Class Overlay to RGB Parameters 对话框（图 5.29）中选择要叠加显示的类别，这里选择林地、沙地两个类别，设置输出路径，单击 OK 按钮即可。

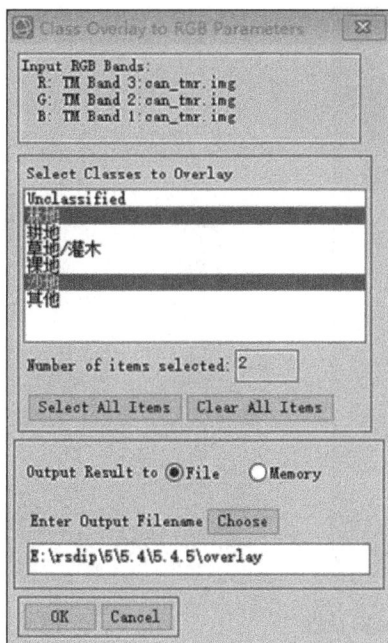

图 5.29 Class Overlay to RGB Parameters 对话框

注意：按住 Ctrl 键的同时单击可以实现多选。

5.4.6 分类结果转矢量

可以利用 ENVI 提供的 Classification to Vector 工具将分类结果转换为矢量文件，下面介绍详细操作步骤：

1）打开 ENVI，加载分类结果。

2）在 Toolbox 中双击 Classification→Post Classification→Classification to Vector 工具。

3）在打开的 Raster To Vector Input Band 对话框中选择分类结果文件的波段，单击 OK 按钮。

4）在打开的 Raster To Vector Parameters 对话框（图 5.30）中设置矢量输出参数：Output 有 Single Layer 和 One Layer per Class 两种情况。如果选择 Single Layer 选项，则所有的类别均输出到一个.evf 矢量文件中；如果选择 One Layer per Class 选项，则每一个类别输出到一个单独的.evf 矢量文件中。

5）查看输出结果，打开刚才生成的.evf 文件，并加载到视图中。可以在图层列表右击矢量文件名，在弹出的快捷菜单中选择 Properties 选项，在打开的对话框中可以根据 Class_Name 修改不同类别的颜色。

矢量结果如图 5.31 所示。

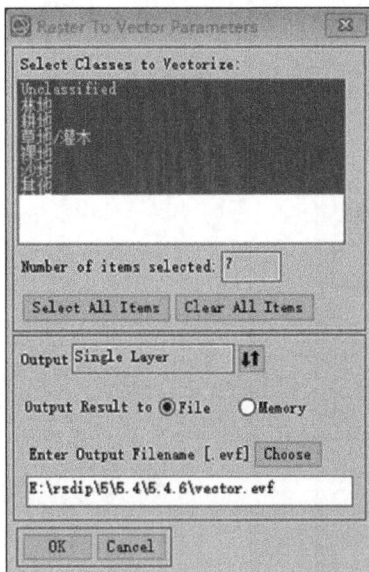

图 5.30　Raster To Vector Parameters 对话框

图 5.31　矢量结果

5.5　图像分类流程化工具的使用

彩图 5.31

　　图像分类流程化工具（Classification Workflow）是采用流程化的操作方式，将监督和非监督分类的操作步骤集成到一个操作面板中，使专业的遥感图像分类操作更加简便和高效，尤其适用于遥感基础知识薄弱的人员。

　　图像分类流程化工具的使用，具体操作过程如下：

　　1．打开文件

　　1）打开 ENVI，并打开"分类区域.dat"。

　　2）在 Toolbox 中双击 Classification→Classification Workflow 工具。

　　3）在打开的 Classification 对话框中，单击 Browse 按钮，打开 File Selection 对话框，选择"分类数据.dat"文件，回到 Classification 对话框。如果数据中有背景值不参与分类，可选中 No Data Value 复选框，并设置背景值。

　　4）切换到 Input Mask 选项卡，可以选择一个掩模文件，让掩模区域参与分类。本例中不选择掩模文件，单击 Next 按钮。

　　2．选择分类类型和样本

　　1）在选择分类方法对话框中选择 Use Training Data 选项，即监督分类，需要选择分类样本（No Training Data 选项是非监督分类方法，不需要选择分类样本），单击 Next 按钮。

2）在右边 Layer manager 中的"分类区域.dat"图层上右击，在弹出的快捷菜单中选择 Change RGB Bands 选项，然后选择 DN5，拉伸后可清晰地观察到水体与其他地物的明显区别。

3）进入 Supervised Classification 界面（图 5.32），在 Properties 选项卡中修改 Class Name（分类名称）为 water，Class Color（分类颜色）为蓝色。

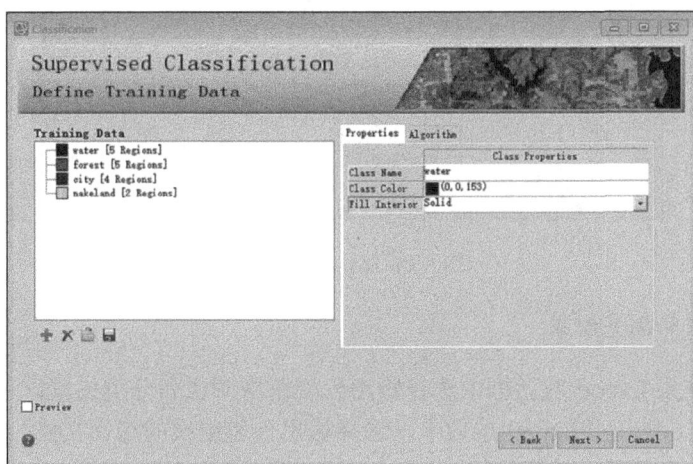

图 5.32　Supervised Classification 界面

4）人眼在图上目视判断水体的区域，并且将其作为样本，右击，在弹出的快捷菜单中选择 Accept 选项或双击结束一个多边形样本的选择。若选择错误，可右击，在弹出的快捷菜单中选择 Clear 选项删除。重复操作选择几个多边形样本。

5）单击 ➕ （Add Class）按钮新建一类，在右边分别修改 Class Name（分类名称）为 forest，Class Color（分类颜色）为绿色。用同样的方法选择一些 forest 的样本。

6）添加新类 city、nakeland 及其样本。

7）选中 Preview 复选框，可以预览分类结果。

8）切换到 Algorithm 选项卡，可以选择分类器和可能性阈值，这里选择默认参数。

9）单击 Next 按钮。

3. 分类后处理

1）在 Cleanup 界面（图 5.33）中，可以设置平滑阈值和聚类阈值，以去除分析结果中的小图斑。

- Enable Smoothing：主要去除椒盐噪声，如默认 3×3 像素，就是在 3×3 像素范围内的中心点的像素值会被 9 像素内最多像元数的类别代替。
- Enable Aggregation：主要去除小区域，如默认 9，就是将小于等于 9 像素的区域重新合并到邻近的、更大的区域。

2）这里选择默认参数，选中 Preview 复选框预览结果。

3）单击 Next 按钮。

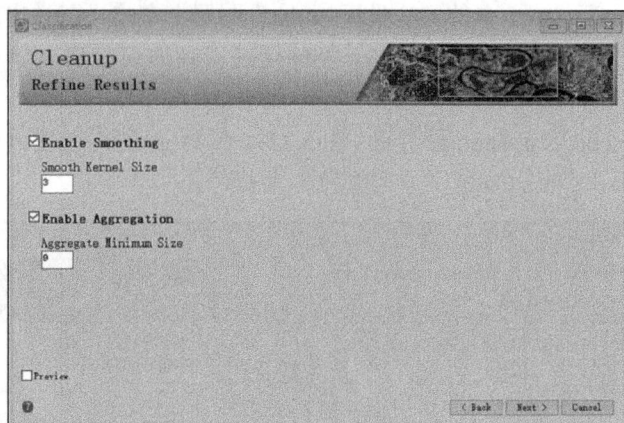

图 5.33　Cleanup 界面

4. 输出结果和浏览结果

1）在输出结果 Export 对话框中选择输出分类栅格图像和分类矢量。

2）切换到 Additional Export 选项卡，选择输出分类结果的统计文件。

3）单击 Finish 按钮，输出结果。

第二篇 进 阶 篇

第6章

遥感影像制图

■■■■■■■■■

制图是遥感图像应用的重要内容之一，ENVI 提供了两种制图方法：第一种为 ENVI 快速制图（QuickMap），需要在 ENVI Classic 中完成；第二种为使用 ArcGIS 制图工具制图，可以直接加载 ArcGIS 制图模板，需要安装 ArcGIS for Desktop。

本章主要内容包括：

● 6.1 ENVI Classic 地图制图
● 6.2 使用 ArcGIS 制图组件

6.1 ENVI Classic 地图制图

ENVI Classic 地图制图功能能够方便快捷、交互式地将一幅图像绘制成地图。可以先使用 ENVI 快速制图功能进行基本制图，然后使用 ENVI 的注记功能或其他图像叠加功能按需要进行交互式制图。快速制图可以设定地图比例、输出页的大小及方位，能够选择图像的空间子集进行制图，还可以方便地添加基本地图要素，如地图公里网、比例尺、地图标题、标识、地图投影信息和其他基本地图注记。此外，ENVI 快速制图输出中的自定义注记功能允许插入图例、三北方向图表（declination diagrams）、箭头图像或绘制图和附加的文本等要素。使用 ENVI Classic 注记或公里网叠合功能的交互式地图制图功能，用户可以修改快速制图的默认叠合设置，合理布置所有的地图要素。

6.1.1 快速制图

快速制图必须先显示一幅经过地理坐标定位的图像。下面以一幅具有地理投影信息的 Landsat TM 图像作为数据源，介绍地图制图的操作过程。

1．打开显示 Landsat TM 图像

1）选择开始→ENVI 5.x→Tools→ENVI Classic 选项，启动 ENVI Classic。

2）在 ENVI Classic 主菜单栏中选择 File→Open Image File 选项，在打开的对话框中选择 Landsat TM 图像文件 12943.img 并打开。

3）单击 RGB Color 按钮，分别为 R、G、B 选项设置相应的波段，单击 Load RGB 按钮，将图像显示在 Display 窗口中。

4）图像在显示窗口中显示出来，按照下列步骤创建快速制图模板，并添加其他地图要素。

2．生成快速制图模板

1）在 Display 主图像窗口菜单栏中选择 File→QuickMap→New QuickMap 选项，打开 QuickMap Default Layout 对话框，设置制图页面（图 6.1）。

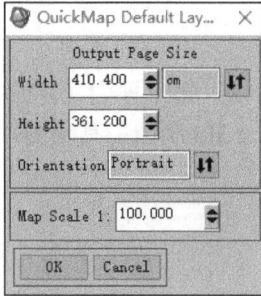

图 6.1　制图页面设置

在这个对话框中设置制图页面大小、页面方位及地图比例尺。页面宽度和高度计算公式如下：

Width=图像实际宽度/比例尺+系数

Height=图像实际长度/比例尺+系数

增加一个系数表示图框外的区域大小，一般默认为 100 像素。例如，本例中的计算过程如下（Landsat TM 空间分辨率为 60m，行数为 6020，列数为 6840）：

东西宽：6840×60m = 410400m。

南北长：6020×60m = 361200m。

比例尺为 1∶100000，对应的框大小为 410.4cm 和 361.2cm，加上图框外 100 像素大小，实际页面大小大概为 416.4cm×367.2cm。

2）在 QuickMap Default Layout 对话框中设置以下参数，单击 OK 按钮。

- Width（宽度）：410.4cm。
- Height（高度）：361.2cm。
- Orientation（地图定位方式）：Portrait。
- Map Scale（地图比例尺）：1∶100000。

3）打开 QuickMap Image Selection 对话框，选择图像的制图区域，单击红色方框并拖动方框，单击 OK 按钮。

4）在打开的 QuickMap Parameters 窗口中设置以下参数（图 6.2）。

- Main Title（主标题）：输入地图标题"昆明图像地图"。
- Font（主标题字体）：选择 True Type81-100 中的 Microsoft Yahei。Size（字体大小）：24pt。
- Lower Left Text 文本框：右击文本框，在弹出的快捷菜单中选择 Load Projection Info 选项，从 ENVI 头文件中加载图像的投影信息，对投影信息稍做修改，如将英文改成中文，或增加图像拍摄时间、制图时间等信息。Font 选择 True Type81-100 中的 Microsoft Yahei，字体大小（Size）为 18pt。
- Lower Right Text 文本框：输入制图单位信息和版权信息。如果用到中文字符，则同样选择 Font 为中文字体。
- 根据本节的目的，选中 Scale Bars、Grid Lines、North Arrow 和 Declination Diagram 复选框。将 Grid Lines 组中的 Font 设置为 Hershey Fonts 中的 Roman 1，消除警示单位中的"？"乱码。
- Map Grid Spacing：20000（公里网的间隔）。

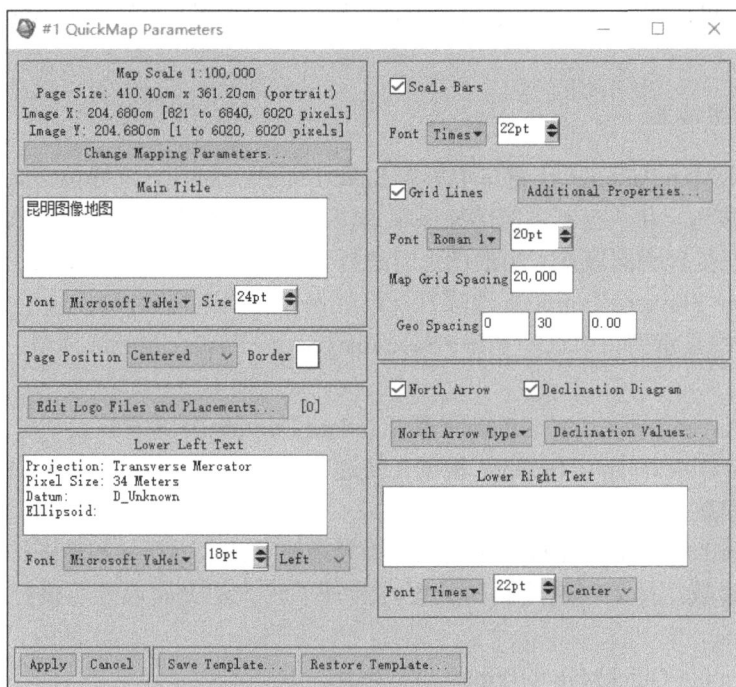

图 6.2　快速制图参数设置

5）单击 Apply 按钮，查看制图效果（图 6.3）。

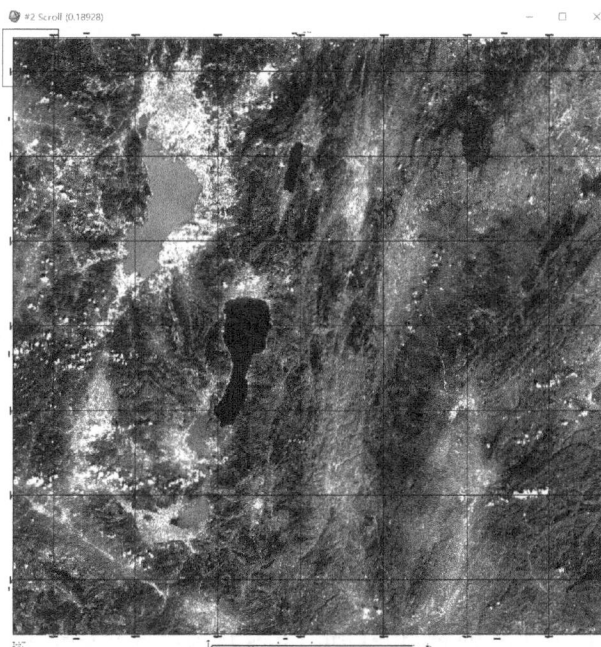

图 6.3　快速制图的输出效果　　　　　　　彩图 6.3

如果需要，可以修改 QuickMap Parameters 窗口中的设置，然后单击 Apply 按钮更新显示结果。

3．输出制图结果

1）在 QuickMap Parameters 窗口中单击 Save Template 按钮，选择输出文件路径及文件名，单击 OK 按钮，将快速制图的结果保存为快速制图模板文件，以备下次使用。同时，这个模板可以在处理相同像素大小的图像时进行调用，只需显示所需图像，并选择 File→QuickMap→from Previous Template 选项打开已经保存的快速制图模板。

2）在主图像显示窗口中选择 File→Save Image As→Postscript File 选项，将制图结果输出为打印格式。

3）选中 Output QuickMap to Printer 或 Standard Printing 复选框。

- Output QuickMap to Printer：根据在快速制图开始时所输入的参数对输出地图进行正确缩放。
- Standard Printing：生成快速制图时不考虑输入的页面尺寸和地图比例，需要手动输入参数。如果在快速制图设置时选择了较大的页面尺寸，最好使用 Standard Printing。

4）选择 Output QuickMap to Printer 方式输出。

5）得到扩展名为.ps 的文件，在类似 Photoshop 的软件中可以将它栅格化并重新生成符合打印精度的图像格式。

6.1.2　自定义制图元素

上述快速制图功能生成了一幅基本的制图图像。ENVI 提供了多种定制地图制图的选项，可自定义丰富的制图元素，包括添加虚边框（virtual borders）、公里网、注记要素、指北针、地图比例尺、图例等。这些制图元素可以在快速制图结果的基础上添加，也可以在空白图像上添加。

下面以 6.1.1 节的快速制图为例，介绍如何添加这些制图元素。

1．虚拟边框设置

1）在主显示窗口菜单栏中选择 File→Preferences 选项，打开 Display Preferences 对话框（图 6.4），设置虚拟边框的边界值和颜色。

2）单击 OK 按钮完成虚拟边框的设置。

2．公里网设置

ENVI 支持同时显示像素公里网、地图坐标公里网及地理坐标（经纬度/精度）网，添加或修改地图影像公里网。

1）在主显示窗口菜单栏中选择 Overlay→Grid Lines 选项，打开 Grid Lines Parameters 对话框，显示默认的公里网设置。

2）设置公里网属性参数。选择 Options→Edit Map Grid Attributes、Edit Geographic Attributes 或 Edit Pixel Attributes 选项修改所选公里网的属性。

3）单击 OK 按钮，完成参数设置。

4）在 Grid Line Parameters 对话框中，单击 Apply 按钮将新的公里网应用到影像图中。

3．注记要素操作

1）在主显示窗口菜单栏中选择 Overlay→Annotation 选项，打开 Annotation 对话框。

2）在 Annotation 对话框中的 Object 下拉列表中选择所需的注记要素。

3）选中 Image 单选按钮，指定注记放置的窗口。

4）在主显示窗口中单击注记要素放置的位置，右击锁定注记的位置。

图 6.4　Display Preferences 对话框

5）编辑注记要素。

● 移动注记要素：在菜单栏中选择 Object→Selection→Edit 选项，拖动鼠标框选待移动的注记要素。通过单击小圆柄并拖放可以重新设置注记要素的位置。

● 修改注记要素的属性：在菜单栏中选择 Object→Selection→Edit 选项，拖动鼠标框选待修改的注记要素。在 Annotation 对话框中修改注记要素的属性。

● 删除或复制注记要素：在菜单栏中选择 Object→Selection→Edit 选项，拖动鼠标框选待修改的注记要素。选择 Selected→Delete 或 Duplicate 选项，删除或复制注记要素。

6）右击重新锁定注记位置。

4．指北针设置

1）在 Annotation 对话框中选择 Object→Symbol 选项。

2）单击 Font 下拉按钮，在展开的下拉列表中选择 ENVI Symbols 选项，从列表中选择需要的指北针，并设置指北针的大小、方向、颜色等属性。

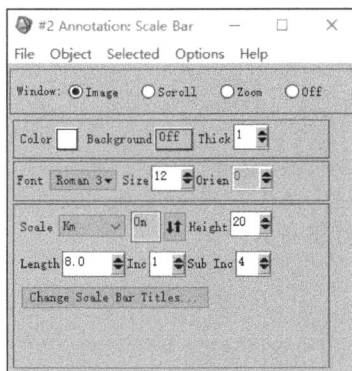

5．地图比例尺设置

1）在 Annotation 对话框中选择 Object→Scale Bar 选项。

2）在 Annotation Scale Bar 对话框中设置比例尺的单位、比例尺分隔的数目、字体、大小等参数（图 6.5）。

3）单击主显示窗口放置地图比例尺的位置，右击锁定注记的位置。

6．图例

图 6.5　添加地图比例尺注记

1）在 Annotation 对话框中选择 Object→Map Key 选项。

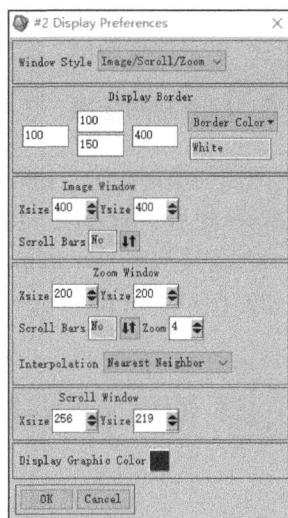

2）选择 Edit Map Key Items 选项来添加、删除或者修改单个的图例项。

3）单击放置图例，右击锁定图例的位置。

6.1.3　保存制图结果

地图制图的结果可以在主图像显示窗口中进行保存。它既可作为 ENVI 的显示组进行保存，以便后续的修改，也可以保存为永久的地图制图图像。

1）选择 File→Save Image→Image File 选项，打开 Output Display to Image File 对话框。

2）在 Output File Type 列表中选择输出的文件类型为.jpg 或.tiff。

6.2　使用 ArcGIS 制图组件

在 ENVI EX 中直接调用 ArcGIS 制图组件作为出图和制图模板来查看、修改、打印和输出制图结果，前提是要安装 ArcGIS for Desktop。

在启动制图工具时，ENVI 默认加载 ArcGIS 的默认模板——ArcMap^{TM} Normal tem-plate（Normal.mxt）。可以使用 ENVI 主菜单栏中的 File→Preferences→Printing→Default Map Template 修改默认模板。

ArcGIS 制图工具目前支持具有以下 3 种坐标的数据：地理坐标系、投影坐标系、含有几何校正信息的坐标系。

下面介绍 ArcGIS 制图工具的打开方法和功能。

1）启动 32-bit ENVI。提示：该功能只支持 Windows 操作系统。如果为 64-bit Windows 操作系统，则需要启动 32-bit ENVI。

2）打开数据文件 12943.img。

3）在工具栏中，设置 Use Map Scale 为 1∶100000。

4）在 ENVI 主菜单栏中选择 File→Print 选项，启动 ENVI Print Layout 面板。

5）单击 Map Template 按钮，选择 LandscapeModern.mxt 模板文件。

6）单击 按钮，打开图像框架属性，设置范围/固定比例尺为 1∶10000。

7）单击 按钮，调整边框大小，以及文字、图例等地图要素位置。

8）双击标题文本框，在 Text Properties 中输入名称。

9）双击右下角文本框，在 Text Properties 中输入制作时间。

10）双击左下角图例，修改相应的设置。

11）单击 Export 按钮，输出高分辨率的 TIF 格式图像。

提示：选择输出 EPS 格式图像，可以满足高分辨率彩色打印要求。

第7章 地形分析与可视化

DEM 是用一组有序数值阵列形式表示地面高程的一种实体地面模型。DEM 除包括地面高程信息外，还可以派生地貌特性，包括坡度、坡向、阴影地貌图、地表曲率等；可以计算地形特征参数，包括山峰、山脊、平原、位面、河道和沟谷等；作为通视域分析和三维地形可视化的基础数据。建立 DEM 的方法有很多种，按照数据源及采集方式的不同主要有根据航空或航天图像，通过摄影测量途径获取；野外测量或从现有地形图上采集高程点或等高线，再通过内插生成 DEM 等方法。

DEM 广泛用于生产地图产品（如等高线地图和正射地图等），还可用于规划高速路和铁路。在遥感应用中，DEM 用于制图、正射校正和土地利用分类。

本章主要介绍以下内容：
- 7.1 立体像对 DEM 自动提取
- 7.2 三维地形可视化

7.1 立体像对 DEM 自动提取

首先需要确认拥有 DEM Extraction 扩展模块的使用许可。

7.1.1 DEM Extraction 模块

DEM Extraction 是 ENVI 的 DEM 自动提取扩展模块，它能够简单、快速地从多种数据源创建 DEM，包括扫描、数字航空图像，或沿轨道方向、垂直轨道方向的推扫式卫星传感器，如 ALOS PRISM、ASTER、CARTOSAT-1、FORMOSAT-2、GeoEye-1、IKONOS、KOMPSAT-2、OrbView-3、QuickBird、WorldView、RapidEye、SPOT 1~6，以及国产的资源三号和天绘卫星系列等。沿轨道方向立体图像是在同一轨道上（通常超过一个传感器）从不同角度观测地球获得的；垂直轨道方向的立体图像是同一传感器在不同轨道获得的。DEM Extraction 要求立体图像包含 RPC 文件。RPC 文件用来产生 Tie 点和计算立体图像之间的关系。

DEM Extraction 模块除 DEM 自动提取向导外，还包括 3 个 DEM 工具：DEM 编辑工具、立体 3D 量测工具和核线图像 3D 光标工具（Epipolar 3D Cursor Tool）。立体 3D 量测工具可以从立体像对中量测一个点的高程信息；核线图像 3D 光标工具可以在 3D 立体视图环境中，基于已存在的核线立体像对图像进行 3D 量测。

在 Toolbox 中双击 Terrain→DEM Extraction 工具，打开 DEM Extraction 模块，其菜单命令及其功能说明如表 7.1 所示。

表 7.1　DEM Extraction 模块的菜单命令及其功能说明

菜单命令	功能说明
Build Epipolar Images	创建核线对象
DEM Extraction Wizard：New	新建 DEM 自动提取向导工程文件
DEM Extraction Wizard：Use Previous File	打开 DEM 自动提取向导工程文件
Edit DEM Result	编辑 DEM 结果
Epipolar 3D Cursor	核线图像 3D 光标工具
Extract DEM	提取 DEM，需要控制点文件、连接点文件等外部辅助文件
Select Stereo GCPs	选择立体像对的地面控制点（GCP）
Select Stereo Tie Points	选择立体像对的连接点（Tie）
Stereo 3D Measurement	立体 3D 量测工具

DEM Extraction 模块可以输出两种 DEM：相对 DEM 和绝对 DEM，输出类型取决于图像与其相关联的信息。如果没有地面控制点信息，DEM 自动提取向导的结果是相对高程 DEM；在有地面控制点信息的情况下，DEM 自动提取向导的结果是绝对高程 DEM。

7.1.2　DEM 自动提取向导

DEM 自动提取向导主要包括 6 个过程（图 7.1），其中定义地面控制点和定义连接点可以单独运行，也可以在向导中定义。

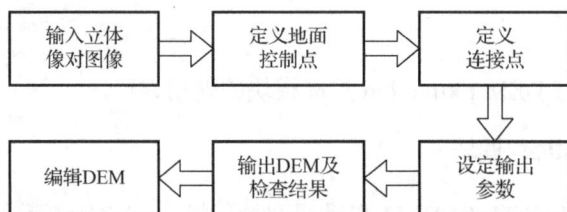

图 7.1　DEM 自动提取向导工作流程

1. 输入立体像对图像

1）在主菜单栏中选择 File→Open 选项，打开 BANDA.TIF 和 BANDF.TIF 文件。

2）在 DEM Extraction 模块功能命令下选择 DEM Extraction Wizard：NEW，打开 DEM Extraction Wizard 窗口（图 7.2），其中包括 9 个小步骤。

3）单击 Select Stereo Images 按钮，选择 BANDA.TIF 为左视图像（Left Image），并选择 BANDF.TIF 为右视图像（Right Image）。

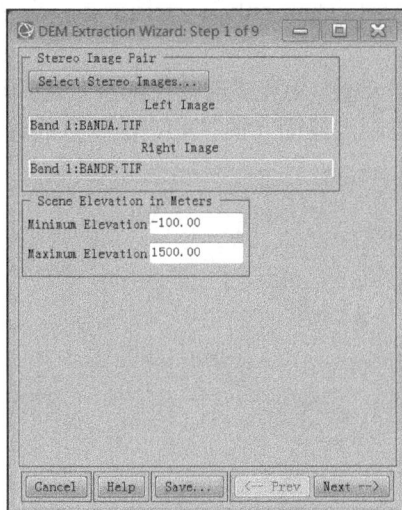

图 7.2　DEM Extraction Wizard 窗口

4）系统自动根据自带的 RPC 文件（或星历数据）获得图像区域的最大高程和最小高程，也可以根据已知信息手动输入。

5）单击 Next 按钮，进入 Step 2 操作。

一般推荐：垂直获取图像（nadir-viewing）或观测角度小的影像作为左视图，并推荐非垂直（off-nadir-viewing）获取图像作为右视图。也可通过简单对比立体像对两幅影像的地面分辨率，分辨率高的作为左视图。

2．定义地面控制点

1）DEM Extraction Wizard 的 Step 2 共有 3 种控制点定义方法（图 7.3）。

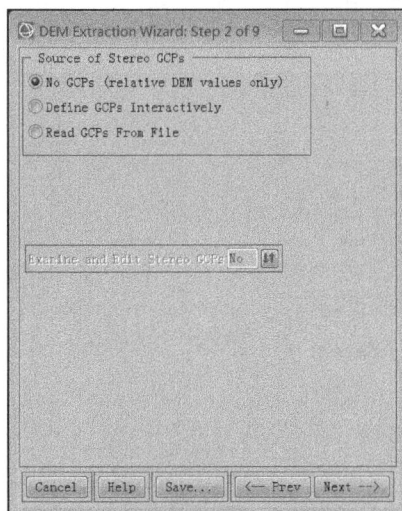

图 7.3　Step 2 选择定义地面控制点的方法

● NoGCPs（relative DEM values only）：无控制点。选择该选项得到的 DEM 是相对高程。

● Define GCPs Interactively：交互式选择控制点。选择该选项后，单击 Next 按钮，打开交互定义地面控制点界面（图 7.4）。控制点的选择过程与几何校正相似。

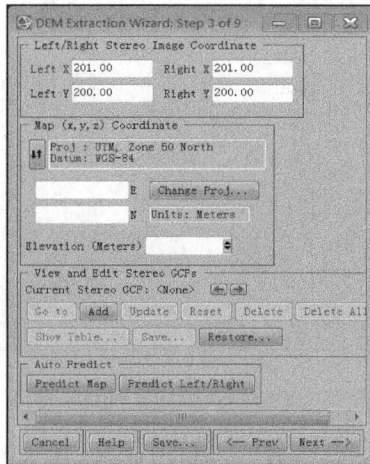

图 7.4　Step 3 交互定义地面控制点界面

● Read GCPs From File：从外部文件（.pts）中读取控制点。

由于缺少地面控制点数据，故本实验中选择 NoGCPs（relative DEM values only）。

2）单击 Next 按钮，进入 Step 4 操作。

3. 定义连接点

1）Step 4 提供了 3 种定义连接点的方法。

● Generate Tie Points Automatically：基于区域灰度匹配法自动寻找重叠区的连接点，如图 7.5 所示。

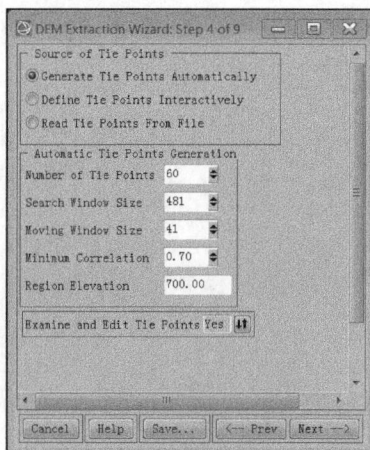

图 7.5　Step 4 自动寻找重叠区的连接点

以下是几个参数的说明：

- Number of Tie Point（连接点数目）：60。需要寻找连接点的数量。
- Search Window Size（搜索窗口大小）：481。大于等于 21 的任意整数，且必须比移动窗口大。该参数的值越大，找到匹配点的可能性也越大，但同时要耗费更多的计算时间。大致确定搜索窗口大小的方法是：在立体像对（带有粗略地理坐标）的两幅图像上找到一个同名点，量测这两幅图像上同名点间的距离 D（像素单位），搜索窗口大小可设置为$(D+1)\times 2$。
- Moving Window Size（移动窗口大小）：41。在搜索窗口中进行检查，寻求地形特征匹配的小区域。移动窗口大小必须是奇数。最小的移动窗口是 5，即为 5×5 像素。使用较大的移动窗口会获得更加可靠的匹配结果，但也需要更多的处理时间。移动窗口的大小与图像空间分辨率有关，参照如下设置：大于等于 10m 分辨率图像，设置值的范围是 9～15；5～10m 分辨率图像，设置值的范围是 11～21；1～5m 分辨率图像，设置值的范围是 15～41；小于 1m 分辨率图像，设置值的范围是 21～81 或更高。
- Region Elevation（平均高程）：自动从图像读取，根据提供的 RPC 文件计算得到。Examine and Edit Tie Points（检查和编辑连接点）：Yes。如果选择 Yes，单击 Next 按钮，进入查看/添加/编辑连接点步骤 Step 5（图 7.6）；如果选择 No，直接跳过查看/添加/编辑连接点步骤 Step 5。

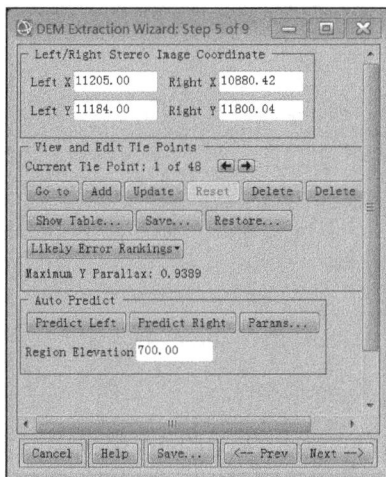

图 7.6　Step 5 查看/添加/编辑连接点

- Define Tie Points Interactively［人工交互式定义连接点（至少需要定义 9 个连接点）］：选择此选项后，单击 Next 按钮，进入查看/添加/编辑连接点步骤 Step 5。
- Read Tie Points From File［读取外部连接点文件（.pts）］。

2）本例中选择的是 Generate Tie Points Automatically。按照上述内容设置好参数后，单击 Next 按钮，进入查看/添加/编辑连接点步骤 Step 5。利用这个界面中的功能按钮手动添加新的连接点，编辑已选择的连接点。每个按钮名称及其功能说明如表 7.2 所示。当连接点数量大于 9 且 Maximum Y Parallax（最大 Y 方向视差）的值小于 10（以像素为单位）时，单击 Next 按钮，进入 Step 6。

表 7.2　查看/添加/编辑连接点界面按钮名称及其功能说明

按钮名称	功能
Goto	定位到当前选择的连接点
Add	将左右图像的光标定位到同一位置，单击此按钮新增连接点
Update	选择一个需要编辑的连接点，移动左右图像 Zoom 窗口的十字光标重新定位一个新位置。单击此按钮，用当前位置更新连接点的位置
Reset	重设当前选择的连接点回到最初位置，取消之前对该点的所有编辑
Delete	删除当前选择的连接点
DeleteAll	删除所有连接点
Show/Hide Table	打开/关闭连接点列表
Save	将定义的连接点保存为外部文件
Restore	打开外部连接点文件
Predict Left	在右图像上定位一个连接点后，利用此按钮可在左图像上预测大概位置
Predict Right	在左图像上定位一个连接点后，利用此按钮可在右图像上预测大概位置
Params	设置预测点参数，包括搜索窗口和移动窗口的大小

3）在 Step 6（图 7.7）中，利用连接点计算生成核线图像（Epipolar Image）。核线图像描述了立体像对之间的像素关系，可以利用立体眼镜浏览 3D 效果。

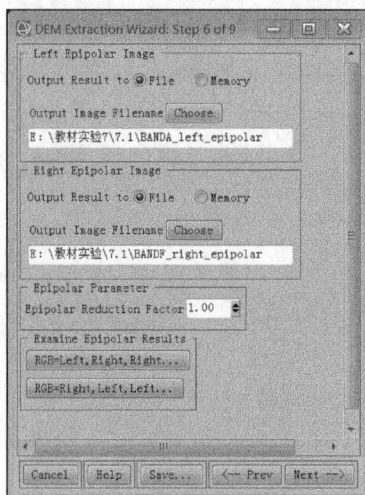

图 7.7　Step 6 生成核线图像

● Left Epipolar Image 和 Right Epipolar Image 分别为左、右核线图像选择保存路径及文件名。

● Epipolar Reduction Factor（核线图像缩放系数），默认值为 1（不缩放）。

● 单击 "RGB=Left，Right，Right" 或 "RGB=Right，Left，Left" 按钮，在 Display 窗口中显示核线图像（图），可以利用立体眼镜浏览 3D 效果。

● 单击 Next 按钮，进入设定输出参数步骤 Step 7。

4．设定输出参数

Step 7 可设定输出 DEM 的投影参数、像元大小和范围，如图 7.8 所示。单击 Next 按钮，进入 Step 8（图 7.9）。

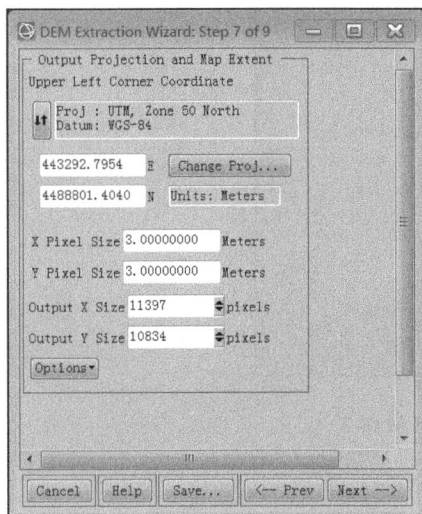

图 7.8　Step 7 设定 DEM 输出投影参数

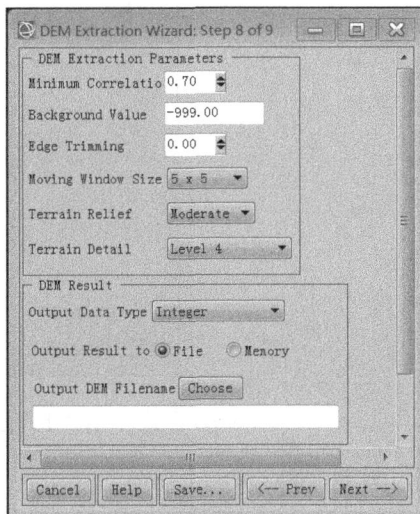

图 7.9　Step 8 设定生成 DEM 参数

1）在图 7.9 中需要设定如下参数：

● Minimum Correlation（最小相关系数阈值）：范围为 0～1，用以评价两个点匹配的好坏。阈值越大，匹配精度越高，能得到的匹配点越少。一般设定为 0.65～0.85。

● Background Value（背景值）：DEM 的背景像素值。

● Edge Trimming（外边界清理焊缝）：范围为 0.00～0.60。设定输出 DEM 外边界清理焊缝宽度，用占整个 DEM 的百分比来表示。

● Moving Window Size（移动窗口大小）：定义计算两图像相关性的范围大小，用来执行图像匹配，值越大越可靠，精确的匹配结果越少，计算量越大。

● Terrain Relief（地形地貌）：分为 Low、Moderate 和 High 共 3 个级别。Low 用于覆盖平坦的区域地形；Moderate 用于大多数地形；High 用于山区，地形、地貌变化明显的区域。

● Terrain Detail（地形细节）：设置 DEM 地形细节等级。等级越高，生成的 DEM 越精细，处理时间越长。

● Output Data Type（数据输出类型）：16 位的 Integer 和 32 位的 Floating Point。

2）选择 DEM 输出路径及文件名。

3）单击 Next 按钮，执行 DEM 生成过程，进入 Step 9（图 7.10）。

5．输出 DEM 及检查结果

在图 7.10 中单击 Load DEM Result to Display 按钮，可将产生的 DEM 结果显示在

Display 窗口中。

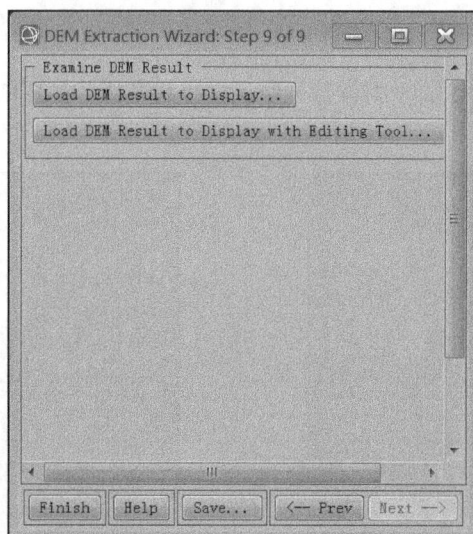

图 7.10　Step 9 产生 DEM 结果

6．编辑 DEM

1）在 Step 9 中单击 Load DEM Result to Display with Editing Tool 按钮，打开编辑窗口，可以对生成的 DEM 进行编辑（具体操作见 7.1.3 小节）。

2）单击 Save 按钮，将整个操作流程保存为工程文件；单击 Finish 按钮，完成整个 DEM 的提取流程。

7.1.3　编辑 DEM

在 ENVI 5.1 中编辑 DEM 有两种方法：一种是在 DEM 自动提取向导的 Step 9 中单击 Load DEM Result to Display with Editing Tool 按钮，打开 DEM 编辑工具并将 DEM 数据显示在 Display 中；另一种是在 Toolbox 中双击 Terrain→DEM Extraction→Edit DEM Result 工具，打开 DEM 编辑工具窗口。DEM 编辑工具窗口提供如表 7.3 所示的 7 种 DEM 数据高程值编辑方法。

表 7.3　编辑 DEM 高程值的 7 种方法

方法	说明
Replace with value	用指定的值替换感兴趣区内的高程值，需要设定一个替代常量
Replace with mean	用指定的值替换感兴趣区内的平均高程值，最后替换整个感兴趣区内的高程值
Smooth	对感兴趣区内做低值卷积滤波，需要设定一个卷积核，默认为 3×3 像素
Median Filter	对感兴趣区内做中值卷积滤波，需要设定一个卷积核，默认为 3×3 像素
Noise Removal	如果感兴趣区内原高程值大于其周围高程值的标准差，则用周围高程值的中值代替
Triangulate	用三角内插算法对感兴趣区内的高程值重新插值
Thin Plate Spline	用薄板样条插值算法对感兴趣区内的高程值重新插值

下面介绍 DEM 编辑工作的具体操作。

1）在 Toolbox 中双击 Terrain→DEM Extraction→Edit DEM Result 工具，在选择框中选择编辑的 DEM 数据，打开 DEM Editing Tool 窗口（图 7.11）。

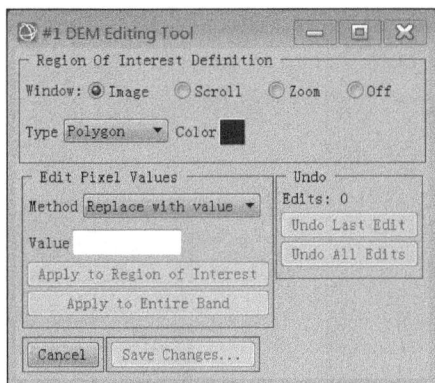

图 7.11　DEM Editing Tool 窗口

2）选择 ROI 定义窗口（Window）：Image。

3）选择 ROI 定义类型（Type）：Polygon。

4）选择像数值编辑方法（Method）：Replace with mean。

5）在 Image 窗口中按住或单击鼠标左键绘制多边形，右击闭合多边形。

6）在 DEM Editing Tool 窗口中单击 Apply to Region of Interest 按钮，执行编辑。

7）在 Image 窗口中单击鼠标中键，删除已绘制的感兴趣区，重复上述 5）、6）步骤继续编辑其他区域的 DEM。

8）在 Undo 功能区内显示了编辑次数，利用 Undo Last Edit 或 Undo All Edit 按钮可以取消之前或所有的编辑操作。

9）完成所有的 DEM 编辑区域后，单击 Save Changes 按钮，保存修改结果。

7.1.4　立体 3D 量测工具

立体 3D 量测工具（The Stereo Pair 3D Measurement Tool）可以从两幅立体像对中量测一个点的高程信息，并可以输出为 ASCII、EVF 矢量文件和 ArcView 3D shapefile 文件。

具体操作过程如下：

1）在主菜单栏中选择 File→Open 选项，打开 BANDA.TIF 和 BANDF.TIF 文件。

2）在 DEM Extraction 模块功能命令下选择 Stereo 3D Measurement 选项。

3）选择 BANDA.TIF 为左视图像，并选择 BANDF.TIF 为右视图像。

4）打开 Stereo Pair 3D Measurement Tool 窗口如图 7.12 所示。

5）在左图像或右图像窗口中，将 Zoom 的十字光标定位到需要收集的点位。单击 Predict Right 按钮或 Predict Left 按钮，可以预测另一幅图像上的对应位置。如果预测精度太差，可单击 Params 按钮，将 Search Window Size 的值调大一些，或者手动进行调整。

6）单击 Get Map Location 按钮，获取当前位置坐标。

7）单击 Export Location 按钮，导出坐标信息。

8）在 ENVI Point Collection 窗口中，导出坐标信息（图 7.13），可查看所有收集的点坐标信息。通过选择 File→Save Point As 选项选择一种保存格式。

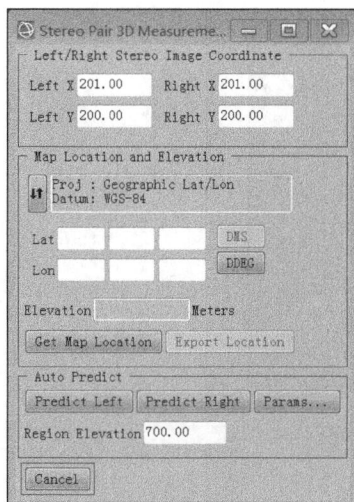

图 7.12　Stereo Pair 3D Measurement Tool 窗口　　　　图 7.13　导出坐标信息

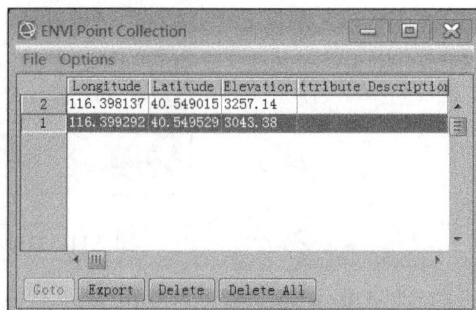

7.1.5　核线图像 3D 光标工具

核线图像 3D 光标工具（Epipolar 3D Cursor），可以在 3D 立体视图环境中，基于已存在的核线立体图像做 3D 量测，并可以输出为 ASCII 文件、EVF 矢量文件和 ArcView 3D Shapefile 文件。

使用这个工具之前，必须确保有核线图像构成立体像对。生成核线图像的方法有两种：一是可以在 DEM 自动提取向导的 Step6 中的 Generating Epipolar Image 中生成；二是可以利用 DEM Extraction 模块中的 Build Epipolar Images 生成。

1）选择 Epipolar 3D Cursor，分别选择已生成的左、右核线图像。单击 OK 按钮，则左核线图像作为红色波段、右核线图像作为蓝色波段显示在 Display 中，同时打开 Epipolar 3D Cursor 对话框。

2）在主图像窗口中，鼠标指针显示为红色和蓝色指针。当用立体眼镜观察时，两个指针合并为一个指针。指针的控制是通过鼠标和键盘来完成的。

- 鼠标移动：移动 3D 指针。
- 鼠标左键：使 3D 指针吸住（Snap）地面。
- 鼠标中键：将当前点的 (x, y, z) 坐标导入 ENVI Point Collection Table 中。
- 向上箭头（键盘）：向上移动 3D 指针一个像素单位。
- 向下箭头（键盘）：向下移动 3D 指针一个像素单位。
- 向右箭头（键盘）：向右移动 3D 指针一个像素单位。
- 向左箭头（键盘）：向左移动 3D 指针一个像素单位。

● 加号（+）（键盘）：增加 3D 指针表观高程。

● 减号（−）（键盘）：减少 3D 指针表观高程。

3）在主图像窗口中，移动鼠标指针到需要收集的位置，单击使 3D 指针吸住（Snap）地面。

4）如果对 3D 指针定位位置满意，单击鼠标中键可以将当前点的（x, y, z）坐标导入 ENVI Point Collection Table 中。

7.2　三维地形可视化

ENVI 的三维可视化功能可以将 DEM 数据以网格结构（wire frame）、规则格网（ruled grid）或点的形式显示出来，或者将一幅图像叠加到 DEM 数据上构建简单的三维地形可视化场景。这两个文件的空间分辨率不必相同。若这两个文件都经过定位，那么它们的投影也可以不必相同，ENVI 将在飞行浏览中对 DEM 进行重新投影，使其与图像投影相匹配。

7.2.1　生成三维场景

三维地形场景的生成步骤如下：

1）分别将 SPOT 数据和 DEM 数据文件打开。

2）在 Toolbox 中双击 Topographic→3D Surface View 工具，选择 SPOT 图像文件的 RGB 三个波段之后，在 Associated DEM Input File 对话框中选择相应的 DEM 文件（图 7.14）。

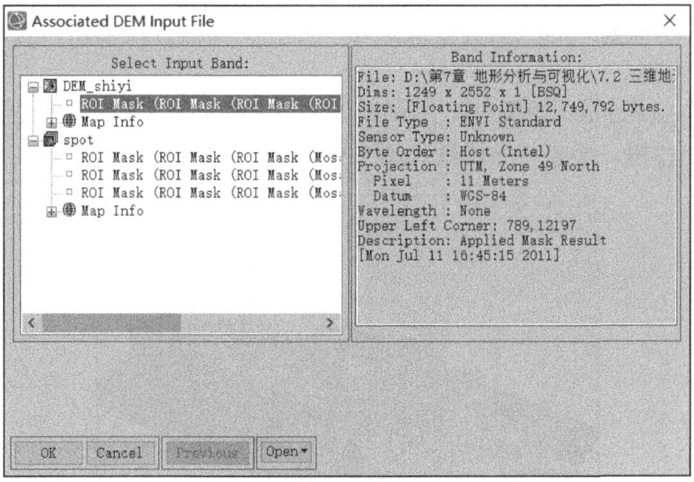

图 7.14　Associated DEM Input File 对话框

3）在 3D SurfaceView Input Parameters 对话框（图 7.15）中需要设置以下参数。

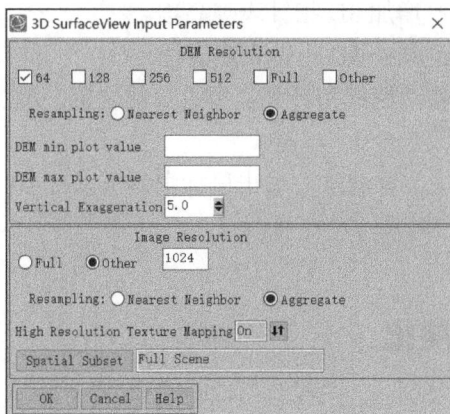

图 7.15　3D SurfaceView Input Parameters 对话框

- DEM Resolution（DEM 分辨率）：使用较高 DEM 分辨率将会减慢可视化的速度。可以选择多个不同的 DEM 分辨率，在三维场景可视化时根据实际需求来回切换。通常，当确定最佳飞行路线时，可以选择最低的分辨率（64）；然后，在显示最终维曲面飞行时，再选择较高的分辨率。

- Resampling（重采样方法）：Nearest Neighbor（最邻近重采样法）和 Aggregate（像元聚合重采样法）。

- DEM min plot value 和 DEM max plot value（DEM 最小绘制值和 DEM 最大绘制值）：可选项。这些值可从 DEM 数据中选取（用来去除背景像素值，或限制 DEM 高程范围）。需要注意的是，低于最小值或高于最大值的 DEM 值将不会绘制在三维场景中。

- Vertical Exaggeration（垂直夸张系数）：作用于垂直方向的比例放大系数。值越大，夸张程度越高。

- Image Resolution（图像纹理分辨率）：Full（原始大小）和 Other（设定值）。

4）单击 OK 按钮，创建三维场景（图 7.16）。

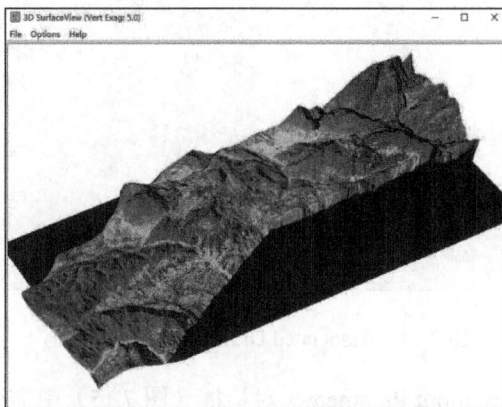

图 7.16　三维场景效果

7.2.2　三维场景窗口

从图 7.16 中可以看到，ENVI 的三维场景窗口很简洁，由显示窗口和菜单命令组成。菜单命令及其功能说明如表 7.4 所示。

表 7.4　三维场景窗口菜单命令及其功能说明

菜单命令	功能说明
File	文件
Save Surface As	保存三维场景为图像文件或 VRML 文件
Options	选项
Surface Controls	三维场景浏览控制面板
Motion Controls	三维场景飞行控制面板
Position Controls	三维场景浏览定位对话框
Change Background Color	修改三维场景的背景颜色
Import Vector	导入矢量数据
Remove Vector	移除矢量数据
Hide Wire Lines	隐藏/显示网格结构
Bilinear Interpolation	打开/关闭双线性插值，可以让地形平滑
Plot Vector Layers	打开/关闭矢量层的显示
Plot Vector on Move	交互式定位或平移时显示/隐藏矢量层
Annotation Trace	打开/关闭注记飞行路径
Reset View	三维场景视图重新设置为默认状态

下面通过更改三维场景背景颜色和导入矢量数据来美化三维场景。

1）在 3D Surface View 窗口中选择 Options→Change Background Color 选项，选择一种背景颜色。

2）将矢量层显示在生成三维场景的主图像窗口中（Overlay→Vector）。

3）在 3D Surface View 窗口中选择 Options→Import Vector 选项，所有主图像窗口中的矢量将被叠加在 3D Surface View 窗口中。如果主图像窗口中叠加了 ROI，那么将一起加载在 3D Surface View 窗口中。

4）选择 Options→Remove Vector 选项移除矢量图层，或者选择 Options→Plot Vector Layers 选项隐藏矢量图层。

7.2.3　交互式三维场景浏览

在 3D Surface View 窗口中，交互浏览三维场景。

1）单击并沿着水平方向拖动鼠标，将会使三维曲面绕着 z 轴旋转。单击并沿着垂直方向拖动鼠标，将会使三维曲面绕着 x 轴旋转。

2）单击鼠标中键并拖动鼠标，可以在相应的方向平移（漫游）图像。

3）右击并向右拖动鼠标，可以增大缩放比例系数；右击并向左拖动鼠标，可以减小缩放比例系数。

7.2.4 飞行浏览

利用 Motion Controls 命令能够创建一个动画或三维的曲面飞行浏览。在 3D Surface View 窗口中选择 Options→Motion Controls 选项，打开 3D Surface View Motion Controls 窗口（图 7.17）。

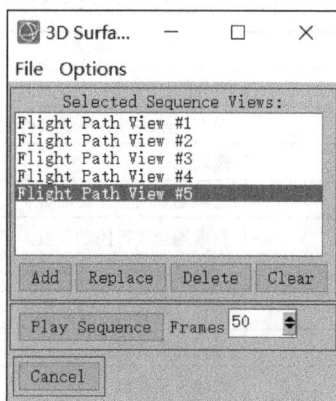

图 7.17　3D Surface View Motion Controls 窗口

1）在 3D Surface View Motion Controls 窗口中选择 Options→Motion: User Defined Views 选项。

2）使用鼠标或 Surface Controls 控制面板，选择三维场景中的一个视图作为浏览的起始点。在 3D Surface View Motion Controls 窗口中单击 Add 按钮，将当前浏览视图作为飞行路径的起始点加入。

3）用同样的方法选择其他三维视图，并单击 Add 按钮，将该视图添加到飞行路径动画中。重复上面的步骤，直到已经选取了满足需要的视图为止。当播放视图动画时，飞行路径会在这些视图之间进行平滑内插处理。

4）在 Selected Sequence Views 列表中单击选择飞行路径序列号，然后单击 Replace 按钮，可以在飞行路径列表中替换该浏览视图。单击选择飞行路径序列号，然后单击 Delete 按钮，可以在飞行路径列表中删除该浏览视图。单击 Clear 按钮，可以清除所有飞行路径列表。

5）在 Frames 数值框中输入浏览飞行动画的帧数，较大的帧数会产生更加平滑的效果，但会减慢动画播放的速度。

6）单击 Play Sequence 按钮，开始播放飞行动画。选择 Options→Loop Play Sequence 选项，可循环播放飞行动画。

7）选择 Options→Animate Sequence 选项，录制飞行动画。

第 8 章

遥感影像的变化监测

遥感能够及时获得大范围的瞬时影像数据，即遥感影像数据可以拥有较高的空间分辨率和时间分辨率，故通过遥感数据我们能够实时监测分析地球表面的相关变化。从遥感影像数据中，我们可以获得土地利用情况、海岸线、极地冰川覆盖面积、森林健康状况、农业耕作类型、城市扩张等变化信息。

遥感动态监测是指从不同时期的遥感影像数据中，定量地分析和确定地表变化的特征与过程。其涉及变化的类型、分布状况与变化量，即需要确定变化前后的地面类型、界线及变化趋势，能提供地物的空间分布及其变化的定性和定量信息。

遥感动态监测大致分为以下 3 个主要步骤。

1. 遥感数据预处理

遥感传感器类型的差异、大气环境的不同、采集日期和时间的差异、图像像元单位的差异、图像像素分辨率的差异及图像匹配精度的差异等因素都会对不同时相遥感影像数据的比较造成不同程度的影响。

我们可以通过图像筛选、图像定标、图像重采样、大气校正和图像配准等方法来减少甚至消除前述因素对整个变化监测的影响。

2. 变化信息检测

变化信息检测主要包括 3 类方法。

- 图像直接比较法。这是最常见的方法，它是对经配准的不同时相遥感影像中的像元值直接进行变换或运算处理，从而找出发生变化的区域，具体包括图像差值/比值法、光谱曲线比较法、光谱特征变异法、假彩色合成法、波段替换法。
- 分类后比较法。它是先将不同时相的遥感影像数据分别进行分类，通过比较分类结果得到变化检测信息的，即其核心思想就是基于分类基础识别变化信息。
- 直接分类法。结合了图像直接比较法和分类后比较法的思想，常用方法包括多时相主成分分析后分类法、多时相组合后分类法等。

3. 变化信息提取

如果说前一步骤是发现并识别变化信息存在的区域，这一步骤则是从遥感图像上将这些变化信息提取出来。变化信息提取可以采取的方法包括：手工数字化法、图像自动分类法、监督分类法、非监督分类法、基于专家知识的决策树分类法、面向对象的特征提取法及灰度分割法等。

目前，我们主要借助 ENVI 软件作为遥感动态监测工具，上述每一步骤的主流方法都可以借助 ENVI 提供的功能实现。ENVI 集成了部分动态检测方法，版本 5.1 的变化监测工具主要放在 Change Detection 菜单中。

接下来，本章将通过如下内容，结合原理和实例为读者介绍前述涉及的主要工具。

- 8.1 图像直接比较法工具
- 8.2 分类后比较法工具
- 8.3 林冠状态遥感动态监测实例
- 8.4 农业耕作（用地）变化监测实例

8.1 图像直接比较法工具

目前常用的遥感光谱数据直接比较法包括图像差值法（比值法）、主成分分析法、光谱特征变异法、假彩色合成法、波段替换法、波段交叉相关分析及混合检测法等。

本节主要介绍基于 ENVI 的 Change Detection Difference Map 工具和 Image Change Workflow 工具。

8.1.1 Change Detection Difference Map 工具

该工具是图像直接比较法在 ENVI 软件中的体现，即对两时相影像做差值或比值运算，同时整合了一些预处理功能，如数据值归一化和单位的统一。

Change Detection Difference Map 工具对两个时相的同一个波段相减或相除，并设定相应的阈值对相减或相除的结果进行分类，该工具同样也适用于两个时相的植被指数。此方法适合获取地表的相对变化信息。

但要注意，输入图像必须要经过精确配准或精确地理坐标定位；若图像尚未经过配准，该工具将会使用可获取的相关地图信息对图像进行自动配准，在这个过程中，如需重新投影和重采样，ENVI 将使用初始图像作为基准图像。

此次实验的数据源是云南省西双版纳傣族自治州景洪市附近林木覆盖区域的 Landsat 遥感数据，下面以 2006 年 5 月 17 日和 2009 年 2 月 18 日两个时相遥感影像为例介绍这个工具的使用。

1）在主菜单栏中选择 File→Open 选项，打开如图 8.1 所示的两个时相的遥感影像，并可以利用缩放、平移、旋转工具对这两幅图像进行浏览。

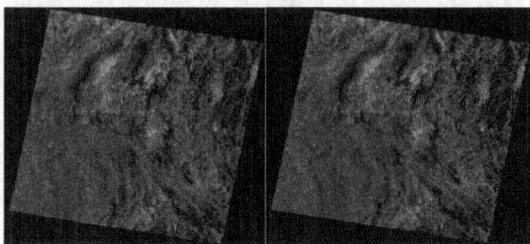

图 8.1 两个时相的遥感影像

彩图 8.1

2）选择 Display→Portal 选项，浏览这两幅图像相同区域的地表变化情况，如图 8.2 所示。

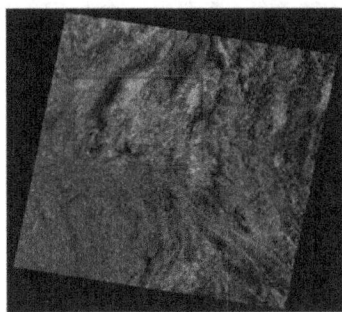

图 8.2　两幅影像相同区域的地表变化　　　彩图 8.2

3）在 Toolbox 中双击 Change Detection→Change Detection Difference Map 工具，在打开的 Select the 'Initial State' Image 对话框（图 8.3）中，从前一时相图像 20060517.TIF 中选择第 4 波段，单击 OK 按钮；在打开的 Select the 'Final State' Image 对话框（图 8.4）中，从后一时相图像 20090218.TIF 中选择与前面相同的第 4 波段，单击 OK 按钮，打开 Compute Difference Map Input Parameters 对话框。

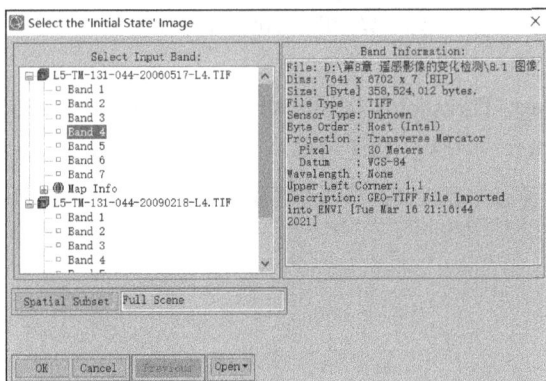

图 8.3　Select the 'Initial State' Image 对话框

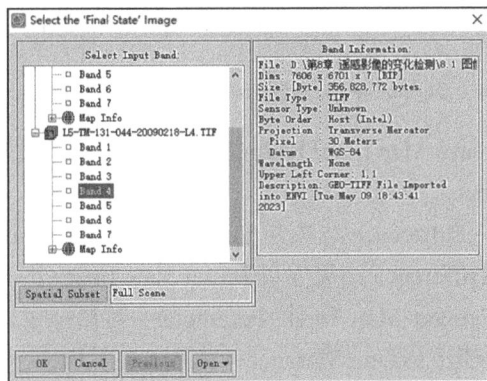

图 8.4　Select the 'Final State' Image 对话框

4）在 Compute Difference Map Input Parameters 对话框中，设置分类数目（Number of Classes）为 5，如图 8.5 所示。表示这 5 类中，每一类都由一个特定的阈值所定义，代表不同的差异变化量，设置时的最小类别数为 2。

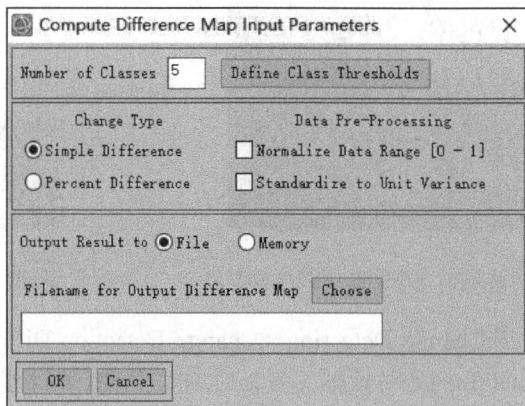

图 8.5　Compute Difference Map Input Parameters 对话框（1）

需要注意的是，对图像进行差值运算（Simple Difference）时，默认的分类阈值在-1和 1 之间等分；在对图像进行比值运算（Percent Difference）时，分类阈值在-100%和 100%之间等分。

5）单击 Define Class Thresholds 按钮，可以在打开的 Define Simple Difference Class Thresholds 对话框（图 8.6）中修改类别名称和分类阈值，此次实验采用默认值。

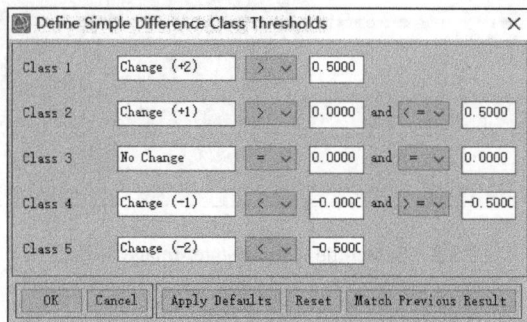

图 8.6　Define Simple Difference Class Thresholds 对话框

6）在 Compute Difference Map Input Parameters 对话框中，设置图像比较类型（Change Type）为 Percent Difference。

需要注意的是，Simple Difference 选项是 Final State Image-Initial State Image；而 Percent Difference 选项是 Simple Difference 结果除以 Initial State Image。

7）在 Compute Difference Map Input Parameters 对话框中，设置数据预处理（Data Pre-Processing）为 Standardize to Unit Variance，如图 8.7 所示。

需要注意的是，对话框中的归一化处理（Normalize Data Range[0-1]）是使用图像的 DN

值减去图像的最小值，然后除以图像的 DN 值范围，即 Normalization=(DN-DN$_{min}$)/(DN$_{max}$-DN$_{min}$)。Standardize to Unit Variance 是使用图像的 DN 值减去图像均值，然后除以标准差，即 Standardization=(DN-DN$_{mean}$)/DN$_{stdev}$。

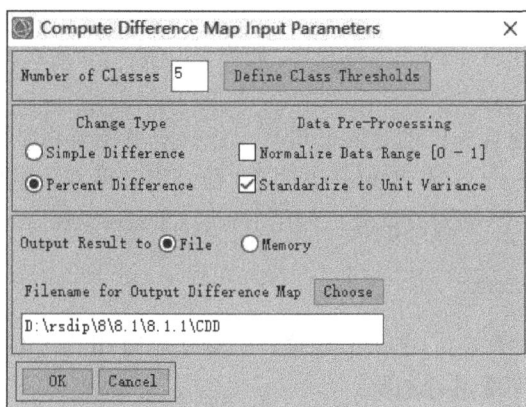

图 8.7　Compute Difference Map Input Parameters 对话框（2）

8）选择并设置变化图像分析结果的输出路径和文件名，如图 8.7 所示。

需要注意的是，若输入图像需要重新配准或重采样，则会出现"saving auto-coregistered Input Images?"选项，就可以将自动配准的图像保存到 File 或 Memory。

9）设置好文件路径及名称后，单击 OK 按钮，执行处理，结果如图 8.8 所示。

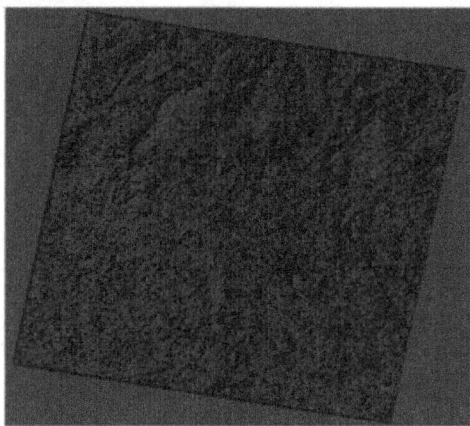

图 8.8　两幅遥感影像变化的结果　　　　彩图 8.8

产生的结果变化分类图像将以彩色显示。其中默认的，正值差异以渐变的红色表示，从代表无变化的灰色到代表最大正值差异的亮红色逐级显示；负值差异以渐变的蓝色表示，从代表无变化的灰色到代表最大负值差异的亮蓝色逐级显示。

8.1.2　Image Change Workflow 工具

Image Change Workflow 工具用于检测两个时相图像中增加和减少的两种变化信息，故相比于上一个工具，它更适合获取地表的绝对变化信息。

该工具针对不同的数据能够采取相应的处理方式，但要注意的是，输入的文件可以是有标准坐标信息、像素坐标或 RPC 信息的图像，不能是包含伪坐标信息（pseudo projection）的图像文件。

若输入的两个图像包含不同的坐标投影，将默认以第一个输入的文件的坐标参数为准，并且只分析重叠区域。

若输入的两个图像包含不同的空间分辨率，低分辨率图像将被重采样为高分辨率。

下面以 2006 年 5 月 17 日和 2009 年 2 月 18 日云南省西双版纳傣族自治州景洪市附近林木区域的 Landsat 遥感影像为数据源，使用 Image Change Workflow 工具进行操作。

1．启动 Image Difference

1）在主菜单栏中选择 File→Open 选项，打开不同时相的两幅图像，并且可以使用缩放、平移、旋转工具对图像进行浏览。

2）选择 Display→Portal 选项，浏览这两幅图像相同区域的地表变化情况。

3）在 Toolbox 中双击 Change Detection→Image Change Workflow 工具，打开 Image Change 对话框，为 Time 1 File 选择 20060517.TIF，为 Time 2 File 选择 20090218.TIF，如图 8.9 所示。单击 Next 按钮，进入 Image Registration 界面，如图 8.10 所示。

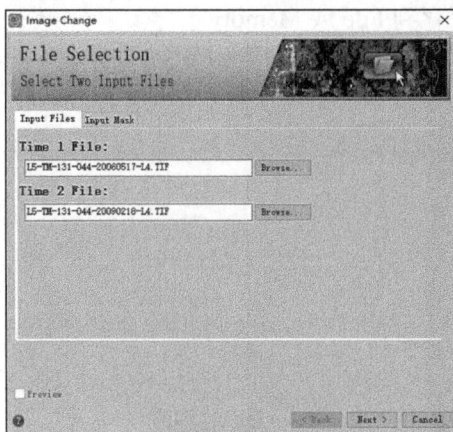

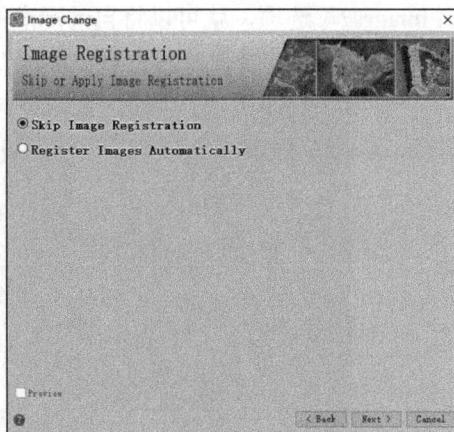

图 8.9　选择影像　　　　　　　　图 8.10　Image Registration 界面

需要注意的是，如果这一步切换到 Input Mask 选项卡，可以选择一个掩模文件提高检测精度，掩模文件可以是单波段栅格图像或多边形 Shapefile 文件。

4）在 Image Registration 界面中，根据输入图像的几何配准情况选择和设置相应参数。

● Skip Image Registration（忽略图像配准）。若输入的两幅图像包含不同的坐标信息，会出现如下两个选项。

■ Reprojection Method（重投影方法），有 3 种方法可以选择，包括 Polynomial（多项式，计算速度最快、精度较低）、Triangulation（局部三角网）和 Rigorous（严格模型，精度高、计算速度慢）。

■ 　Resampling（重采样）。

● Register Images Automatically（自动图像配准），则需要设置如下参数：

■ 　Matching Band（匹配波段）：尽量选择包含信息量大的波段，如 TM5 波段。

■ 　Requested Number of Tie Points（所需连接点数量）：最小为 9。

■ 　Search Window Size（搜索窗口大小）：值越大，找到的连接点精度越高，搜索速度越慢。ENVI 会根据输入图像的信息自动设置一个默认值。

■ 　Maximum Allowable Error Per Tie Point（各连接点允许的最大误差）：该值越大，得到的连接点精度越低，通常默认为 5 个像素。

■ 　Warping Method（几何校正方法）：包括 RST（放射变换）、Polynomial（多项式）、局部三角网，需要更多的同名点并且分布要均匀。

5）本次实验选择 Skip Image Registration（忽略图像配准）选项，如图 8.10 所示，单击 Next 按钮，进入 Change Method Choice 界面，如图 8.11 所示。

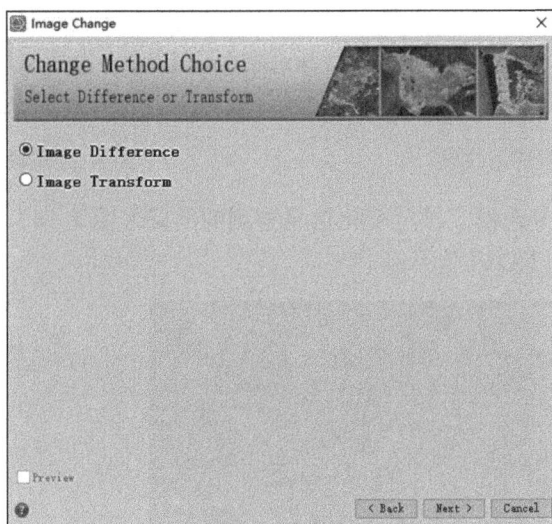

图 8.11　Change Method Choice 界面

2．变化信息检测

在 Change Method Choice 界面中，有如下两类方法可供选择：Image Difference 和 Image Transform。

（1）Image Difference

该选项隶属于图像直接比较法。在进入 Image Difference 界面后，要具体选择变化信息的检测方法。方法包括 3 种，对应于 Image Difference 界面中的 3 个选项。

1）Difference of Input Band（波段差值）。以本实验数据为例，针对操作做如下简单陈述（具体原理将在第二种方法进行详细说明），以帮助学习者熟悉该方法的步骤。

① 在 Select Input Band 下拉列表中选择相应的波段，这里选择 Band 4 选项，如图 8.12 所示。

② 切换到 Advanced 选项卡，其提供 Radiometric Normalization（辐射归一化）选项（图 8.13），能够将两幅图像近似在一个天气条件下成像（这里以前一时相 20060517.TIF 为基准）。

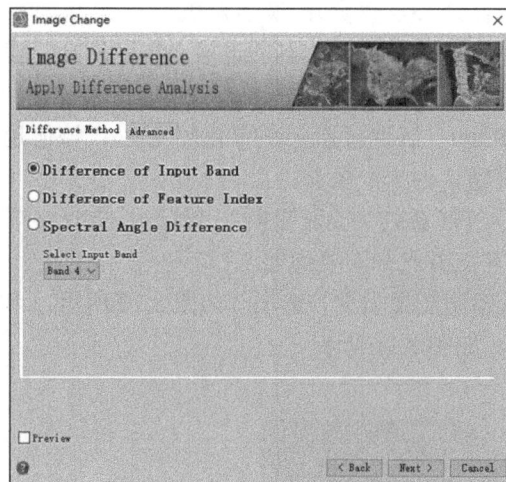

图 8.12　选择应用波段　　　　　　　　　　图 8.13　辐射归一化选项

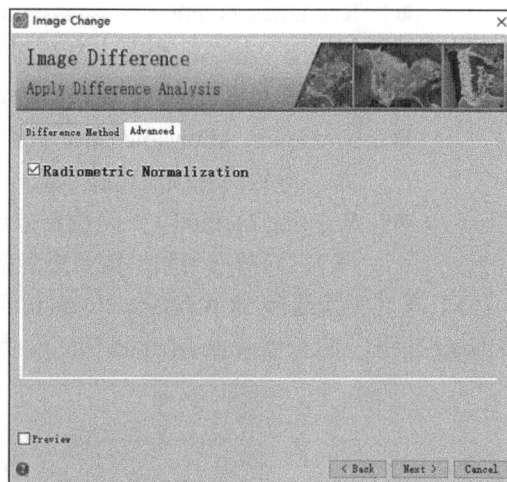

③ 选中 Preview 复选框，预览变化信息检测的结果（图 8.14），红色区域表示 NDVI 值降低，蓝色区域表示 NDVI 值升高。

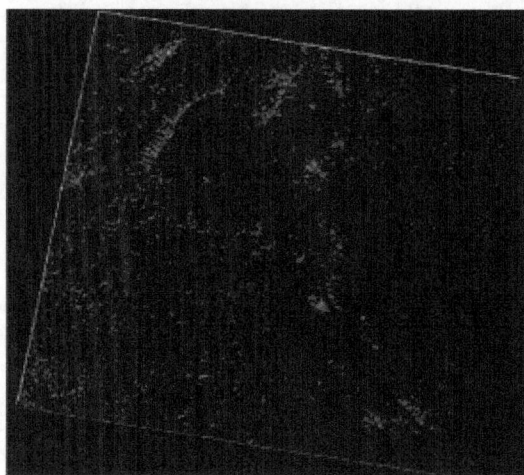

图 8.14　变化信息检测结果图预览　　　　　　彩图 8.14

④ 单击 Next 按钮，进入 Thresholding or Export 界面（图 8.15），涉及以下两种方法。

● Apply Thresholding：设置阈值细分变化信息图像。

● Export Difference Image Only：直接输出变化信息图像。

本实验选中 Apply Thresholding 单选按钮，单击 Next 按钮，进入 Change Thresholding 界面。

⑤ 如图 8.16 所示，在 Select Change of Interest 下拉列表中选择 Decrease Only 选项；在 Select Auto-Thresholding Method 下拉列表中选择 Otsu's 选项，单击 Next 按钮，进入 Cleanup 界面。

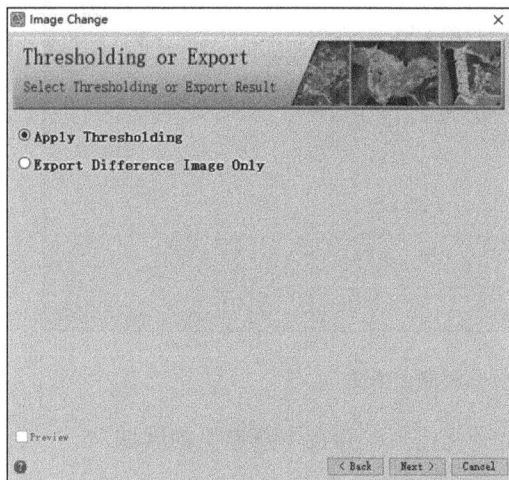

图 8.15　输出图像选择

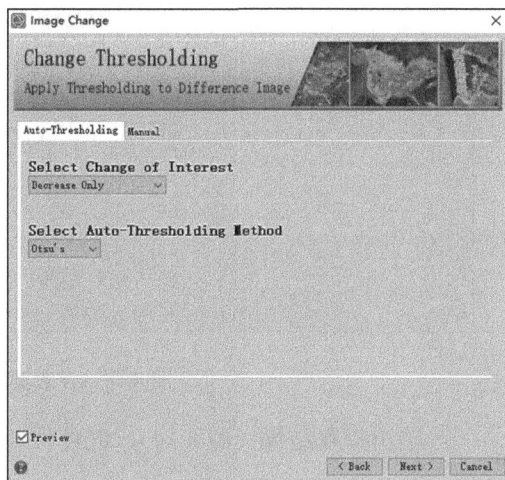

图 8.16　Change Thresholding 界面

⑥ 在 Cleanup 界面中，结合实际数据设置平滑阈值和聚类阈值，以去除结果中的小图斑。本实验采用默认值，如图 8.17 所示。

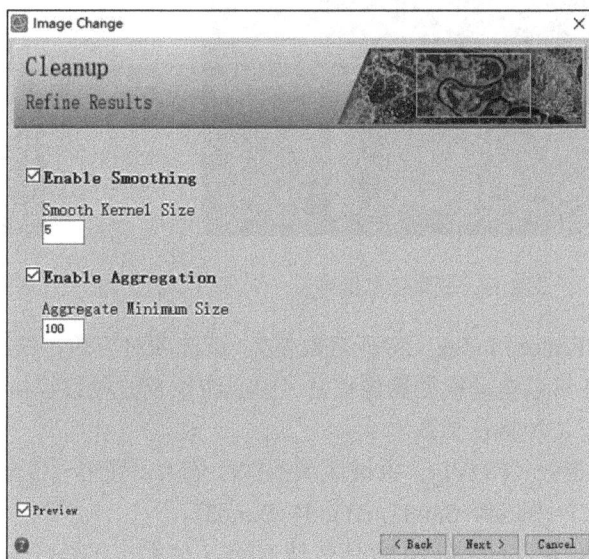

图 8.17　设置阈值

⑦ 进入 Export 界面，设置输出文件名称和保存路径，如图 8.18 所示。

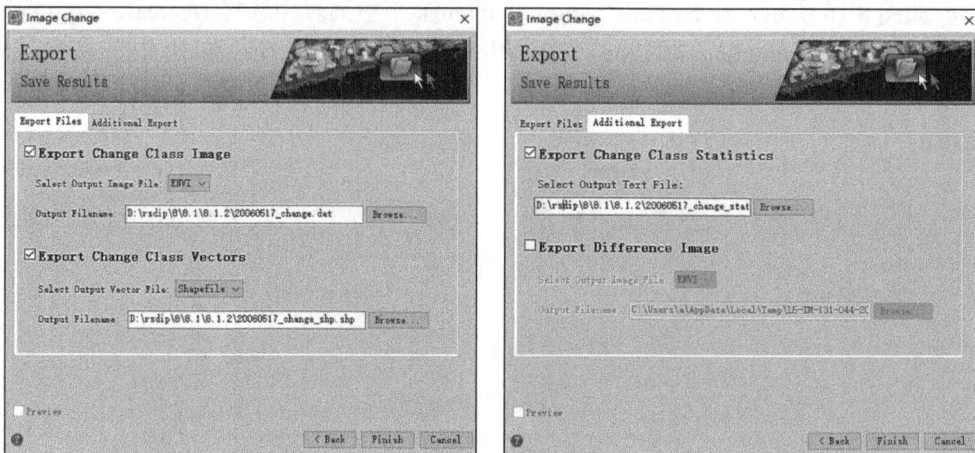

图 8.18　设置输出文件名和保存路径

⑧ 输出提取结果（图 8.19），红色代表的是变化信息仅存在下降趋势的区域。

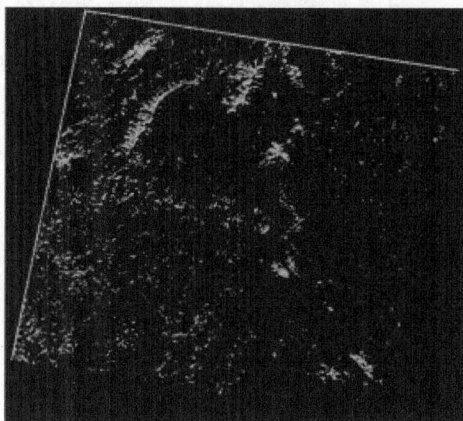

图 8.19　变化信息结果　　　　　　　　彩图 8.19

2）Difference of Feature Index（特征指数差）。该选项对应的方法要求数据源是多光谱或高光谱数据，ENVI 可以自动根据图像信息（中心波长及波段数等信息）在 Select Feature Index 列表中选择如下 4 种特征指数。

- 归一化植被指数（NDVI）：植被区域 NDVI 值大，简单以 Landsat TM 为例，计算公式为 NDVI=(Band4−Band3)/(Band4+Band3)。
- 归一化水域指数（NDWI）：水体区域 NDWI 值大，同样以 Landsat TM 为例，计算公式为 NDWI=(Band2−Band5)/(Band2+Band5)。
- 归一化建筑物指数（NDBI）：建筑物区域 NDBI 值大，以 Landsat TM 为例，计算公式为 NDBI=(Band5−Band4)/(Band5+Band4)。
- 负归一化燃烧指数（−NBR）：燃烧区域−NBR 值大，以 Landsat TM 为例，计算公式为−NBR=−[(Band4−Band7)/(Band4+Band7)]。

同样，切换到 Advanced 选项卡，默认为 Band1 和 Band2，但可以根据实际数据特点和需求手动选择波段。

以本实验数据为例，具体操作如下：

① 选中 Difference of Feature Index 单选按钮，在 Select Feature Index 下拉列表中选择 Vegetation Index（NDVI）选项，如图 8.20 所示。

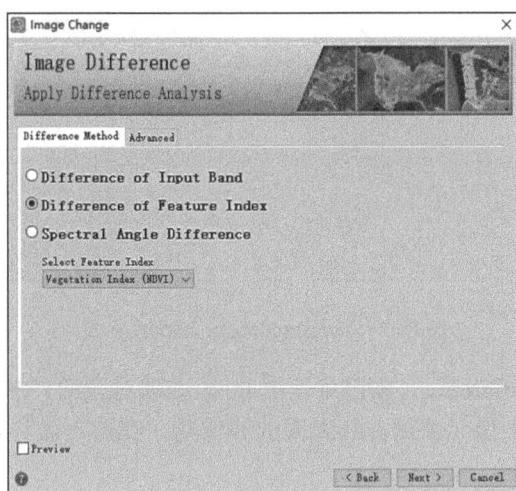

图 8.20　变化检测选择

② 选中 Preview 复选框，预览变化信息检测的结果（图 8.21），红色区域表示 NDVI 值降低，蓝色区域表示 NDVI 值升高。

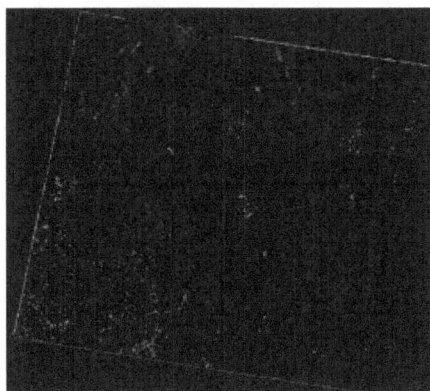

图 8.21　变化检测预览　　　　　　　　　彩图 8.21

③ 单击 Next 按钮，进入 Thresholding or Export 界面（图 8.22），涉及以下两种方法。

● Apply Thresholding：设置阈值细分变化信息图像。

● Export Difference Image Only：直接输出变化信息图像。

④ 本实验选中 Apply Thresholding 单选按钮（图 8.22），单击 Next 按钮，进入 Change Thresholding 界面。

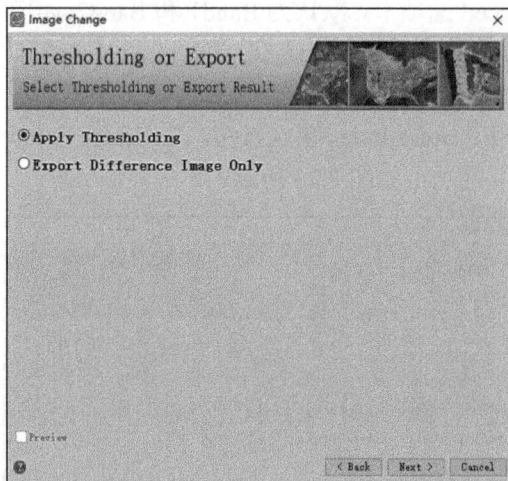

图 8.22　Thresholding or Export 界面

　　3）Spectral Angle Difference（波谱角差值）。该选项对应的方法常用于高光谱数据，原理是对比分析两个时相上像元波谱曲线之间的波谱角，在此不做详述。

　　（2）Image Transform

　　该选项对应方法的原理是对输入的两个时相的图像进行图像变换，变化信息将体现在变换结果的某个波段中。此选项之后提供了 3 种图像变换方法，包括主成分分析（PCA）、最小噪声分离（minimum noise fraction，MNF）、独立主成分分析（ICA）。

　　鉴于前面"第 4 章　图像增强"已有详细讲解，故在此不做详述。

　　3．变化信息提取

　　结合前文所述，变化信息检测结果中主要存在以下 3 种变化信息。

● 　蓝色（增加）和红色（降低）变化信息均存在（Increase and Decrease）。

● 　仅存在蓝色（增加）变化信息（Increase Only）。

● 　仅存在红色（降低）变化信息（Decrease Only）。

有以下两种阈值设置方法可供选择。

　　（1）Auto-Thresholding

该方法又包括以下 4 种算法来自动获取分割阈值。

● 　Otsu's：基于直方图形状的方法，基于判别分析法，利用直方图的零阶和一阶累积矩阵来划分阈值。

● 　Tsai's：基于力矩的方法。

● 　Kapur's：基于信息熵的方法。其假设待获取阈值的图像根据事件被划分为两类，每一类都可以用概率密度分布函数来描述，之后取两类的信息熵和的最大值作为阈值。

● 　Kittler's：同样是基于直方图形状的方法，其将直方图近似为高斯双峰，从而找到拐点。

（2）Manual（手动设置阈值）

选择该类方法后，可以手动更改获取的分割阈值，也可以通过 Preview 选项预览分割效果。

本实验选择手动方法，操作步骤如下：

1）如图 8.23 所示，在 Select Change of Interest 下拉列表中选择 Increase Only 选项。

2）如图 8.23 所示，在 Select Auto-Thresholding Method 下拉列表中选择 Otsu's 选项，单击 Next 按钮，进入 Cleanup 界面。

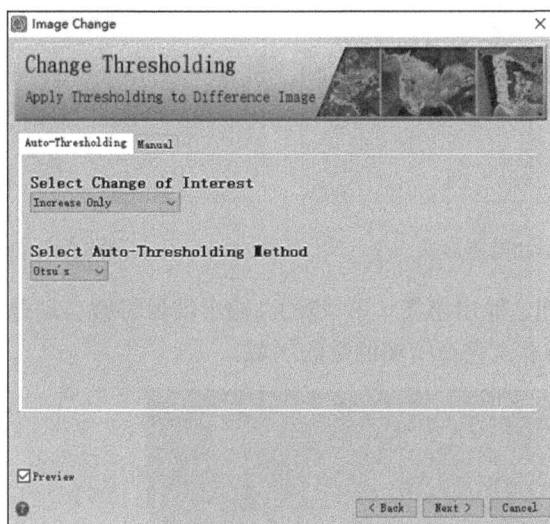

图 8.23　方法选择

3）在 Cleanup 界面（图 8.17）中，结合实际数据设置平滑阈值和聚类阈值，以去除结果中的小图斑。其中，Enable Smoothing（平滑），主要用于去除椒盐噪声；而 Enable Aggregation（聚类），主要用于去除研究区域内的小区域和小图斑。例如，阈值设置为 7，则表示小于等于 7 像素的区域将会被重新合并到邻近的、更大的区域，这里采用默认值。

4）选中 Preview 复选框预览效果，单击 Next 按钮，进入 Export 界面。

4．输出变化信息

该步骤可以输出 4 种结果，包括图像格式、矢量格式的结果、变化统计文本文件和差值图像。

1）如图 8.24 所示，选中 Export Change Class Image 复选框，设置输出为 ENVI 分类格式。

2）选中 Export Change Class Vectors 复选框，设置输出为 Shapefile 格式。

3）切换到 Additional Export 选项卡，选中 Export Change Class Statistics 复选框，输出统计文件，如图 8.25 所示。

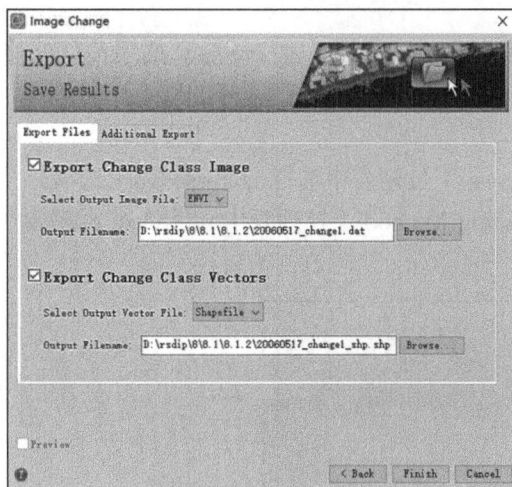

图 8.24　选择输出数据格式

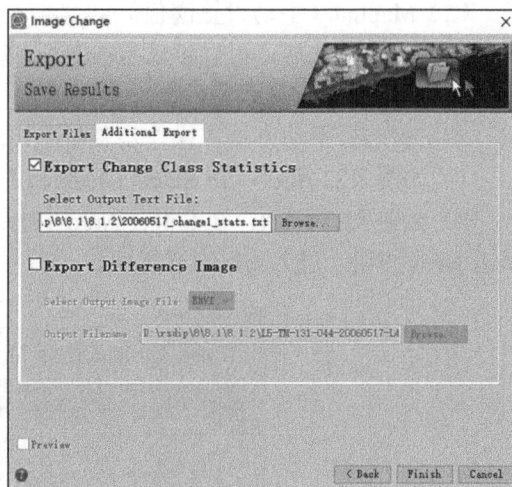

图 8.25　输出统计文件

4）单击 Finish 按钮，输出结果（图 8.26）。输出结果将被自动叠加显示在显示窗口中，这里蓝色显示的变化信息仅存在增加取数的区域。

图 8.26　变化检测结果

彩图 8.26

8.2　分类后比较法工具

分类后结果比较法是将经过配准的两个时相遥感影像分别进行分类，然后比较分类结果，得到变化检测信息。虽然该方法的精度依赖于分别分类时的精度和分类标准的一致性，但在实际应用中仍然非常有效。

ENVI 中的分类后比较法是通过比较两时相影像分类结果，获得变化类型、面积、百分比等。ENVI 软件中的分类后比较法工具包括 Change Detection Statistics 工具和 Thematic Change Workflow 工具。

本实验使用的练习数据是 2006 年 6 月 17 日和 2009 年 3 月 14 日湖北省武汉市辖区附近的 Landsat 遥感影像。

8.2.1　Change Detection Statistics 工具

该工具的原理是对两幅分类结果图像进行差异分析，识别并分析出哪些像元发生了变化，输出像元数量、百分比和面积统计参数，同时还会生成一幅掩模图像，这幅图像记录了两幅分类图像相应像素变化的空间信息，这有助于识别发生变化的区域及发生变化的像元的归属。

当输入的两幅图像是土地利用分类图时，得到的结果实质上就是土地利用转移矩阵，其通常用二维表来表示不同时相图一区域内土地利用类型的相互转换关系，并可以借助二维表快速查看具体的情况。例如，某一类别的土地中有多少（面积）转化成了其他的土地类型，而此时某一类型的土地是由过去的哪些类型分别转化而来的等。除此之外，还可以生成变化统计栅格图，用来描述前后两幅土地分类图之间的地类发生转变的位置和类型。

下面使用前述数据详细介绍这个工具的操作步骤：

1）在主菜单栏中选择 File→Open 选项，打开基于原始影像的两个时相的分类结果（图 8.27）。由于两幅遥感影像中含有较厚云层，无法通过大气校正去除，故在分类结果中表示为黑色（Unclassified）。

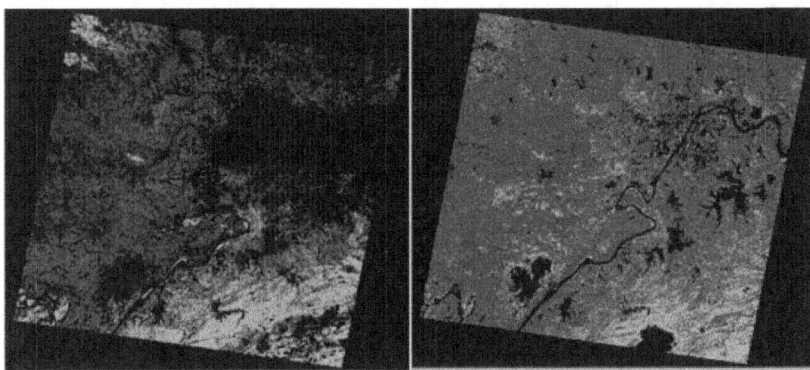

图 8.27　打开数据　　　　　　　　　　　　　　彩图 8.27

2）在 Toolbox 中双击 Change Detection→Change Detection Statistics 工具。

3）如图 8.28 所示，在 Select 'Initial State' Image 对话框中，选择 20060610_class.dat 的一个波段作为前时相分类图（Initial State）；在 Select 'Final State' Image 对话框中，选择 20090314_class.dat 的同一个波段作为后时相分类图（Final State）。

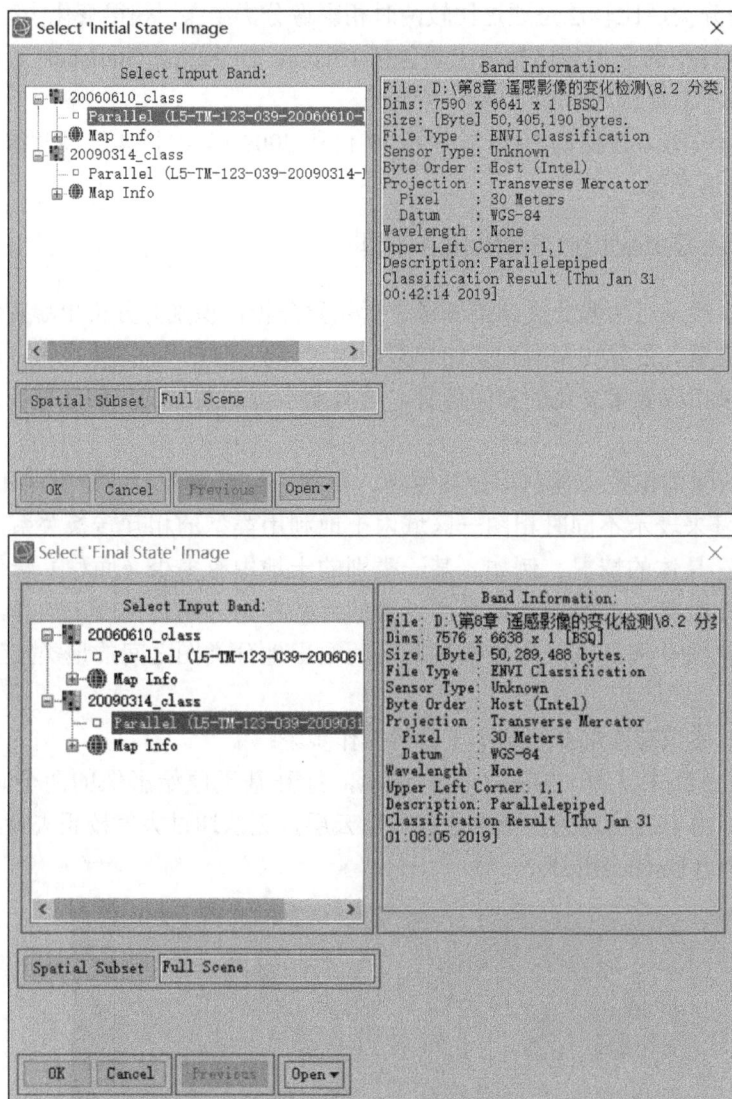

图 8.28　选择检测时相图

4）打开 Define Equivalent Classes 对话框，此次实验两个时相的分类图命名规则一致，会自动将两时相上的类别（Initial State Class 和 Final State Class）关联，如图 8.29 所示。否则就需要在 Initial State Class 和 Final State Class 列表中手动选择相对应的类别——在左边列表中选择一个分类类别，在右边列表中选择对应的分类名称，单击 Add Pair 按钮；重复此步骤直至所有需要分析的分类类别一一对应（显示在 Paired Classes 列表中），单击 OK 按钮。

5）打开 Change Detection Statistics Output（结果输出）对话框，如图 8.30 所示，选择生成图表的表示单位：Pixels（像素）、Percent（百分比）和 Area（面积）；设置 Output Classification Mask Images? 答案为 Yes，输出掩模图像；选择输出路径及文件名。

图 8.29　分类结果关联

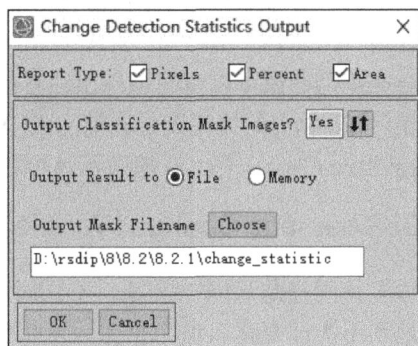

图 8.30　输出文件路径设置

6）单击 OK 按钮，执行计算，结果将以二维表格和图像形式展现。

需要注意的是，若最开始输入的数据没有投影信息，而设置了以面积格式输出，系统将会打开对话框，提示操作者选择像素大小和单位用于统计变化面积。

输出的变化分析结果之一是统计报表，如图 8.31 所示，Initial State 的分类位于每一列中，而 Final State 位于每一行中。为了对变换了类别的像元分布进行充分计算，列中仅包含所选的用于分析的 Initial State 类别，行中包含 Final State 类别，统计报表则显示出了这些像元在两个分类图像中的变化情况。

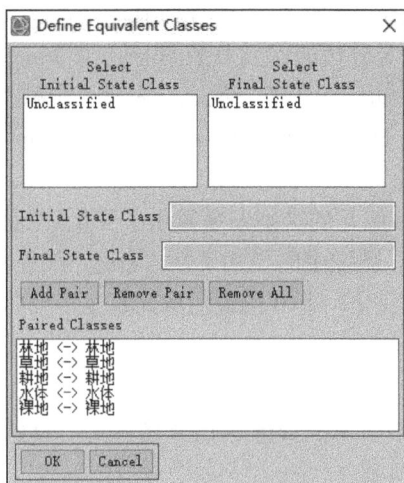

图 8.31　分类结果变化情况

如图 8.31 所示表中主要字段表示的意义如下：

● Class Total（行）：表示每个 Initial State 类别中所包含的像元数。

● Class Total（列）：表示每个 Final State 类别中所包含的像元数。

● Row Total（列）：表示 Final State 中每一类由 Initial State 变化的总和。

- Class Changes（行）：表示类别发生改变的 Initial State 中的像元数。
- Image Differences（行）：表示两幅图像中的参与分析的像元总数的差值，即 Final State 像元总数减去 Initial State 像元总数，类别增加则为正值，反之，表示类别减少。

关于该统计报表内容的解释，例如，本实验中，Initial State 的"草地"中有 $97m^2$ 变成了"裸地"，"水体"有 $37m^2$ 变成了"裸地"。

分类掩模图像可以空间识别出"哪些 Initial State 像元的类别归属发生了变化""变化是哪一类"等。输出的掩模图像存储为 ENVI 分类图像，图像中的类别属性（名称、颜色及值）与 Final State Class 一致，0 值表示该位置像元未发生变化，非 0 值说明像元发生了变化。

8.2.2　Thematic Change Workflow 工具

该工具同样是从同一区域、不同时相的两幅分类结果图像中识别变化信息，可以应用于土地利用类型变化、城市扩张、水体变化等研究领域。

Thematic Change Workflow 工具针对不同的数据能够采取相应的处理方式，但要注意的是，输入的文件可以是有标准坐标信息、像素坐标的；若是包含伪坐标信息（pseudo projection）的图像数据，得到的结果中其空间位置信息就不够精确。

若输入的两个图像包含不同的坐标投影，将默认以第一个输入的文件的坐标参数为准，并且只分析重叠区域。

若输入的两个图像包含不同的空间分辨率，低分辨率图像将被重采样为高分辨率。

下面使用 Thematic Change Workflow 工具对相同数据进行如下操作。

1）在 ENVI 主菜单栏中选择 File→Open 选项，打开两个时相图像 20060610_class.dat 和 20090314_class.dat。

2）在 Toolbox 中双击 Change Detection→Thematic Change Workflow 工具，打开 Thematic Change 对话框，选择文件（图 8.32）。在 File Selection 界面中，为 Time 1 Classification Image File 选择前一时间的分类图像 20060610_class.dat，为 Time 2 Classification Image File 选择后一时间的分类图像 20090314_class.dat；单击 Next 按钮，进入 Thematic Change 界面。

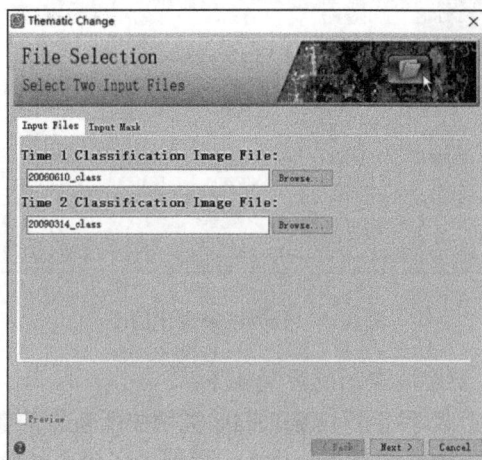

图 8.32　选择文件

需要注意的是，如果这一步切换到 Input Mask 选项卡，可以选择一个掩模文件提高检测精度。掩模文件可以是单波段栅格图像或多边形 Shapefile 文件；如果输入的两幅图像包含不同的坐标信息，则需要选择 Reprojection Method，包括 Polynomial、Triangulation 及 Rigorous。

3）在 Thematic Change 界面（图 8.33）中，如果两个分类图像中的分类数目和分类名称都一样，Only Include Areas That Have Changed 复选框可选，则当选中这个复选框时，未发生变化的分类全部归为并命名为 no change。单击 Next 按钮，进入 Cleanup 界面设置阈值（图 8.34）。

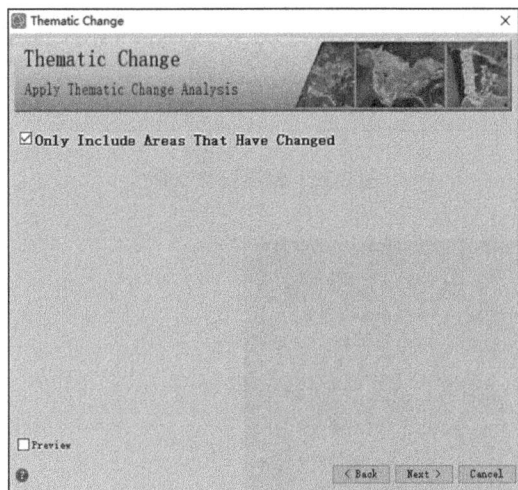

图 8.33　Thematic Change 界面　　　　图 8.34　设置阈值

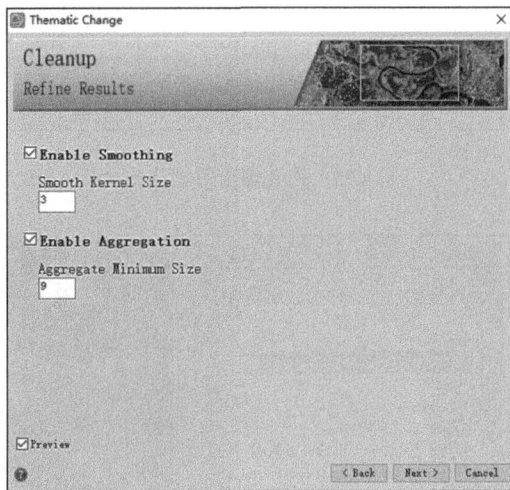

4）Cleanup 的作用是移除椒盐噪声和去除小面积斑块。在该界面中，可以设置平滑阈值和聚类阈值，以去除结果中的小图斑。

5）选中 Preview 复选框预览效果，单击 Next 按钮，进入 Export 界面。该步骤可以输出 3 种结果，包括图像格式、矢量格式的结果及变化统计文本文件。

6）选中 Export Thematic Change Image 复选框，设置输出为 ENVI 分类格式，如图 8.35 所示。

7）选中 Export Thematic Change Vectors 复选框，设置输出为 Shapefile 格式，如图 8.35 所示。

8）切换到 Export Statistics 选项卡，选中 Export Thematic Change Statistics 复选框，输出统计文件，如图 8.36 所示。

9）单击 Finish 按钮，输出结果，如图 8.37 所示。

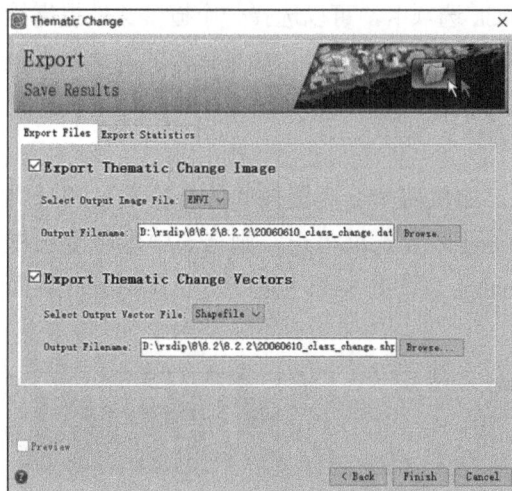

图 8.35　设置输出数据格式

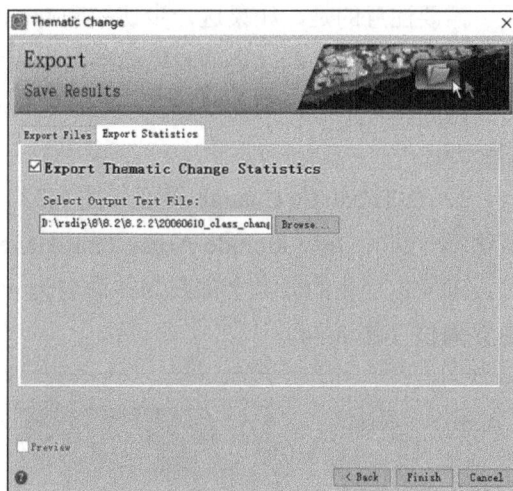

图 8.36　输出统计文件

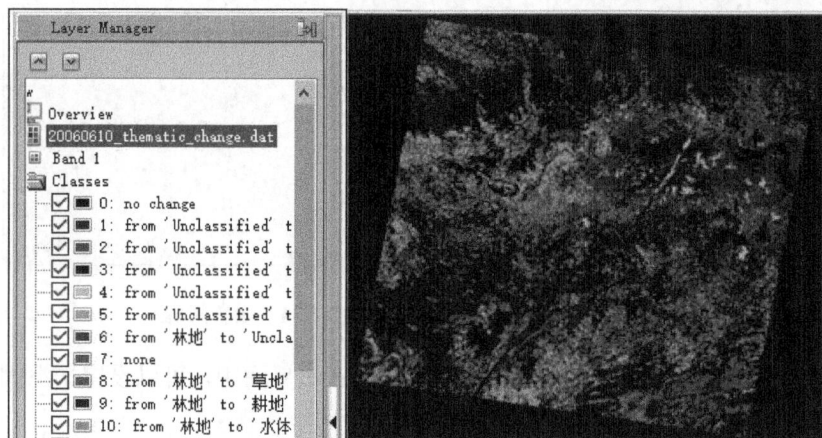

图 8.37　输出结果

彩图 8.37

8.3 林冠状态遥感动态监测实例

　　林冠是树木乃至森林与大气相互作用的关键界面，而林冠状态是当今森林健康研究的热点。林冠状态主要包括林隙、绿叶生物量、林木树叶量等，反映了森林的健康状况。

　　自然因子造成的林冠状态变化主要包括由病虫害、林火、冰冻雪、大风、干旱等引起的较大面积的林冠变化，通过林冠状态变化的研究可以加深对森林群落演替规律的认识，同时可以为森林经营提供理论基础。

　　本章的数据来源是两幅不同时相的森林覆盖区域图像 au_25_2007.dat 和 oct_07_

2002.dat。

采取的主要思路和技术路线大致为：

首先，对不同时相的同一区域的同种植被指数进行差值运算，得到植被指数差，该差值能反映两个时相的林冠状态变化情况。

接着，确定一定的阈值范围，阈值范围反映了受监测区域的森林健康状况变化情况，即林冠状态的变化，从而提取森林健康状况较差的区域。

采取的技术流程如图 8.38 所示。

图 8.38　采取的技术流程

需要注意的是，前两个步骤"林区提取"和"数据预处理"的顺序是可以根据数据实际情况对调的。

8.3.1　林区提取

这一步骤的原理是通过面向对象的图像分类方法将森林区域从整幅图像上提取出来，作为掩模文件应用于后面的步骤当中，以减少计算量同时提高检测精度。

1）在 ENVI 主菜单栏中选择 File→Open 选项，打开 oct_07_2002.dat 和 au_25_2007.dat 两幅图像，如图 8.39 所示。

图 8.39　打开的图像　　　　　　　　　　　　　　彩图 8.39

2）在 Toolbox 中双击 Feature Extraction→Rule Based Feature Extraction Workflow 工具，打开 Feature Extraction-Rule Based 对话框，设置 Raster File 为 oct_07_2002.dat（图 8.40）。

3）切换到 Custom Bands 选项卡，选中 Normalized Difference 复选框，将自动根据中心波长信息选择对应的波段，采用系统默认设置，如图 8.41 所示。

图 8.40　输入数据

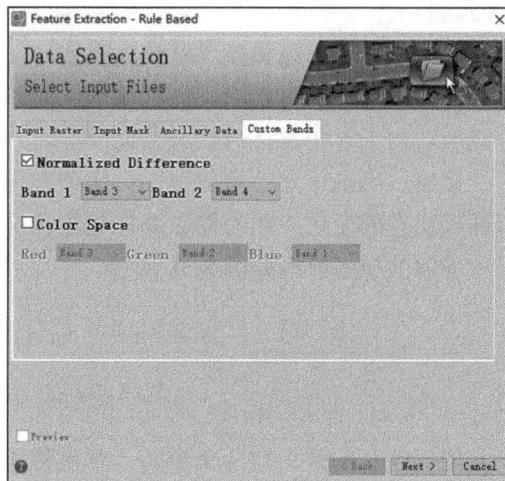

图 8.41　波段设置

4）单击 Next 按钮，进入 Object Creation 界面，并设置如下参数（图 8.42）。

● Scale Level（分割阈值）：40。

● Merge Level（合并阈值）：85。

● 其他参数采用默认设置。

选中 Preview 复选框预览分割效果，并且单击 Next 按钮执行分割，从而进入 Rule-based Classification 界面。

需要注意的是，在 Layer Manager 中，右击 oct_07_2002 图层，在弹出的快捷菜单中选择 Change RGB Bands 选项，设置以 Band4/3/2 组合显示，以红色显示植被更容易被区分。

5）在 Rule-based Classification 界面中，单击 ➕ 按钮再增加一类，在 Class Properties 选项中设置并修改如下参数（图 8.43）：

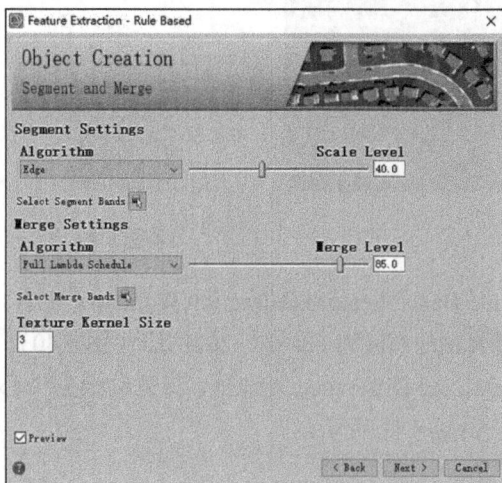

图 8.42　设置参数

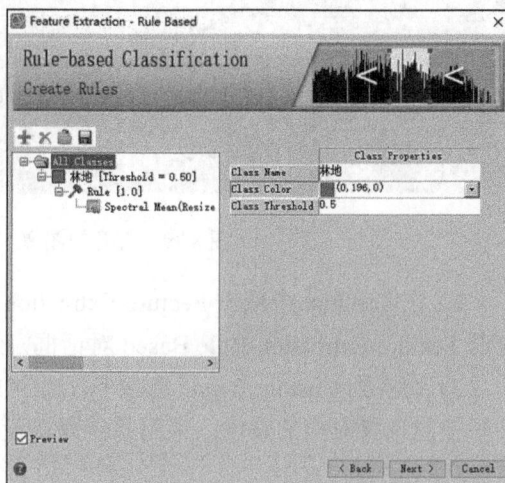

图 8.43　修改参数设置

- Class Name（分类名称）：林地。
- Class Color（分类颜色）：选择一种绿色。

6）如图 8.44 所示，在左边的列表中单击"林地"的一条默认规则 Spectral Mean，在右边的属性 Attributes 选项卡中设置以下参数。

- Band：Normalized Difference。
- 值范围设置为大于 0.28。

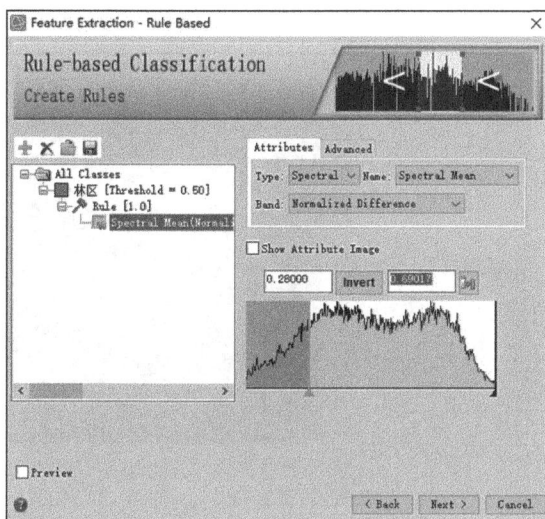

图 8.44　设置 Band 参数和值范围

7）选中 Preview 复选框，预览森林区域的提取结果（图 8.45）。

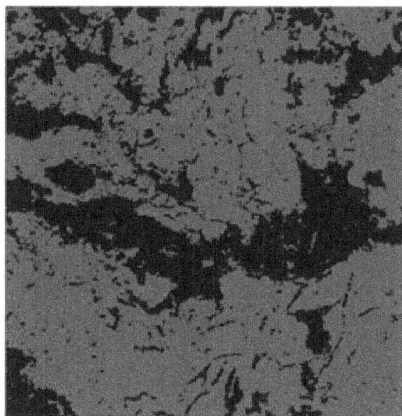

图 8.45　森林区域提取结果　　　　　　　　彩图 8.45

8）单击 Next 按钮执行分类，同时进入 Export 界面，设置输出文件名称及保存路径，将结果输出为栅格图像文件。结果栅格图像中存在 3 个像素值——0、1、2，其中值 1 对应的就是森林区域。

8.3.2 数据预处理（大气校正）

由于本实验数据预先经过处理，故选择精度较低但操作简便的快速大气校正（QUAC）工具完成大气校正处理。

1）在 Toolbox 中双击 Radiometric Correction→Atmospheric Correction Module→QUick Atmospheric Correction（QUAC）工具，在 File Selection 对话框中选择 oct_07_2002_quac.dat，如图 8.46 所示。

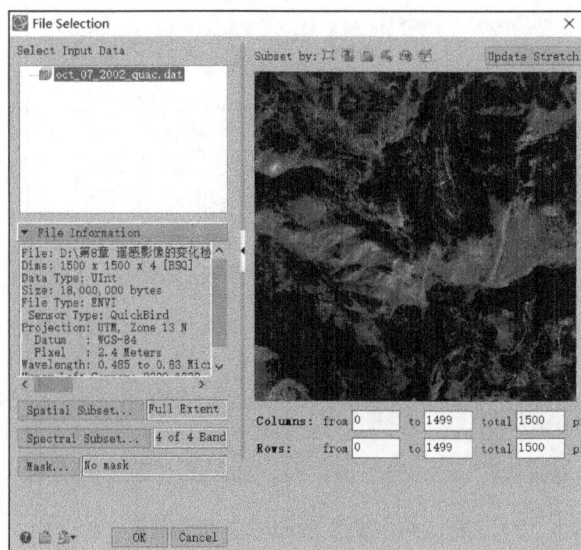

图 8.46 打开数据

2）打开 QUAC 对话框，设置并选择文件名和路径，单击 OK 按钮执行处理，输出校正结果（图 8.47）。

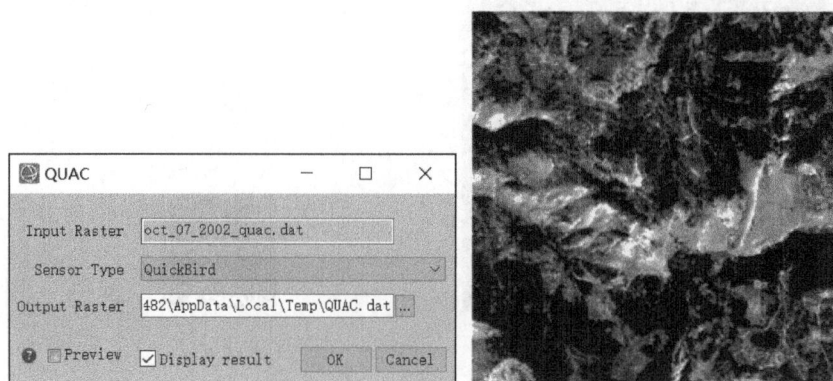

图 8.47 输出结果   彩图 8.47

3）同理，对图像 aug_25_2007.dat 进行大气校正，输出如图 8.48 所示的校正结果。

图 8.48　输出校正结果　　　　　　　　　彩图 8.48

8.3.3　林冠变化检测

该步骤的目的是获取两个时相的归一化植被指数（NDVI）差，通过分析归一化植被指数差值来获取林冠变化信息。

相应操作将在 Image Change Workflow 工具中进行，具体如下：

1）在 ENVI 中双击 Change Detection→Image Change Workflow 工具，打开 Image Change 对话框，设置 Time 1 File 为 2002_quac.dat，Time 2 File 为 2007_ quac.dat，如图 8.49 所示。

切换到 Input Mask 选项卡，选择林区的栅格图像，如图 8.50 所示。

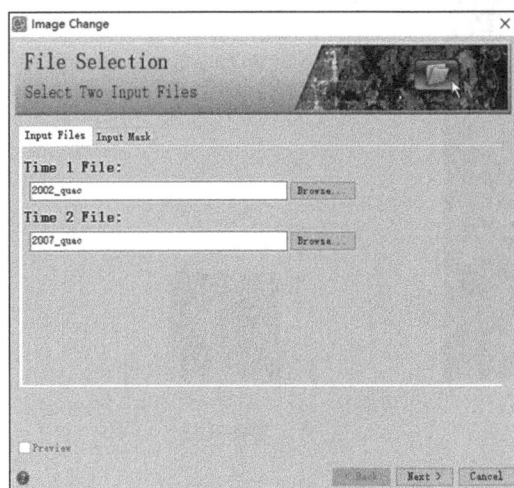

图 8.49　选择两时相影像　　　　　　图 8.50　选择林区栅格图像

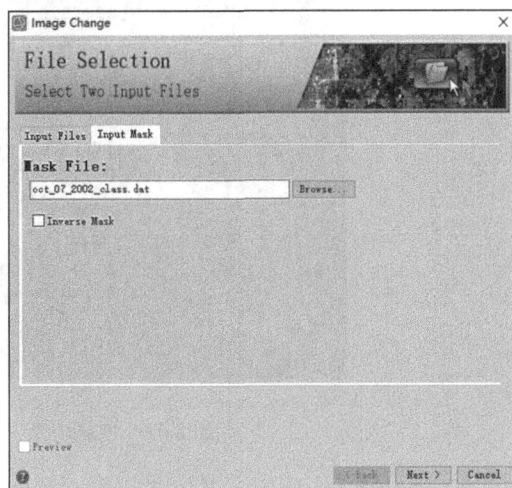

2）单击 Next 按钮，进入 Image Registration 界面，选中 Register Images Automatically 单选按钮，其余参数采用默认设置，如图 8.51 所示，单击 Next 按钮，执行图像配准。

3）进入 Change Methods Choice 界面，选择 Image Difference 方法，单击 Next 按钮。

4）在 Image Difference 界面中，选中 Difference of Feature Index 单选按钮；在 Select Feature Index 下拉列表中选择 Vegetation Index（NDVI）选项，如图 8.52 所示。

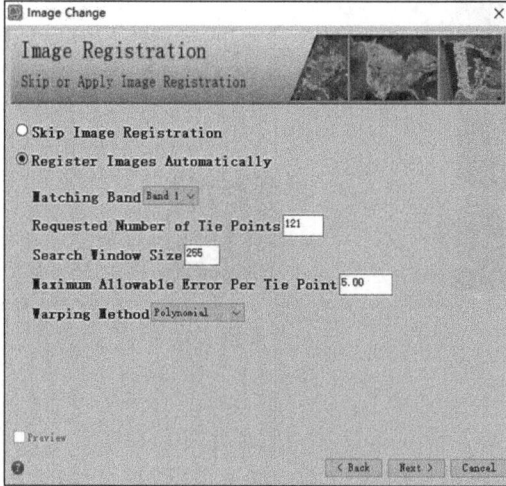

图 8.51　阈值设置　　　　　　　　　　　　　　　图 8.52　方法选择

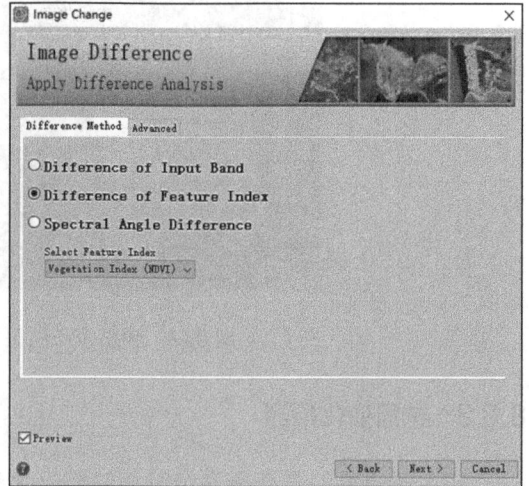

5）选中 Preview 复选框，预览变化信息检测的结果（图 8.53），红色区域表示 NDVI 值降低，蓝色区域表示 NDVI 值升高。

图 8.53　预览结果　　　　　　　　　　　　彩图 8.53

6）单击 Next 按钮，进入 Thresholding or Export 界面，选中 Export Difference Image Only 单选按钮，输出变化信息，如图 8.54 所示，单击 Next 按钮。

7）进入 Export 界面，设置输出文件名及路径，单击 Finish 按钮完成此流程的操作，并且得到两个不同时相图像的归一化植被指数差值图像，如图 8.55 所示。

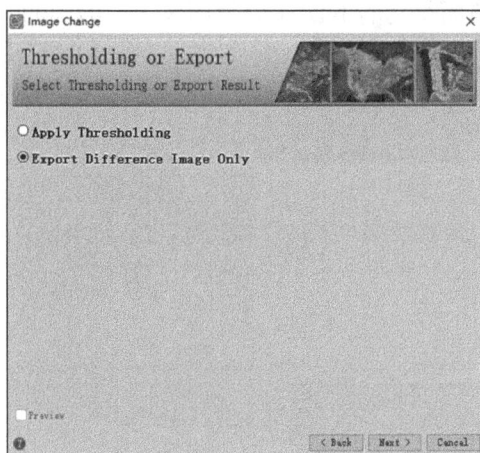

图 8.54　变化信息输出

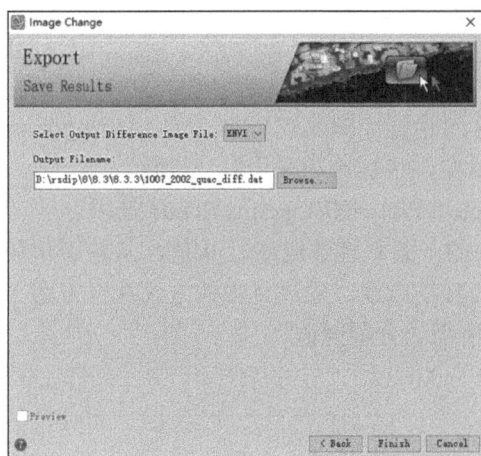

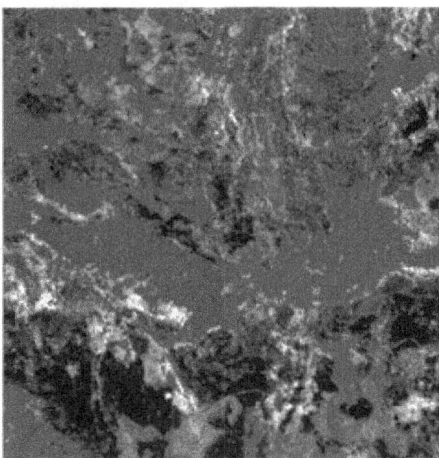

图 8.55　输出路径及结果

8.3.4　提取森林健康变化信息

本步骤的思路是采用阈值分割（灰度分割）方法，从上一个步骤中得到的 NDVI 差值图像中提取森林健康变化信息。

阈值分割方法简单有效，原理是将图像的灰度级分为几个部分，并且选用若干个阈值来确定图像的区域，通常分为两个步骤：①确定图像的分割阈值；②分割图像。

关于分割阈值的确定，通常需要借助图像的直方图。因图像包含了多个特征区域构成（即不同变化区域），故其直方图呈现多峰现象，其中每个峰值对应一个区域，以谷值点位或凸值点位阈值划分相邻峰值。

本实验中简单地将林冠状态变化划分为重度变化、中度变化、轻微变化（健康或正常）3 种类型。

1）在 Toolbox 中双击 Statistics→Compute Statistics 工具，在打开的 Compute Statistics

Input File 对话框中选择前面得到的 NDVI 差值图像 oct_07_2002_quac_diff.dat，如图 8.56 所示。

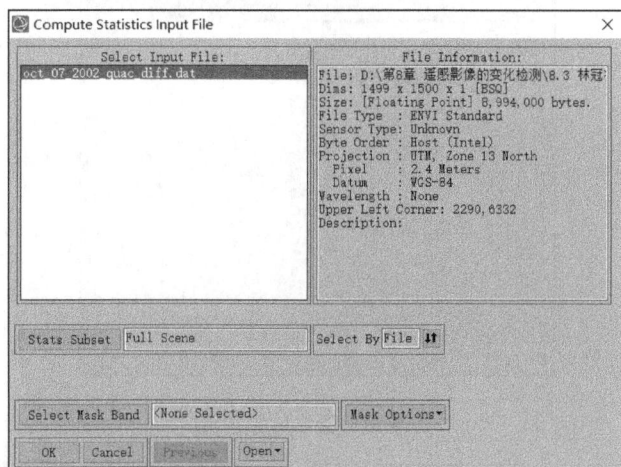

图 8.56 选择 NDVI 差值图像

2）在打开的 Compute Statistics Parameters 对话框（图 8.57）中，选中 Histograms 复选框，单击 OK 按钮，打开 Statistics Results 对话框，区域选项采用默认设置。

3）在 Statistics Results 对话框中，选择 Select Plot→Histograms:Band1 选项。

4）打开如图 8.58 所示的窗口，滑动其中的一条垂直虚线靠近 0 值，从左下角获取一个对应的像素值，即该点的 NDVI 差值；继续移动虚线，通过目视的方式从直方图上寻找一个"拐点"，该"拐点"对应的像素值就是所需的分割阈值。

本实验确定了几个值：−0.2947、−0.0241、−0.0112。

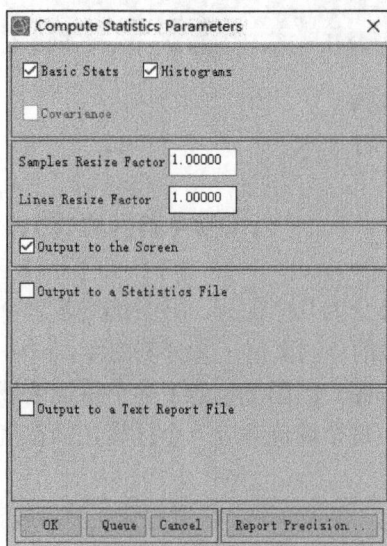

图 8.57 参数设置

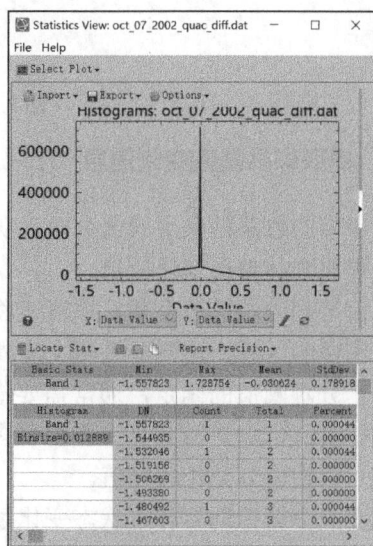

图 8.58 分割阈值

需要注意的是，在直方图中按住鼠标滚轮再拉框可以放大，或右击，在弹出的快捷菜单中选择 Previous Range 选项；也可以借助列表形式判断"拐点"，如 total 列中选项达到 24000 认为是一个"拐点"。

5）在 Layer Manager 中，右击 NDVI 差值图像图层，在弹出的快捷菜单中选择 Raster Color Slices 选项；在 File Selection 对话框中选择差值图像的一个波段，单击 OK 按钮，打开 Edit Raster Color Slices: Raster Color Slice 窗口。

6）在 Edit Raster Color Slices: Raster Color Slice 窗口中，单击 ▨ 按钮删除所有分割区间；单击 ➕ 按钮，在 Slice Min 列输入-0.997572（默认获取最小值），在 Slice Max 列输入 -0.294700。

7）重复上一个步骤，增加-0.294700～-0.024100 和-0.024100～-0.011200 区间，最终如图 8.59 所示。

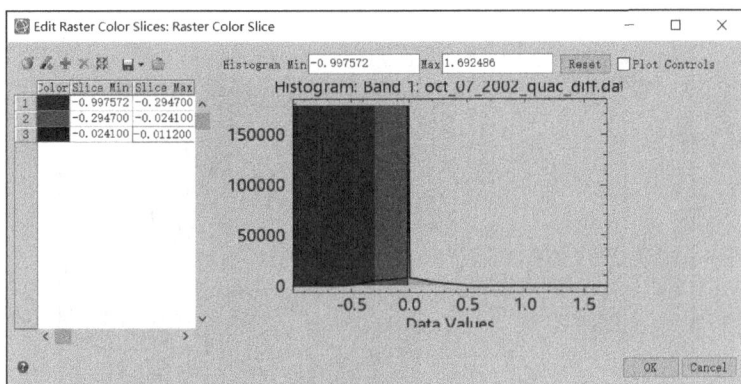

图 8.59　区间设置

8）单击 OK 按钮，输出结果（图 8.60），同时显示在 Layer Manager 和显示窗口当中。

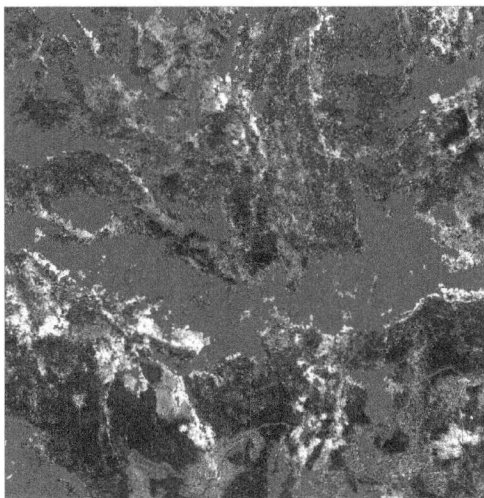

图 8.60　输出结果

彩图 8.60

8.3.5 结果分析

1）在 Layer Manager 中，Slices 快捷菜单中存在如下选项。

Edit Color Slices（编辑灰度分割）：可以打开类似前一步骤的对话框，修改分割区间和颜色等。

Export Color Slices（输出灰度分割结果）：可以将灰度分割的结果输出为 ENVI 栅格分类结果文件或 Shapefile 矢量文件。

Statistics for All Color Slices（统计灰度分割结果）：可以统计每个分割区间的像元数量、所占百分比、面积等信息，以及源图像中相对应的像素值信息。

2）本实验选择 Statistics for All Color Slices 选项，在 File Selection 对话框中选择 NDVI 差值图像，得到的统计结果如图 8.61 所示。

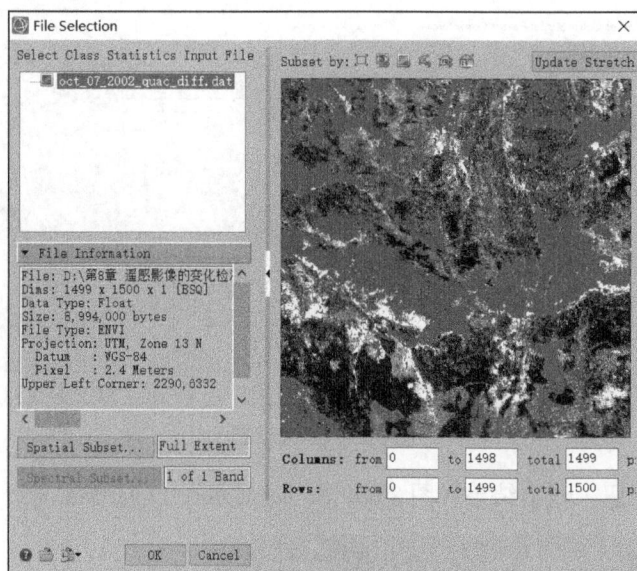

图 8.61　统计结果

3）选择 Export Color Slices→Class Image 选项，在打开的 Export Color Slices to Class Image 对话框中选择输出文件名和路径（图 8.62）。

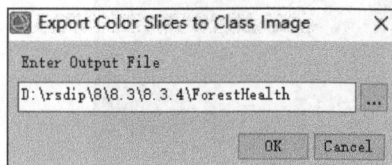

图 8.62　输出文件名和路径

4）在 Toolbox 中双击 Raster Management→Edit ENVI Header 工具，在打开的 Edit Header Input File 对话框中选择前面保存的结果（图 8.63），单击 OK 按钮。

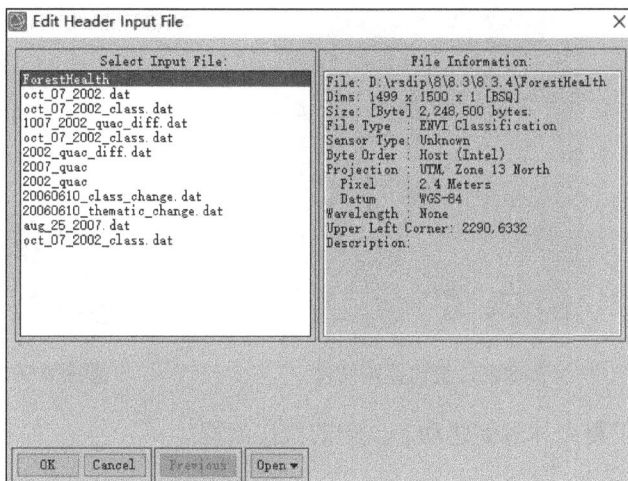

图 8.63 选择保存结果

5）在打开的 Header Info 对话框中，选择 Edit Attributes→Classification Info 选项，采用默认设置，单击 OK 按钮，打开 Class Color Map Editing 对话框（图 8.64）。

6）在 Class Color Map Editing 对话框（图 8.64）中，选择对应的类别，同时在 Class Name 文本框中输入重新定义的类别名称，并修改相应的颜色。例如，将轻微变化设置为浅绿色，中度变化设置为浅黄色，重度变化设置为橙黄色。

7）采用分类后处理工具优化监测结果，以得到更好的结果。在 Toolbox 中双击 Classification→Post Classification→Majority/Minority 工具，在打开的 Majority/Minority Parameters 对话框中设置 Kernel Size 为 5×5 像素，去除小图斑，同时设置输出文件名称及保存路径，如图 8.65 所示。

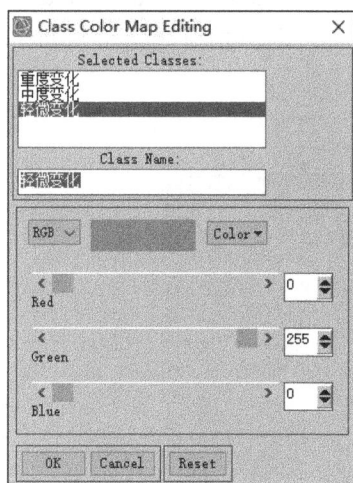

图 8.64 定义类别颜色

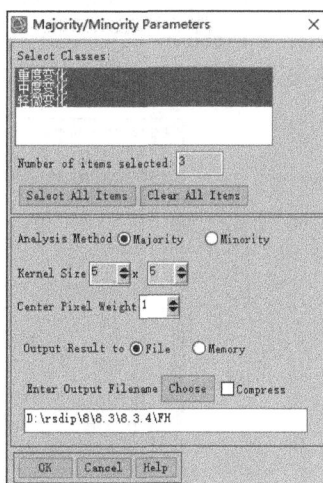

图 8.65 设置参数

变化监测结果如图 8.66 所示。

图 8.66 变化监测结果   彩图 8.66

至此，就完成了整个林冠遥感动态监测的操作流程。

8.4 农业耕作（用地）变化监测实例

本实验采用江苏省南通市海安县附近的 2005 年 6 月 2 日和 2010 年 4 月 29 日的 Landsat 数据作为数据源，获得了两个时相的农业耕作类型。

整个过程包括：农业耕作用地分类和农业耕作用地变化信息提取两部分，变化监测采用的是分类后比较方法。

8.4.1 大气校正

选择精度较低但操作简便的快速大气校正（QUAC）工具完成大气校正处理。

1）在 Toolbox 中双击 Radiometric Correction→Atmospheric Correction Module→QUick Atmospheric Correction（QUAC）工具，在打开的对话框中选择前一时相的 header.dat，如图 8.67 所示。

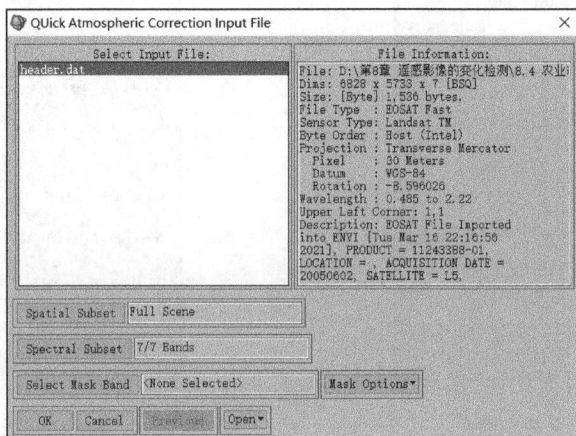

图 8.67 选择 header.dat

2）在打开的 QUick Atmospheric Correction Parameters 对话框中，设置并选择文件名和路径，单击 OK 按钮执行处理，输出校正结果 20050602_quac.dat，如图 8.68 所示。

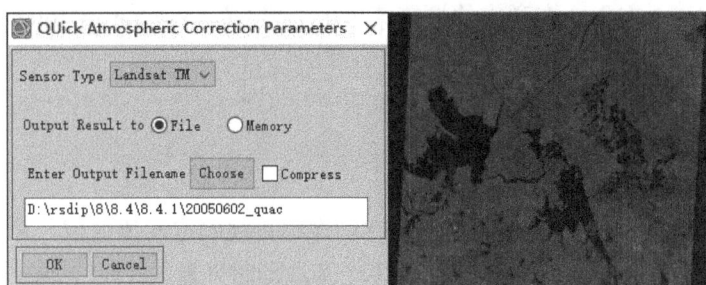

图 8.68　输出路径设置　　　　　　　　　　　　　彩图 8.68

3）同理，对后一时相的 header.dat 进行快速大气校正，输出校正结果 20100429_quac.dat，如图 8.69 所示。

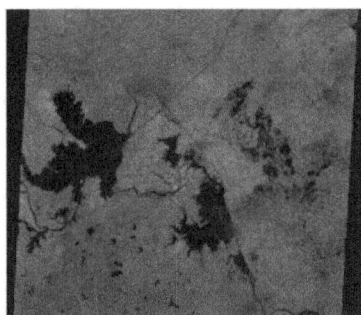

图 8.69　校正结果　　　　　　　　　彩图 8.69

8.4.2　农业用地分类

这一步骤有多种方法可以选择，本实验选择使用监督分类方法。

1）在主菜单栏中选择 File→Open 选项，打开 20050602_quac.dat 和 20100429_quac.dat，如图 8.70 所示。

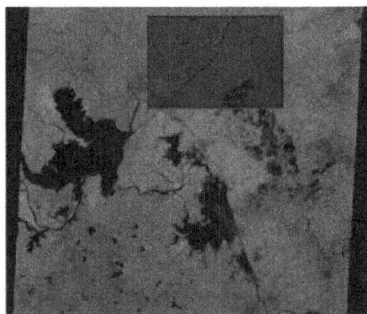

图 8.70　打开数据　　　　　　　　　彩图 8.70

2）利用工具栏中的缩放按钮浏览打开的数据，单击 Portal 按钮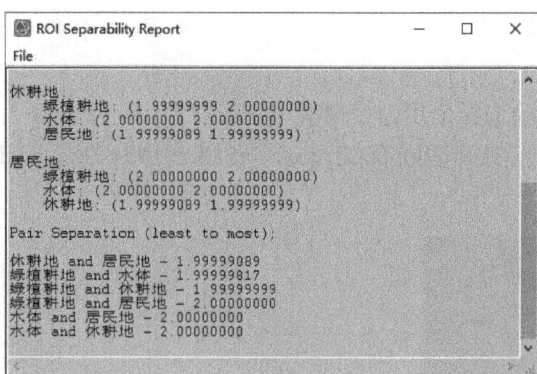，"透视"两个时相的图像，大致了解两个时期的土地利用情况。

3）在 20050602_quac.dat 上右击，在弹出的快捷菜单中选择 New Region of Interest 选项，打开 ROI Tool 对话框。

4）以水体为例，在对话框中设置以下参数。

ROI Name：水体。

ROI Color：选择一种蓝色，如（0，0，240）。

5）在 Geometry 选项中，选择多边形类型。在遥感图像中目视确定水体区域，单击绘制一个感兴趣区域，双击完成绘制；用相同方式绘制多个多边形感兴趣区。

6）再新建一个训练样本种类，重复步骤 3）和 4），依次完成绿植耕地、水体、休耕地、居民地的感兴趣区的绘制。

7）在 ROI Tool 对话框中，选择 Options→Compute ROI Separability 选项。

8）在 File Selection 对话框中，选择输入 20050602_quac.dat 文件。

9）打开 ROI Separability Calculation 对话框，单击 Select All Items 按钮，选择所有感兴趣区用于分离性计算，单击 OK 按钮，可分离性将被计算并显示在窗口中。

如图 8.71 所示，各类型的可分离性值均大于 1.9，说明样本之间的可分离性好，故不再修改。

10）在 ROI Tool 对话框中选择 File→Save As 选项，在打开的 Save ROIs to .XML 对话框中将所有训练样本保存为外部文件（.xml），如图 8.72 所示。

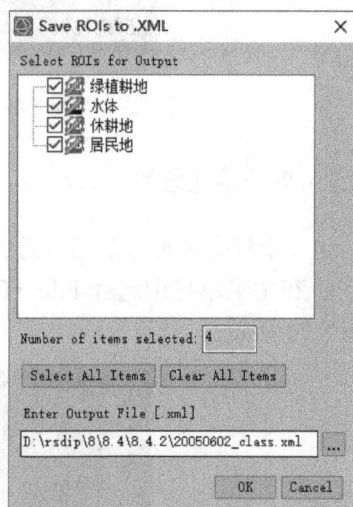

图 8.71　分离性统计

图 8.72　保存文件

11）在 Toolbox 中双击 Minimum Distance Classification 工具，在打开的 Classification Input File 对话框中选择 20050602_quac.dat，如图 8.73 所示，单击 OK 按钮，打开 Minimum Distance Parameters 对话框。

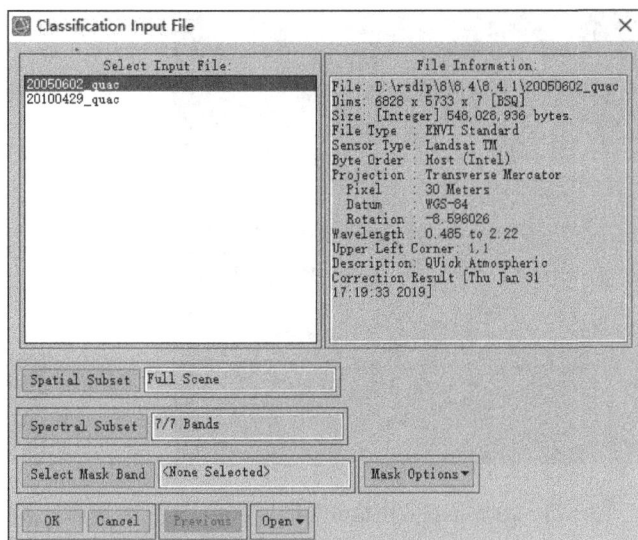

图 8.73　选择输入文件

12）如图 8.74 所示，在 Select Classes from Regions 选项组中单击 Select All Items 按钮。

13）Set Max stdev from Mean：设置标准差阈值，此次实验选中 Single Value 单选按钮，值为 4。

14）Set Max Distance Error：设置最大距离误差，以 DN 值输入一个值，距离大于该值的像元不被分入该类别，其会被归为 unclassified 中。此次实验选中 None 单选按钮。

15）设置并选择分类结果的输出名称及保存路径。

16）设置 Output Rule Images?答案为 Yes，选择并设置规则图像的输出路径及文件名，如图 8.74 所示。

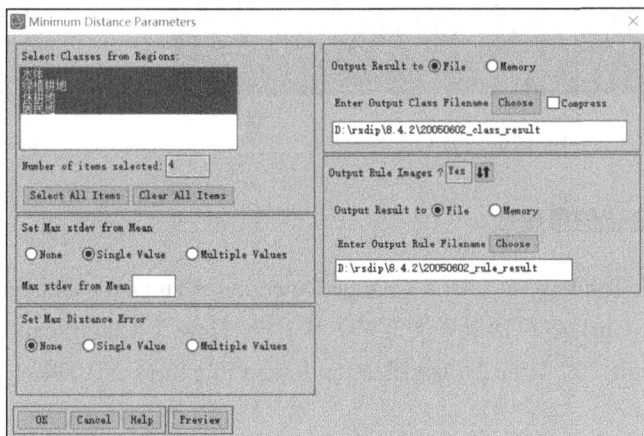

图 8.74　输出路径设置

17）完成 2005 年农业用地分类图，如图 8.75 所示。

图 8.75　2005 年农业用地分类结果　　　　　彩图 8.75

18）用同样的方法将 2010 年的图像进行分类，得到分类结果，如图 8.76 所示。

图 8.76　2010 年分类结果　　　　　彩图 8.76

8.4.3　农业用地变化信息提取

1）在 ENVI 的 Toolbox 中，双击 Change Detection→Thematic Change Workflow 工具，在打开的 Thematic Change 对话框（图 8.77）中，为 Time 1 Classification Image File 选择 20050602_class_result，为 Time 2 Classification Image File 选择 20100429_class_result。单击 Next 按钮。

2）在 Thematic Change 界面（图 8.78）中，选中 Only Include Areas That Have Changed 复选框，只获得变化的区域；选中 Preview 复选框，可以预览结果，单击 Next 按钮。

3）在 Cleanup 界面（图 8.79）中，选中 Enable Smoothing 和 Enable Aggregation 复选框，并设置合适的值，去除噪声和合并小斑块，单击 Next 按钮。

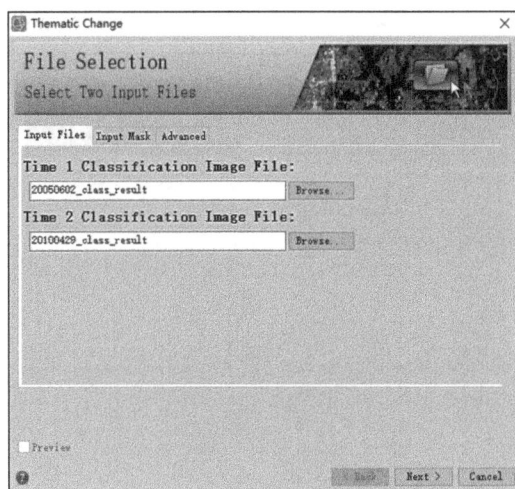

图 8.77　选择两时期影像

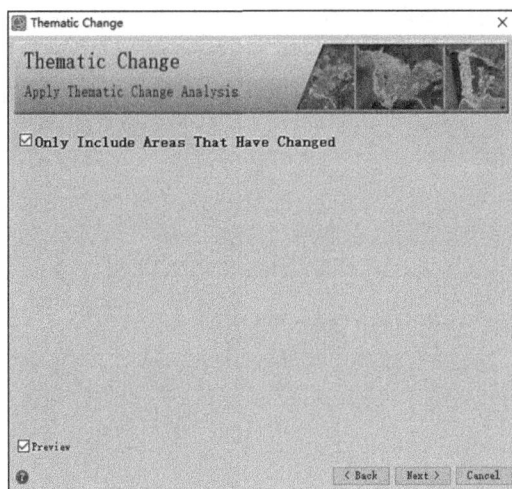

图 8.78　选择方法

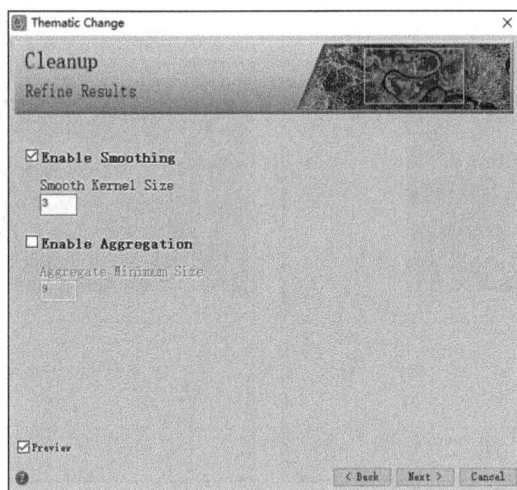

图 8.79　设置阈值

4）在 Export 界面（图 8.80）中，分别将结果以图像和矢量格式及统计报表输出，单击 Finish 按钮输出结果。

5）在输出的变化矢量结果中右击，在弹出的快捷菜单中选择 View Attributes 选项，可以看到每个变化斑块的属性信息。

6）在变化栅格图像结果的 Classes 图层上右击，在弹出的快捷菜单中选择 Hide All Classes 选项，选中以下选项：

from '绿植耕地' to '休耕地'

from '休耕地' to '绿植耕地'

7）分别右击以上两个选项，在弹出的快捷菜单中选择 Class Statistics 选项，得到如图 8.81

所示的结果。

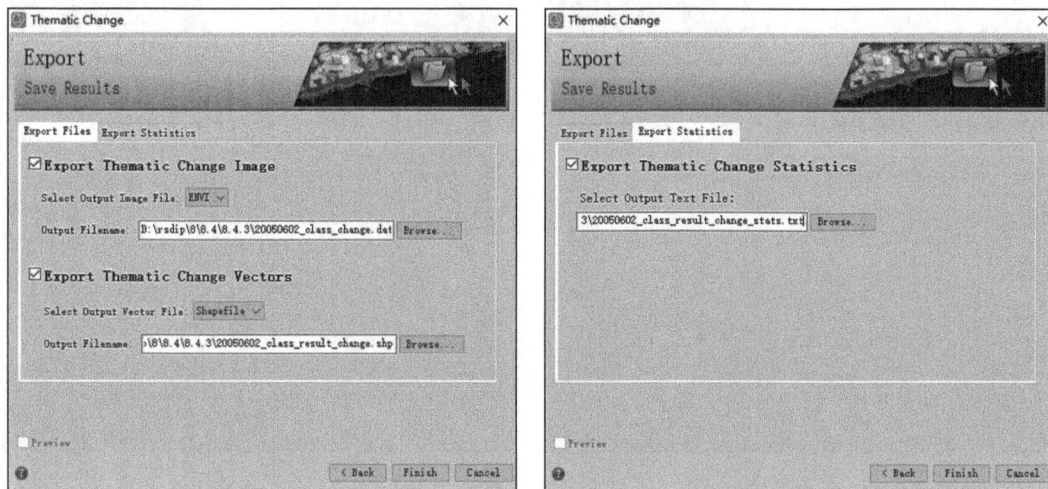

图 8.80 输出结果

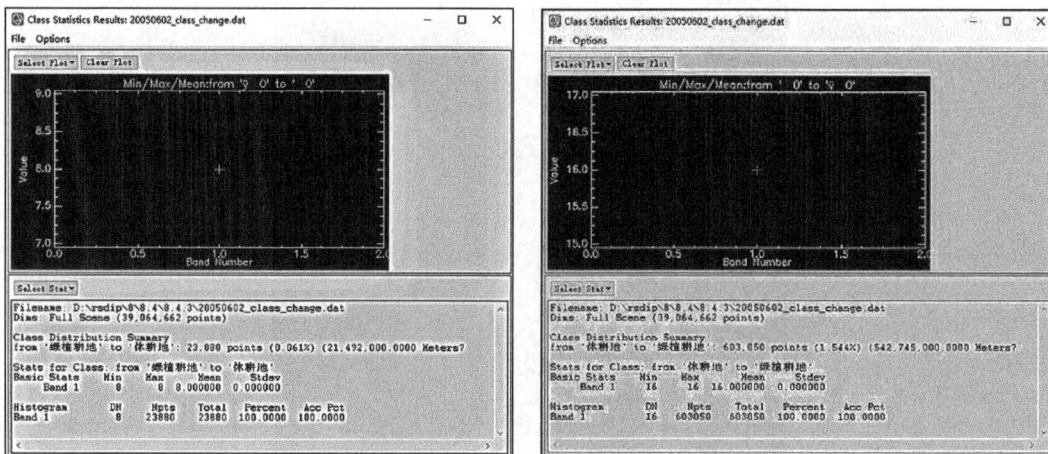

图 8.81 结果统计数据

从图 8.81 中可以得出结论：有大约 21.492km^2 的绿植耕地变成了休耕地，同时有大约 542.745km^2 的休耕地现在是绿植耕地的状态。

第9章 雷达图像处理

ENVI 为分析探测的雷达图像及高级的 SAR 系统（如 JPL 的完全极化测定的 AIRSAR 与 SIR-C 系统等）提供了标准的和高级的工具（雷达专用工具可以从 Toolbox 的 Radar 模块中选择），实现了基本的雷达图像处理功能，包括查看文件头信息、雷达数据格式支持、消除天线增益畸变、斜距校正、图像滤波、极化合成等。

因为 SAR 有 CEOS 格式（ERS-1/2、RadarSat-1、JERS-1、SIR-C、X-SAR 数据等）、N1 格式（ENVISAT 及 ERS-1/2 数据等）、HDF5 格式（COSMO-SkyMed 数据）和 XML 格式（TerraSAR-X 数据）等多种数据格式，所以在进行雷达图像处理之前，首先应该确认数据的类型和存储格式。

本章主要内容包括：

● 9.1 雷达图像基本处理

● 9.2 SIR-C 雷达数据处理

9.1 雷达图像基本处理

9.1.1 查看雷达数据文件头

ENVI 提供查看雷达数据文件头信息的功能，包括 CEOS 数据文件头、RADARSAT 文件头、AIRSAR/TOPSAR 文件头和 COSMO-SkyMed 文件头。

1）从 Toolbox 中选择以下工具之一。

● Radar→View Generic CEOS Header。

● Radar→RADARSAT→View RADARSAT Header。

● Radar→AIRSAR→View AIRSAR/TOPSAR Header。

● Radar→View COSMO-SkyMed Header。

2）打开"输入文件"对话框，选择要从中读取标题的文件，然后单击"打开"按钮。有关头信息的记录将会显示在屏幕（图9.1）上。

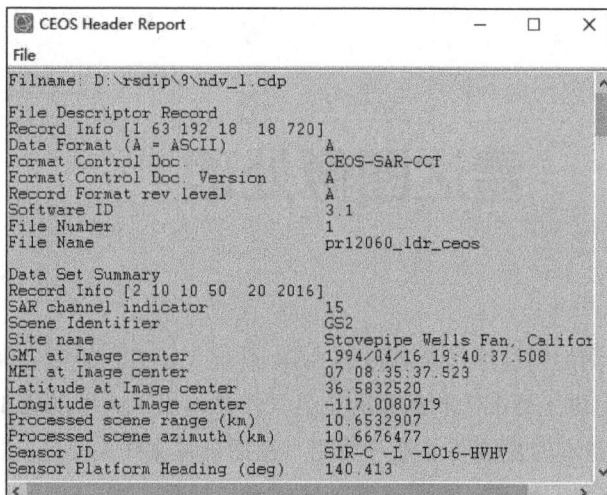

图 9.1 查看雷达数据文件头

9.1.2 读取雷达数据

ENVI 支持读取多种格式的雷达数据，包括 ALOS-PALSAR、COSMO-SkyMed、ENVISAT、ERS、JERS、RADARSAT 等。这里以读取 ENVISAT 雷达数据为例进行介绍，基本步骤如下：

1）在 ENVI 主菜单栏中选择 File→Open As→Radar→ENVISAT-ASAR 选项（图 9.2）。

图 9.2 打开 ENVISAT-ASAR 数据

2）在打开的文件选择对话框中，选择要读取的数据文件 ASA.N1.21828，单击"打开"按钮，雷达数据图像显示在主窗口中（图9.3）。

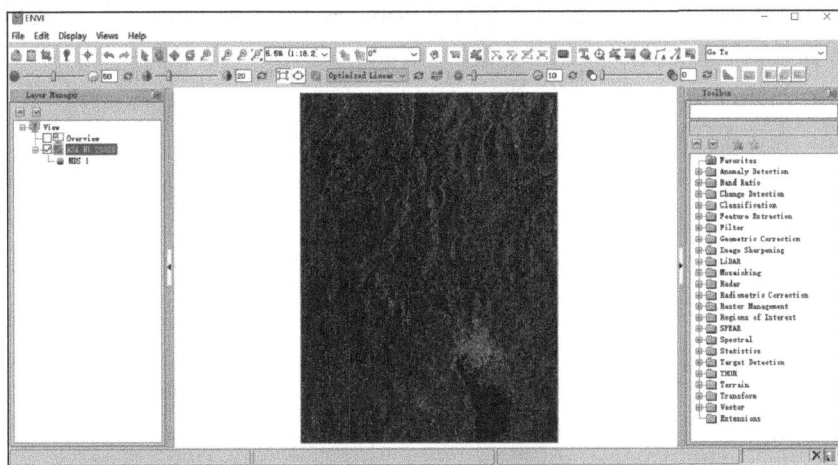

图9.3　打开后的 ENVISAT ASAR 图像

9.1.3　消除天线增益畸变

由于仪器的天线增益模式，雷达图像通常在垂直前进方向上具有增益畸变。ENVI 中，可以使用 Antenna Pattern Correction 工具来消除此增益畸变。ENVI 可以计算出方位角平均值，并显示前进方向的平均变化。它使用自定义次序的多项式函数来消除增益畸变，可以选择加法或乘法校正。

1）在 Toolbox 中双击 Radar→Antenna Pattern Correction 工具，打开 Antenna Pattern Input File 对话框，选择雷达图像文件，并根据需要抽取空间或波谱子集，单击 OK 按钮（图9.4）。

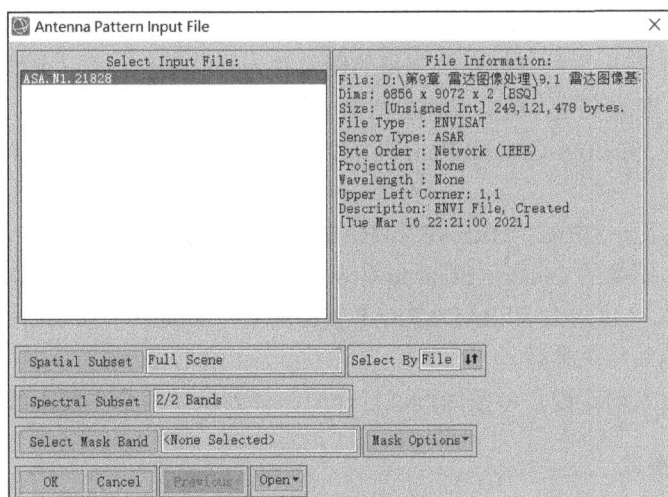

图9.4　选择雷达图像文件

2）打开 Antenna Pattern Correction Parameters 对话框（图 9.5）和 Antenna Pattern Correction 图，在 Antenna Pattern Correction Parameters 对话框中，需要设置以下几个参数。

- Range Direction（等斜距记录方向）：Samples（列）或 Lines（行），可以通过查看图像数据的头文件确定记录方式。
- Correction Method（校正方法）：Additive（加法）或 Multiplicative（乘法）。乘法校正通常用于校正雷达天线阵列畸变。
- Polynomial Order（多项式次数）：根据需要进行改变，最大次数为 5。最好使用低阶多项式，以免去除反向散射信号的局部变化。

3）选择输出路径及文件名，单击 OK 按钮，结果如图 9.6 所示。

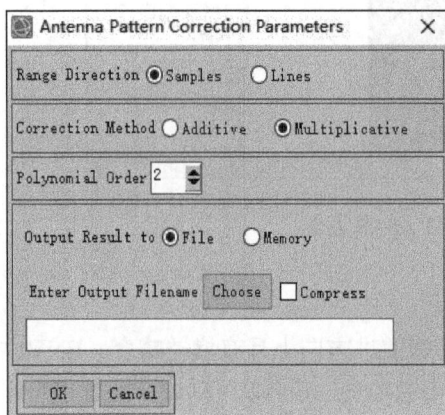

图 9.5　Antenna Pattern Correction Parameters 对话框

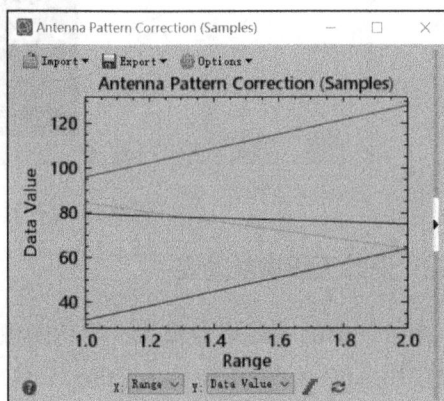

图 9.6　二次多项式拟合（图中直线）和天线阵列校正图

9.1.4　斜距校正

大多数雷达成像系统是侧视成像，这种雷达系统所测量的距离是目标物到平台一侧的距离（倾斜距离），基于这种几何系统获得的图像称为斜距图像。雷达斜距数据有系统几何畸变，由于入射角度的变化，真实或地面范围的像素尺寸在整个范围方向上都会产生畸变。假定地形是平坦的，Slant-to-Ground Range 函数按照地面范围内像元大小对倾斜的雷达图像进行重采样。

ENVI 有专门用于 SIR-C、AIRSAR 和 RADARSAT 数据的 Slant-to-Ground Range 工具，以及用于其他雷达图像的 Generic Slant-to-Ground Range 工具。Slant-to-Ground Range 工具可以自动从 SIR-C、AIRSAR 和 RADARSAT 数据的文件头信息中读取相关参数，其他雷达数据则需要手动输入相关参数。

下面以手动输入斜距校正参数为例进行介绍，分为以下两个主要步骤。

1. 获得校正参数

在进行图像斜距校正之前，需要获得有关图像成像的几个参数。

- Instrument height（仪器高度）：传感器海拔。
- Near range distance（近距距离）：图像上离传感器最近的点与传感器的距离。
- Slant range pixel size（斜距像元大小）：斜距向上的像元大小，非输入图像的像元大小。
- Output pixel size（输出像元大小）：地距图像的像元大小。
- Near Range Location（近距位置）：Top、Bottom、Left、Right 共 4 个方位，图像在哪个方位上收缩，哪个方位即为近距位置。

这些参数可以从数据提供商那里获取，或者通过查看图像数据文件头信息获得。

2．执行斜距校正

1）在 Toolbox 中双击 Radar→Generic Slant-to-Ground Range 工具，打开 Slant Range Correction Input File 对话框，选择需要进行斜距校正的雷达数据，单击 OK 按钮。

2）在打开的 Slant to Ground Range Parameters 对话框（图 9.7）中，输入步骤 1）中所获得的校正参数。

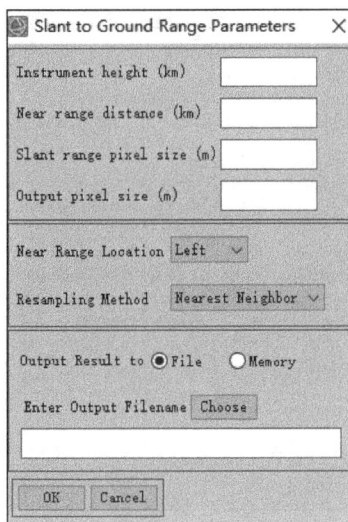

图 9.7　Slant to Ground Range Parameters 对话框

3）在 Resampling Method（重采样方法）下拉列表中，有 3 种方法可供选择：Nearest Neighbor、Bilinear 和 Cubic Conv。

4）选择输出路径及文件名，单击 OK 按钮。

9.1.5　生成入射角图像

在 ENVI 中，可以通过 Incidence Angle Image 工具，由 AIRSAR（与 TOPSAR 数据集相关的 AIRSAR 数据除外）、RADARSAT、SIR-C 和一般的雷达数据生成入射角图像。假定地形平坦，入射角基于近距离角（near range angle）和远距离角（far range angle）计算。

在 Toolbox 中，选择以下工具之一：

- Radar→AIRSAR→AIRSAR Incidence Angle Image。
- Radar→RADARSAT→RADARSAT Incidence Angle Image。
- Radar→SIR-C→SIR-C Incidence Angle Image。
- Radar→Generic Incidence Angle Image。

Incidence Angle Image 工具可以自动从 AIRSAR、RADARSAT 和 SIR-C 数据的文件头信息中读取相关参数，其他雷达数据则需要手动输入相关参数。

1）在 Toolbox 中双击 Radar→Generic Incidence Angle Image 工具，打开 Incidence Angle Parameters 对话框。

2）在 Incidence Angle Parameters 对话框（图 9.8）中，设置输出样本的行数（Samples）、列数（Lines），近距角度（Near range angle）、远距角度（Far range angle）；通过相应的单选按钮设置近距位置（Near Range Location），选项包括 Top、Bottom、Left 和 Right；设置输出几何关系（Output Geometry）为斜距（Slant Range）或地距（Ground Range）；设置入射角图像单位（Image Angle Units）为弧度（Radians）或度（Degrees）。

3）选择输出路径及文件名，单击 OK 按钮。

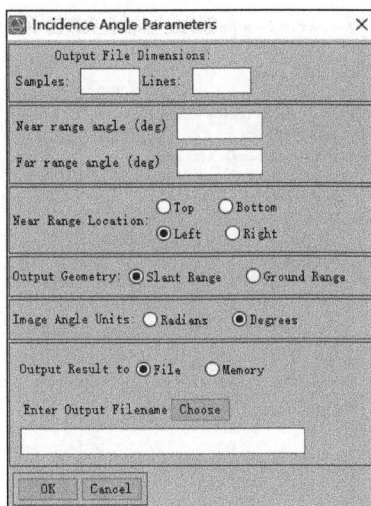

图 9.8　Incidence Angle Parameters 对话框

9.1.6　图像滤波

在雷达成像阶段，雷达波在反射过程中会产生许多不同亮度的斑点，称为斑点噪声，这会影响图像解译。因此，在利用雷达图像之前，必须消除或减少斑点噪声。ENVI 工具箱中提供了多种滤波器，可以抑制斑点噪声，通过 Toolbox→Filter 途径打开相应类型的滤波器。下面介绍几种常用的滤波器。

1. Lee 滤波器

Lee 滤波器用于平滑亮度与图像密切相关的噪声数据（如斑点），以及附加或倍增类型的噪声。它是一个基于标准差（δ）的滤波器，它根据单独滤波窗口中计算出的统计对数据进行滤波。不同于传统的低通平滑滤波器，Lee 滤波器在抑制噪声的同时，保留了图像的高频信息和细节。被滤掉的像元将用周围像元计算出的值代替。

2．Enhanced Lee 滤波器

Enhanced Lee 滤波器可以在保持雷达图像纹理信息的同时减少斑点噪声。它是 Lee 滤波器的改进，同样根据单独滤波窗口中计算出的统计对数据（方差系数）进行滤波。每个像元都被分到 3 个类型中的一个。

- 相似像元（homogenous）：像元值被滤波窗口的平均值代替。
- 差异像元（heterogenous）：像元值被评价权重均值代替。
- 指向目标像元（point target）：像元值未被代替。

3．Kuan 滤波器

Kuan 滤波器用于在雷达图像中保留边缘的情况下减少斑点噪声。它将倍增（both）噪声模型变换为一个附加（additive）噪声模型。Kuan 滤波器与 Lee 滤波器有些类似，除了有一个不同的权重函数。被滤除的像元值将被基于局部统计计算的值所代替。

4．Gamma 滤波器

Gamma 滤波器可以用于在雷达图像中保留边缘信息的同时减少斑点噪声。它类似于 Kuan 滤波器，除了假定数据呈 Gamma 分布。被滤除的像元值将被基于局部统计计算的值所代替。

5．Frost 滤波器

Frost 滤波器用于在雷达图像中保留边缘的情况下减少斑点噪声。它是按指数规律阻尼循环的均衡滤波，用于局部统计。参与滤波的像元由到滤波器中心的距离、阻尼系数和局部变化计算的值代替。

6．Enhanced Frost 滤波器

Enhanced Frost 滤波器是 Frost 滤波器的改进，它可以在保持雷达图像纹理信息的同时减少斑点噪声。它同样在各个滤波窗口中使用局部统计对数据（方差系数）进行滤波。每个像元被分到 3 种类型中的一个。

- 相似像元（homogeneous）：像元值被滤波窗口的平均值代替。
- 差异像元（heterogeneous）：像元值被评价权重均值代替。
- 指向目标像元（point target）：像元值未被代替。

7．Local Sigma 滤波器

Local Sigma 滤波器可以很好地保留细节（即使在低对比度区域）并显著减少斑点噪声。Local Sigma 滤波器使用为滤波器盒计算的局部标准差来确定滤波器窗口内的有效像元。它使用滤波器盒内的有效像元计算的平均值替换要过滤的像元。

8．雷达图像滤波处理步骤

下面以 Enhanced Forst 滤波器为例，对雷达图像进行滤波处理。

1）打开一幅雷达图像文件（图9.9）。

2）在 Toolbox 中双击 Filter→Enhanced Frost Filter 工具。

3）在打开的 Enhanced Frost Filter Input File 对话框（图9.10）中，选择雷达数据文件，根据需要抽取空间或波谱子集，然后单击 OK 按钮。

图9.9　打开原雷达图像

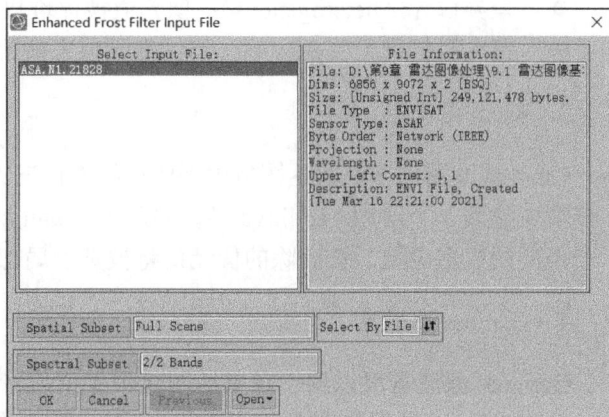

图9.10　选择需要滤波的雷达图像

4）在打开的 Enhanced Frost Filter Parameters 对话框（图9.11）中，在 Filter Size 数值框中输入所需的滤波器大小。

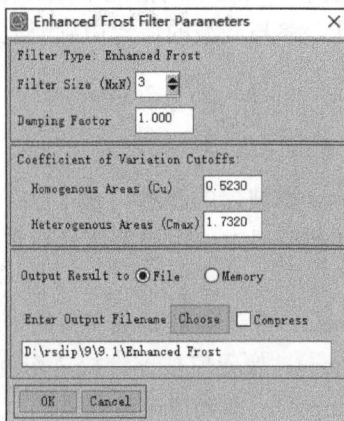

图9.11　Enhanced Frost Filter Parameters 对话框

5）在 Damping Factor 文本框中输入一个阻尼系数，Damping Factor 决定了阻尼系数循环的次数。阻尼系数越大，保留的边缘越好，但是平滑越少；相反，阻尼系数越小，平滑越多。阻尼系数为0时，得到的结果与低通滤波一样。

6）输入用于限定每一类像元的终止值：Homogenous（方差系数 $\leq C_{u}$）和 Heterogenous（C_{u}<方差系数<C_{max}）。

对于雷达图像，终止值可以根据观察次数（L）估算：

$$C_{u} \approx \frac{0.523}{\sqrt{L}}, \qquad C_{max} \approx \sqrt{1+\frac{2}{L}}$$

7）选择输出路径及文件名，单击 OK 按钮，执行处理后得到滤波后的图像（图 9.12）。

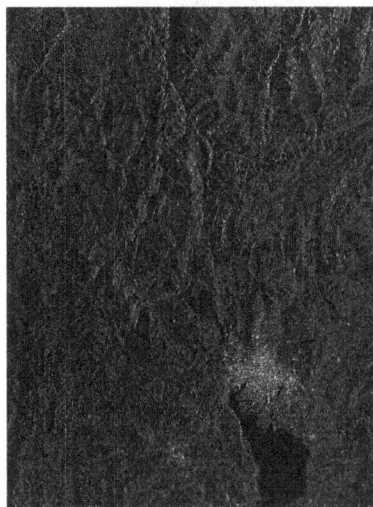

图 9.12　滤波处理后的雷达图像

9.1.7　合成彩色图像

使用 Synthetic Color Image 工具可以将一幅灰度图像（如雷达图像）转换成一幅彩色合成图像。ENVI 通过对图像进行高通滤波和低通滤波，将高频信息和低频信息分离。低频信息被赋予色调（hue）、高频信息被赋予亮度（value）、饱和度（saturation）被赋予一个恒定值。这些 HSV 颜色空间数据被转换为 RGB 颜色空间，生成一幅彩色图像。

在雷达图像中，由于小尺度地形高频特征的存在，要看清低频的变化（差异）较为困难。该转换通常用于在保留较好细节的情况下，增强雷达数据中大比例尺细微特征的显示，非常适用于地势较平坦区域。

1）在 Toolbox 中双击 Radar→Synthetic Color Image 工具，在打开的 Synthetic Color Input File 对话框中选择输入文件，单击 OK 按钮。

2）打开 Synthetic Color Parameters 对话框（图 9.13），单击 High Pass Kernel Size 和 Low Pass Kernel Size 微调按钮，选择高通滤波和低通滤波的变换核（kernel）的大小。高通滤波变换核的大小应该等于与高频坡度散射尺寸相对应的像元数

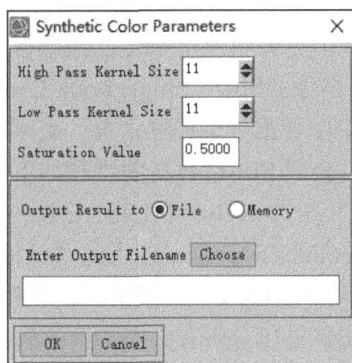

图 9.13　Synthetic Color Parameters 对话框

量，低通滤波变换核的大小应该等于与低频漫反射尺寸相对应的像元数量。

3）输入一个饱和度值（Saturation Value）：0～1。值越大，图像颜色越深或越纯。

4）选择输出路径及文件名，单击 OK 按钮。

5）处理过程执行完毕后，生成的图像自动导入可用波段列表中，并显示出来（图 9.14）。

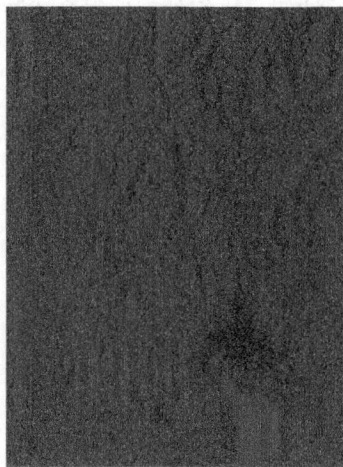

图 9.14　合成彩色图像　　　　彩图 9.14

9.2　SIR-C 雷达数据处理

在 ENVI 中，SIR-C 数据是用于合成功能的压缩数据产品格式（SIR-C 标准文件扩展名为.cdp）。按照标准，SIR-C 数据被命名为 filename_c.cdp 和 filename_l.cdp。为确保 SIR-C 数据采用正确的压缩数据产品格式（.cdp），本实验所用为 ENVI 官方提供的教程数据。

9.2.1　合成 SIR-C 数据

此项允许用户由 SIR-C 压缩散射矩阵文件合成标准及特定的发射和接收极化与总功率（TP）图像。SIR-C Single Look Complex（SLC）和 Multi-Look Complex（MLC）图像在用于 ENVI 标准处理程序之前，必须先被合成。所有合成后的波段被存入一个单独的输出文件中。合成 SIR-C 数据的步骤如下：

1）在 Toolbox 中双击 Radar→SIR-C→Synthesize SIR-C Data 工具，打开 Input Data Product Files 对话框，使用此对话框可读取 SIR-C 压缩散射矩阵文件。

2）单击 Open File 按钮，选择 SIR-C 散射矩阵（.cdp）文件，然后单击 OK 按钮（图 9.15）。如果文件是包含所有必需参数的有效 ENVI 压缩数据文件，则 ENVI 会将其添加到 Input Data Product Files 对话框中的一个 Selected Files 字段中（具体取决于文件是 L-波段还是 C-波段数据）。如果输入文件不是有效的 ENVI 压缩数据文件，则会打开 SIR-C Header

Parameters 对话框，需要输入缺少的参数。

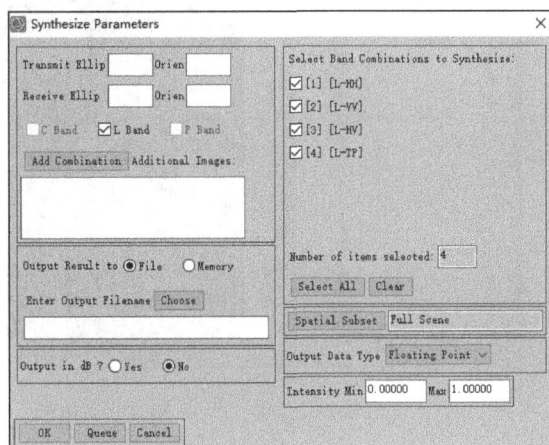

3）在 Synthesize Parameters 对话框（图 9.16）中，可以选择用于合成为 ENVI 图像的特定发射和接收极化组合。系统默认为 3 个频率（波段）中的每一个生成标准极化图像（H=水平，V=垂直）HH、VV、HV 和一幅总功率（TP）图像。在 Select Band Combinations to Synthesize 选项组，单击 Select All 按钮，使用 4 种标准的发送/接收极化组合（HH、VV、HV 和 TP）。

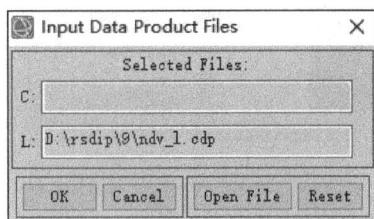

图 9.15　选择 ndv_1.cdp 文件　　　　图 9.16　Synthesize Parameters 对话框

4）选择另外的发射与接收组合：

- 在 Transmit Ellip/Orien 和 Receive Ellip/Orien 文本框中输入需要发射和接收的椭圆率与方位角，单击 Add Combination 按钮。椭圆率值的范围是-45°～+45°，椭圆率值为 0 表示形成线性极化。方位角的数值范围是 0°～180°，0°代表水平极化，90°代表垂直极化。
- 根据需要选中 C Band、L Band 或 P Band 复选框。
- 单击 Add Combination 按钮。选择的图像将被显示在 Additional Images 列表中。

5）输出图像或将它们转换为 dB（分贝）。在 Output Data Type 下拉列表中选择 Floating Point 选项，设置 Output in dB?答案为 Yes；如果设置为 No，则图像将以浮点型数值输出。

6）当不需要进行定量分析时，可以选择 Output Data Type 下拉列表中的 Byte 选项，以字节型输出。当选择字节型输出时，必须在 Std Multiplier 文本框中输入标准差乘数（multiplier），用于为缩放计算一个最小值和一个最大值。默认值是 1.5，但是用户可以根据需要进行改变。

7）在输出浮点型数据时，要屏蔽坏的数值。在 Intensity Min 和 Max 文本框中，以亮度（intensity）为单位输入要用到的最小值和最大值。当输出 dB 形式的图像时，仍需以亮度为单位输入最小值和最大值，这是因为在计算 dB 值之前，需要用这些数值对输出进行限制（例如，如果将数据限制在 0 与 1 之间，则 dB 图像将被限制在-Inf 到 0 之间）。小于最小值的合成值将被设定为 0，大于最大值的合成值将被设定为 1。

8）参数设置完成后，在 Enter Output Filename 文本框中输入输出路径及文件名，单击

OK 按钮。执行处理完成后，与 4 个极化组合相对应的 4 个波段就会添加到 Data Manager 中，选择合适的波段进行 RGB 组合进行显示（图 9.17）。

图 9.17　SIR-C 合成结果

9.2.2　多视 SIR-C 压缩数据

多视是一种减少 SAR 数据中斑点噪声的方法。通过多视处理，可以在距离向和方位向压缩数据的分辨率，达到减少 SAR 数据中斑点噪声的目的。

1）在 Toolbox 中双击 Radar→SIR-C→SIR-C Multi-Look 工具。

2）打开 Input Data Product Files 对话框，选择压缩的输入文件（图 9.15）。单击 Open File 按钮，选择文件 ndv_1.cdp，然后单击 OK 按钮。

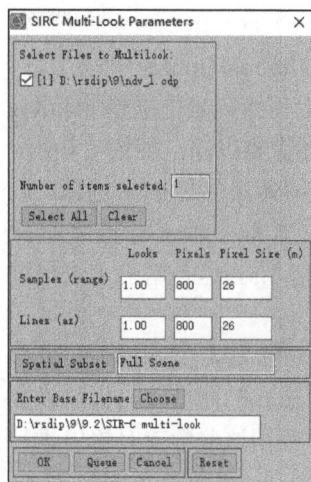

图 9.18　多视参数设置

3）打开 SIRC Multi-Look Parameters 对话框（图 9.18），在 Select Files to Multilook 列表中单击文件名，选择要进行多视的文件。

4）设置相关参数：在 Samples（Range）和 Lines（az）文本框中输入所需的视数，或从下列选项中选择。

● 要指定输出图像中的像元数，在 Pixels 文本框中输入样本数和行数。

● 要指定输出图像的像元大小（单位：m），在 Pixel Size (m)文本框中输入值。

注意：在实际的处理过程中，可以根据数据的实际情况选择 Pixel Size 的大小，一般需要保证 range 和 az 两个方向上的大小一致。若这些参数中的一个被输入，则其他参数将被自动计算与之匹配。例如，输入的像元尺寸为 26m，则相应的视数和像元数将被计算出来，并在相应的文本框中发生改变。

9.2.3　SIR-C 斜距校正

使用 SIR-C Slant-to-Ground Range 工具可以对 SIR-C 数据进行斜距校正，按照地面范围内的像元大小对倾斜的雷达图像进行重采样。Slant-to-Ground Range 函数可以自动从 SIR-C 数据的文件头信息中读取相关参数。

1）在 Toolbox 中双击 Radar→SIR-C→SIR-C Slant-to-Ground Range 工具，打开 Enter SIRC Parameter Filename 对话框，选择所需数据。

2）打开 Slant Range Correction Input File 对话框，选择合成 SIR-C 文件，根据需要可选任意空间和波谱子集（图 9.19）。

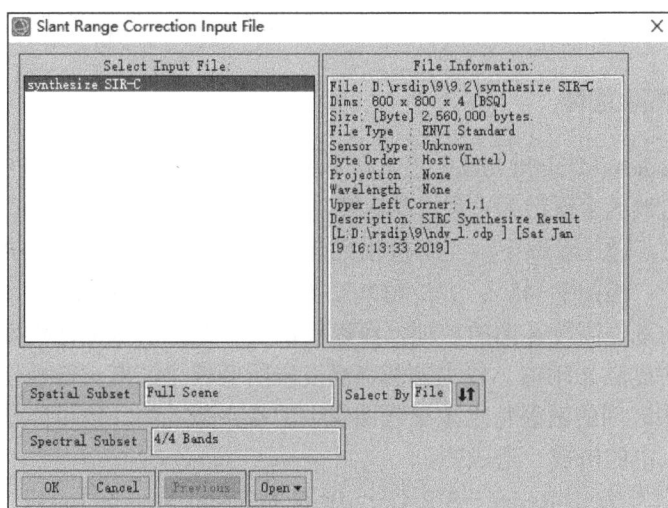

图 9.19　选择输入文件

3）单击 OK 按钮，打开 Slant to Ground Range Parameters 对话框，设置相关参数。ENVI 会自动从包含数据参数的输入文件中读取 Instrument height (km)、Near range distance (km)和 Slant range pixel size (m)，在 Output pixel size (m)文本框中输入 13.32，在 Near Range Location 下拉列表中的选项包括 Top、Bottom、Left 和 Right；在 Resampling Method 下拉列表中，有 3 种方法可供选择：Nearest Neighbor、Bilinear 和 Cubic Conv。

4）将 Resampling Method 设置为 Bilinear，选择输出路径及文件名，单击 OK 按钮（图 9.20）。处理完成后结果自动显示在 ENVI 中，可以将斜距校正处理前后的图像进行对比（图 9.21）。

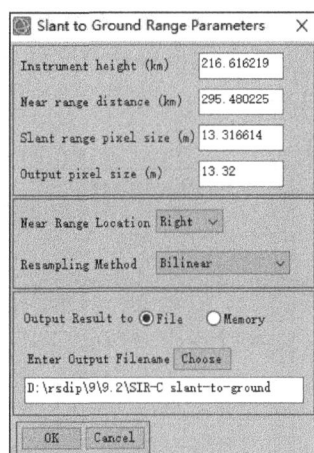

图 9.20　设置斜距校正参数

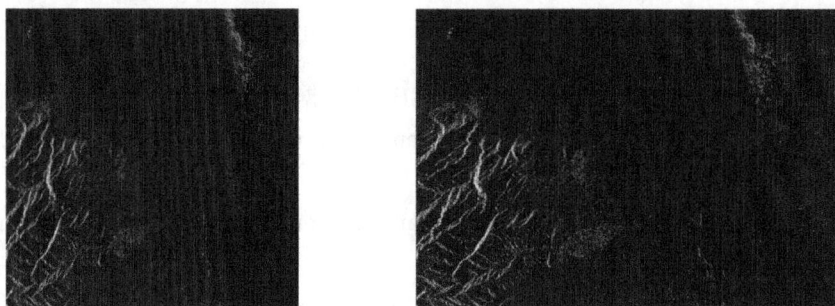

<table>
<tr><td>（a）斜距校正前的图像</td><td>（b）斜距校正后的图像</td></tr>
</table>

图 9.21   SIR-C 斜距校正前后图像对比   彩图 9.21

9.2.4   生成基座高度图像

使用 SIR-C Pedestal Height Image 工具可以为 SIR-C 数据生成一幅基座高度图像，用于测量每个像元雷达波的多次散射总量（基座高度值越大，散射次数越多）。基座高度是 0 以上的极化信号高度，通过求取下列 4 个极化组合的平均值来计算该值：方位角 0°，椭圆率 -45°；方位角 90°，椭圆率-45°；方位角 0°，椭圆率 45°；方位角 90°，椭圆率 45°。

极化信号图的基座高度是图的特征，可以提供关于返回信号极化强度的信息。基座高度是极化信号中的最低 z 轴值。较大的基座高度表明低极化纯度。低极化纯度可能是多次散射，ROI 中像素之间的散射特性差异或图像中的噪声造成的，也可能是由测量时表面的移动（如海浪或风中的植被）造成的。

1）在 Toolbox 中双击 Radar→SIR-C→SIR-C Pedestal Height Image 工具，打开 Input Data Products Files 对话框，选择 SIR-C 数据文件，单击 OK 按钮。

2）在打开的 Pedestal Height Image 对话框（图 9.22）中，选中 L 复选框以选择用于生成基座高度图像的波段，根据需要可选空间子集。

3）选择输出路径及文件名，单击 OK 按钮。处理完成后的结果（图 9.23）显示在 ENVI 中。

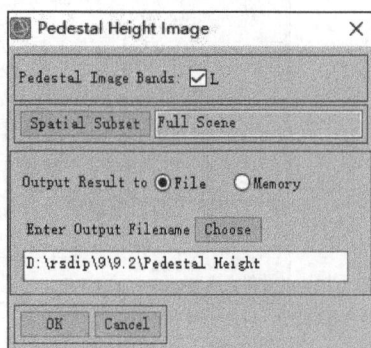

图 9.22   Pedestal Height Image 对话框

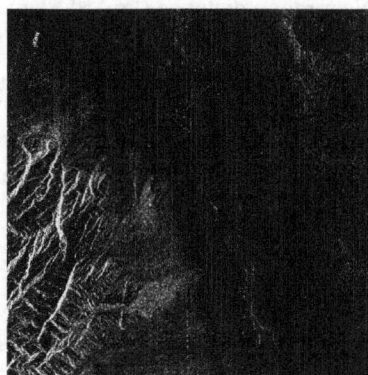

图 9.23   基座高度图像

9.2.5　生成相位图像

使用 SIR-C Phase Image 工具可以为 SIR-C 数据生成相位图像，作为测量水平和垂直极化之间相位差的方法。相位差以弧度或度数测量，范围从-π～+π或-180°～+180°。把-π和π设置为 0、0 弧度设置为 255 的分段线性拉伸，可以把正、负角度绘制为相同水平。可以使用波段运算来计算该结果的绝对值。

1）在 Toolbox 中双击 Radar→SIR-C→SIR-C Phase Image 工具，打开 Input Data Products Files 对话框，选择 SIR-C 数据文件，单击 OK 按钮。

2）打开 Phase Image 对话框（图 9.24），设置相关参数：用复选框选择计算相位图像所需要的波段，将 Output Angle Units 设置为 Radians（弧度）或 Degrees（度），根据需要可选空间子集。

3）选择输出路径及文件名，单击 OK 按钮。处理完成后的结果（图 9.25）显示在 ENVI 中。

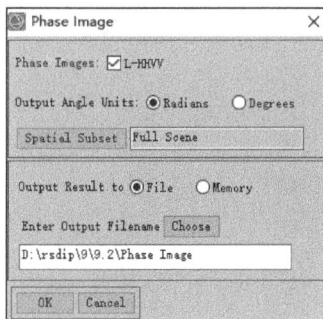

图 9.24　Phase Image 对话框　　　　　　　图 9.25　生成相位图像

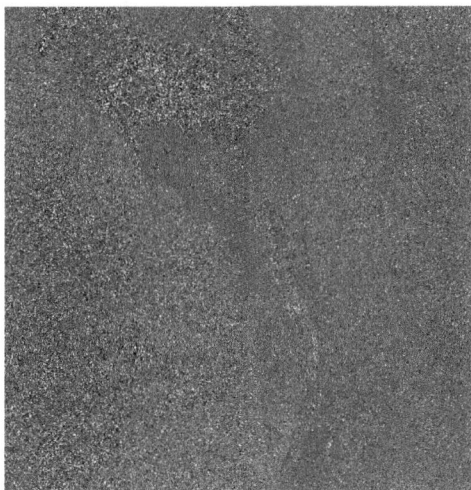

本章数据来源：

- ENVISAT ASAR 数据来自对地观测数据共享服务网 http://ids.ceode.ac.cn/。
- SIR-C 数据来自 ENVI 官方提供的教程数据。

第三篇　综　合　篇

第10章　遥感数字图像处理算法设计

....

ENVI 作为遥感图像处理常用的软件，内部集成了众多功能，但在实际生活中其内置工具往往无法满足人们对于图像处理的全部需求。因此，ENVI 的二次开发为用户提供了自定义创建工具的接口，以满足用户的需要。ENVI 是在 IDL 的基础上开发的，因此本章首先简要介绍 IDL；然后介绍 ENVI 的二次开发，结合 MATLAB 的图像处理函数库提供的函数介绍利用 MATLAB 处理遥感图像的方法；最后介绍利用 MATLAB 进行简单的功能开发，实现常见的遥感图像处理算法。

本章主要介绍以下内容：

- 10.1 ENVI 二次开发语言
- 10.2 ENVI 二次开发实例
- 10.3 MATLAB 图像处理函数库简介

10.1　ENVI 二次开发语言

10.1.1　IDL 简介与基础语法

1. IDL 简介

IDL 即 interactive data language（交互式数据语言），曾被广泛应用于数据分析和图像化应用程序编写，现为美国 Exelis Vis 公司所有。由于 ENVI 基于 IDL 语言编写，故安装 ENVI 时会同时安装 IDL。最初使用 IDL 的是天文领域，当时 IDL 用于协助分析火星探测卫星发回的数据，并将其进行可视化。IDL 是一种数据可视化工具，它方便了人们对于数据的分析，从而促进了对数据内涵的理解。

由于设计之初，IDL 就被定位成一种图像化应用程序及编程语言，因此它的库函数能够大大减少图像处理算法开发的工作量，IDL 也因此理所当然地成了遥感图像处理算法的可选语言。IDL 是第四代科学计算可视化语言，具有较好的开放性、高维分析能力与科学计算能力，平台移植性强，可与多种语言混编，支持数据库 ODBC 接口标准及多线程 CPU 计算。后来，IDL 快速发展，在医学、物理、工程、航空、地球科学等领域都有应用，在 ENVI 的 demo library 中有众多实例，且提供了源代码，感兴趣的读者可以查看并且从中学习。

IDL 是一种面向矩阵的语言，可以更方便地进行大数据量的矩阵运算，因而非常适用于图像处理。虽然 MATLAB 也是一种优秀的面向矩阵语言，但是 IDL 在处理大数据量矩阵上更有优势。由于现在计算机硬件的提高，我们常常会遇到较高分辨率的图片，在利用 MATLAB 对这些图像进行处理的时候，我们有时会遇到图像过大的警告，而且处理速度也较慢。由于遥感影像图数据量往往很大，使用 MATLAB 进行图像处理就不太现实，与之相比，IDL 语言就显示了其优越性，使得遥感图像的处理分析变得更简单、高效。

2．IDL 语法简介

与 MATLAB 类似，IDL 代码有两种操作方式：一种是在控制台中输入语句逐句执行；另一种则是写成过程或函数文件，继而编译后运行。两种方式各有优劣，此处不进行讨论。IDL 较为有趣的一点是，它的语法中同时存在以 pro 开头、end 结尾的过程，以及以 function 开头、end 结尾的函数。过程与函数最显著的区别在于前者不需要返回值，仅仅表达语句的执行流程，而后者要求有返回值，类似于数学中的函数。IDL 中具有结构体和指针，支持值传递和地址传递，存在变量的作用域问题，且不区分大小写，使用分号注释，以美元符号连接分为若干行的同一语句。

IDL 语法本身不难，具有一定编程基础就可轻松掌握，因此本章涉及 IDL 的部分不过多讲解其基础语法，而将重心移至使用 IDL 进行文件读写、简单图像处理、部署发布自己的 IDL 程序、利用 IDL 进行 ENVI 的功能扩展和二次开发之上，最后介绍 ENVI 的混编和一体化。读者可以通过输入并试运行本章节提供的代码来熟悉 IDL 的语法风格，多多参考 IDL 提供的帮助文档和 ENVI 的帮助文档，从而掌握必要的常用函数和关键字等基础知识。

3．利用 IDL 进行数据的读写操作

安装 ENVI 时，一般会一同在计算机上安装 IDL。首先启动 IDL，会打开窗口提示选择工作空间。可以在硬盘中新建文件夹，设定为工作空间。选择后，出现如图 10.1 所示的界面。

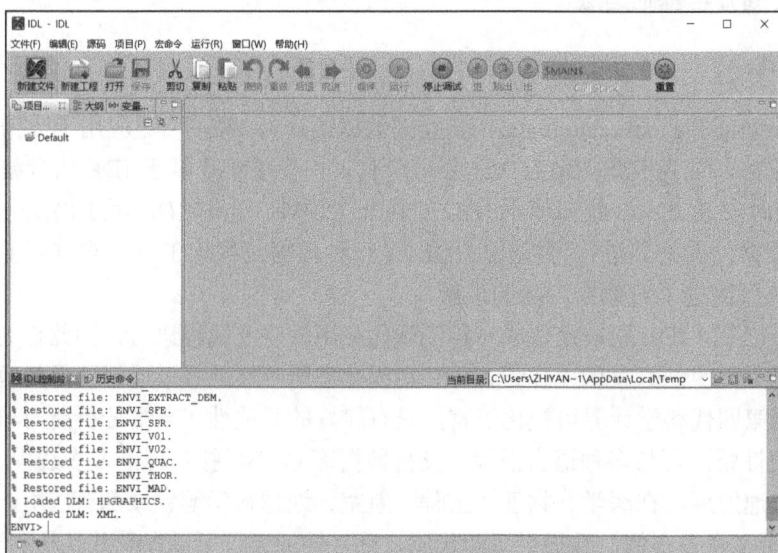

图 10.1　IDL 工作界面

用户可以选择在控制台中即时运行代码，亦可以通过新建文件，输入代码后单击"编译"按钮，再单击"运行"按钮，以运行程序。

IDL 的标准输入/输出包含在 IDL 的基本语法中，此处不过多涉及。IDL 常用的输入/输出函数包括 read（标准读入）、print（标准输出格式化数据）、reads（从字符串中读取格式化数据）和 string（格式化输出字符串数据），另有 format 控制的格式化输出等。

【例 10.1】IDL 简单输入/输出。

- 使用 print 输出：

```
IDL> var = 1
IDL> print,var
```

- 使用 read 输入：

```
IDL> temp = ''
IDL> read,temp  ;提示输入
IDL> print,temp
```

- 使用 reads 按照指定格式读取：

```
IDL> str = '1 2 3'
IDL> reads,str,v1,v2,v3
   V1   FLOAT   =   1.00000
   V2   FLOAT   =   2.00000
   V3   FLOAT   =   3.00000
```

- format 格式化输出：

```
IDL> print, format='(A6)','123456789'
  1 2 3 4 5 6
```

关于 format 格式化输出，读者可通过参看格式化控制代码含义，自行学习更多内容。

4. 读写 ASCII 码文件

IDL 的文件读取是依靠逻辑设备号实现的。逻辑设备号的取值为-2～+128。IDL 中用 readf 读取文件，用 printf 将数据写入文件中。读写文件时，通过逻辑设备号与文件关联，来对号入座地操纵相应的文件。

表 10.1 中列举了 IDL 中读取文件常用的函数。

表 10.1　IDL 中读取文件常用的函数

函数	功能简述
OpenR	只读打开
OpenW	创建可读写的新文件
OpenU	以更新模式打开已有文件
File_Search( )	依据特定文件名进行查找
Dialog_Pickfile( )	对话框选择文件

函数	功能简述
Fstat( )	返回文件信息
EOF( )	检测是否到达文件末
Close	关闭文件
Free_Lun	释放设备号并关闭文件
File_test（文件名）	判断文件是否存在
File_lines（文件名）	获得文件行数

【例 10.2】写 ASCII 文件并存入指定路径。

```
Pro testWriteascii
;文件路径(文件可以不存在)
    txtname='D:\IDL\readASCII\test.txt'
;注意 openw 存在重写覆盖的问题
openw,lun,txtname,/get_lun     ;打开,获取设备号
printf,lun,indgen(4,5)         ;在文件中写入 5 行 4 列的矩阵
print,lun                      ;查看设备号
free_lun,lun                   ;关闭文件指针,这样才能存进去
end
```

结果如图 10.2 所示。

图 10.2　运行结果

编译后运行，产生文件存放在 D:\IDL\readASCII 下，文件名为 test.txt，记事本打开文件，内写有：

```
0  1  2  3
4  5  6  7
8  9  10  11
12  13  14  15
16  17  18  19
```

上述方式是最简单的文件写入方式，但是可以发现，若文件已存在，此程序将重写文件，覆盖其内容。因此需要判断文件是否存在（提示：使用 file_test）。

读取文件时，分为两种情况：

● 文件结构已知。

● 文件结构未知。

以读取上面的 test.txt 为例，当知道文件结构时，直接创建一个 5 行 4 列的矩阵变量（注意：IDL 中先列后行），然后使用 openr( )函数打开，使用 readf( )函数读取，最后关闭文件指针即可。

当文件结构未知时，考虑逐行读取循环，使用 file_lines( )函数获取文件行数，使用循环读取，核心代码如下。

【例 10.3】读取未知结构的 ASCII 文件。

```
n_lines= file_lines(txtname)
tpm=''
openr,lun,txtname,/get_lun
for startline=0,nlines-1 do begin
  readf,lun,tmp
print,tmp
endfor
help,tmp ;确定类型,结果 TMP STRING='16 17 18 19'表示最后一行
free_lun,lun
```

另外，IDL 支持使用 ASCII_TEMPLATE( )函数向导式读取文件，示例代码如下：

【例 10.4】向导式读取 ASCII 码文件。

```
pro read
    txtname='D:\IDL\readASCII\test.txt'
    print,txtname
    temp=Ascii_template(txtname)
    data=Read_Ascii(txtname,TEMPLATE=temp,count=yNum)
    help,data
    print,data.(0)
end
```

执行至 ASCII_TEMPLATE( )函数处，会跳出向导（图 10.3～图 10.5）。

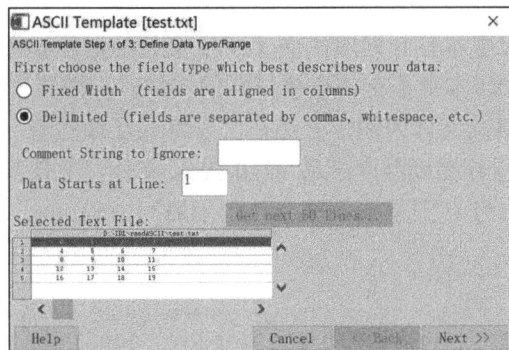

图 10.3　ASCII_TEMPLATE( )文件读取向导之定义数据类型和范围

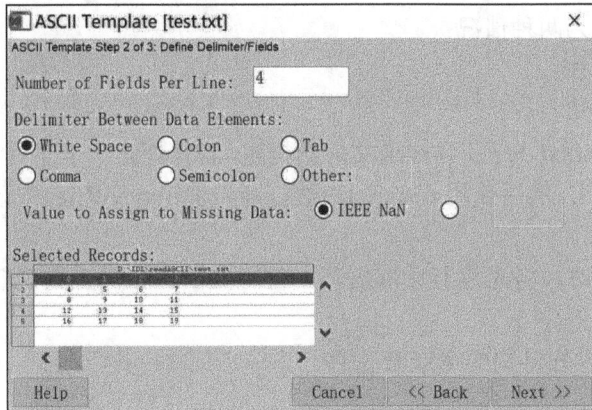

图 10.4　ASCII_TEMPLATE( )文件读取向导之定义字段数和分隔符

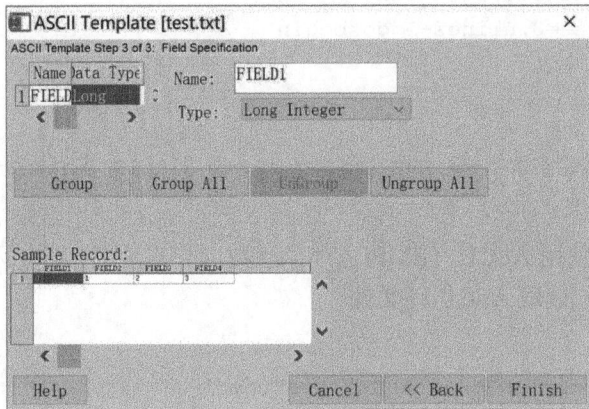

图 10.5　ASCII_TEMPLATE( )文件读取向导之字段规范化

借助向导，选择想要显示的部分，最后单击 Finish 按钮，Read_Ascii 将选择的数据存入 data，然后程序将打印 data 的第一列。

5. 读取特殊二进制格式图像文件

在计算机中，图形图像文件多属于二进制格式。这种二进制文件含有特殊的格式及计算机代码，不可直接用记事本打开读取，而 ENVI 支持的遥感影像格式有限，因此在日常学习中，当我们遇到 ENVI 本身不支持直接打开的文件时，需要自己编程读入文件。

本节以读取 AWX 格式文件为例，介绍在文件格式已知的情况下，读入图像文件的方法（采用 FY-2C 的卫星黑体亮度温度产品 9210AWX 文件，文件具体格式说明可参考国家卫星气候中心的《风云二号 C 卫星业务产品使用手册》）。

代码如下：

```
pro testAWX
  envifile='D:\IDL\风云\FY2C_TBB_IR1_OTG_20061130_AOAD.AWX'
  openr,lun,envifile,/get_lun
```

首先，使用 openr 打开文件，为 envifile 路径下文件的读写获取对应的设备号，存入 lun 中。此时的 lun 可以理解成读写的目标文件的指代。

根据文件的格式说明，文件的前 12 个字节代表文件名，因此创建字节型的数组 name，用于存储读入的文件名。由于读入的字符按数字存储，所以打印结果时，应当将 name 转换成 string 类型。

```
name=bytarr(12)
readu,lun,name
print,string(name)
```

下面使用 point_lun 跳转到指定字符 20 处，从 21 开始读，由于格式说明告知头文件的第 21~22 字节存储整型数据类型的记录长度（即每条记录有几个字节），因此读取第 21~22 个字节，将记录长度存到变量 recordlength 中；第 23~24 字节存储文件头专用记录数（表示头文件一共有几条记录），我们将它存储到 headernum 中；文件的第 25~26 字节存储产品数据专用记录数（表示真正的影像数据有几行），使用 datanum 存储。

```
point_lun,lun,20
recordlength=0
readu,lun,recordlength
print,recordlength
headernum=0
readu,lun,headernum
print,headernum
datanum=0
readu,lun,datanum
print,datanum
```

很明显，记录长度 recordlength 乘文件头专用记录数 headernum，表示整个头文件的字节大小，使用 point_lun 就可以跳过头文件，直接读取影响的像元值。记录长度 recordlength 表示每行有几字节，而产品数据专用记录数 datanum 表示影像行数，因此使用它们来定义二维数组 data 用以存储影像值。最后可以使用 tv 函数来显示 data。读完最后关闭文件即可。

```
point_lun,lun,recordlength*headernum    data=bytarr(recordlength,datanum)
  readu,lun,data
  tv,data
  help,data
  free_lun,lun
end
```

运行结果如图 10.6 所示。

观察上述代码，可见使用 IDL 读取文件实际上相当简单，只要按照文件的格式说明逐块读取，就能获取所需的信息。读者可能会觉得，这个程序仅仅在 IDL 的环境下读取并显示，但是并没有把这个功能放在 ENVI 中，我们打开 envi 时，系统依然可能提示无法打开该格式的文件。

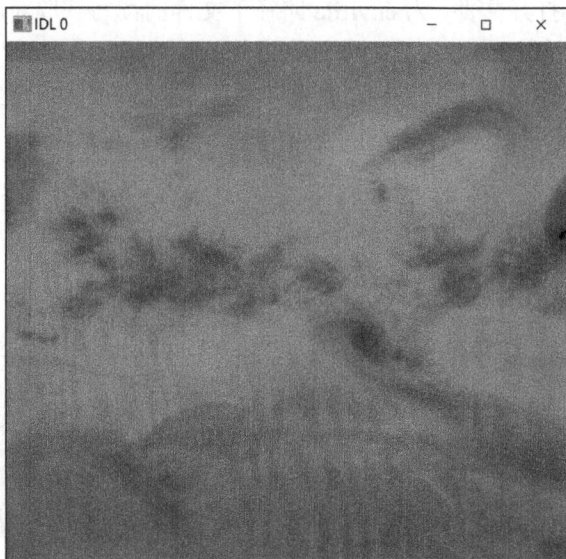

图 10.6　读取 AWX 格式文件并显示影像

　　为了将自己编写的功能整合进 ENVI 中方便日常使用，或者利用 ENVI 封装好的函数实现自定义的更复杂的功能，可以利用 IDL 与 ENVI 交互以实现功能扩展，或者使用 ENVI 的二次开发，让图像的处理更加灵活方便。

10.1.2　ENVI 二次开发函数

　　本节前面主要简述了 IDL 本身的语法及利用 IDL 对数据进行读写的方法。由于 IDL 在处理图像方面的优秀特性，它是遥感图像处理的首选语言。IDL 自身包含很多图像处理的函数，用户可以借助这些函数进行处理。IDL 自带的函数很多，读者可以打开 IDL 的帮助文档，进行自主学习。打开方法如下：在 IDL 界面中选择"帮助"→"内容选项"，打开帮助文档（部分浏览器可能无法打开帮助文档，这时需换个浏览器使用），如图 10.7 所示。

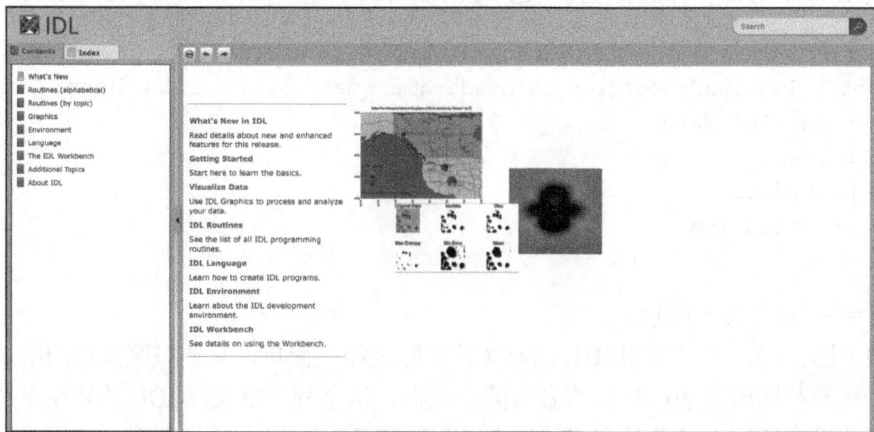

图 10.7　IDL 帮助文档界面

遥感图像处理软件 ENVI 基于 IDL 开发，它为用户提供了众多封装好的函数 API，用于自定义功能以适应特殊的需求。ENVI API 涵盖了数据读取、校正、裁剪、镶嵌、融合、分类、分类后处理及出图等一系列功能。事实上，ENVI 提供了几乎所有可实现它具有的功能的函数。注意：使用 ENVI API 进行开发时，需要拥有 ENVI+IDL 的许可文件。

ENVI 的帮助文档同样非常详尽，可以辅助读者进行 ENVI 二次开发的学习。打开方式如下：启动 ENVI，在 ENVI 界面中选择"帮助"→"内容"选项，打开帮助文档，如图 10.8 所示。

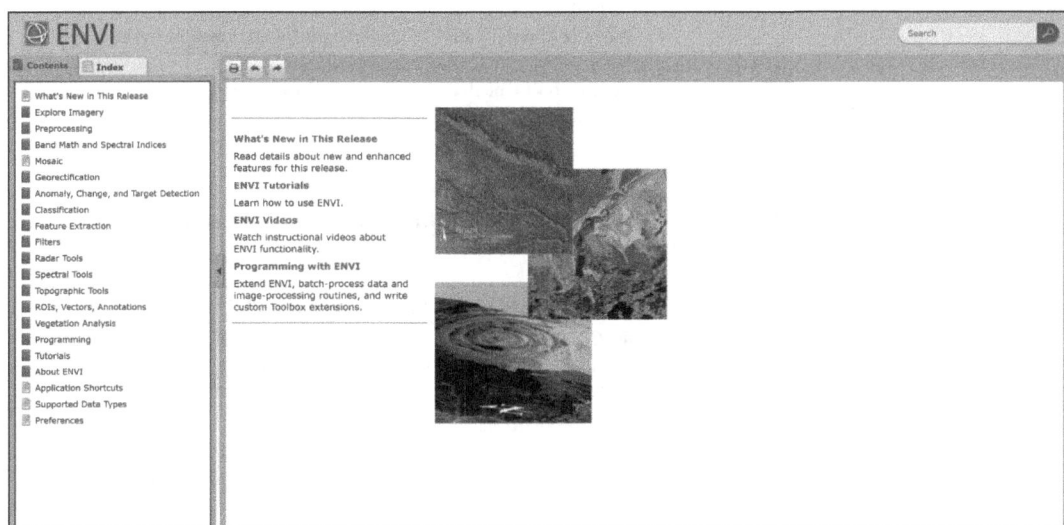

图 10.8　ENVI 帮助文档界面

单击左边 Contents（内容）选项卡中的 Programming 选项，可以看到 Routines 和 Programming Guide。

Routines 中提供了多种 ENVI 编程中用到的程序例子，涵盖了程序控制、数据控制、数据处理、显示控制等功能。以数据处理中实现最小距离法进行遥感影像分类功能的 ENVIMinimumDistanceClassificationTask 类为例，Example 部分给出了使用方法的例子，Syntax 中表述了具体语法，Methods 中列出了该类的 4 个方法，即 Execute、Parameter、ParameterNames 和 Validate，它们继承自父类 ENVITask。Properties 中给出了该类的多个属性，并解释了每个属性的意义与用法。

Programming Guide 中给出了 ENVI 的 IDL 编程中简单的教程，它包含具有以下功能的 IDL 脚本，如分类和主成分分析等简单的图像处理方法；数据文件的批处理；多图层数据处理；交互控制用户界面中的多个视图；对元数据进行添加自定义字段；编辑、删除现有字段。

表 10.2 所示为常用的 ENVI 函数（ENVI 5.2 和以前的版本相比，有很多函数更新了，并以类的方法出现，本表格中推荐使用新的版本，但部分旧版本的函数依然可以使用）。

表 10.2　常用 ENVI 函数

函数/过程功能	过程功能	函数名/过程名及语法
打开文件	打开对话框选择文件	result=**envi_pickfile**([,/directory][,filter=string][,/multiple_files][,title=string])
	打开指定文件，返回文件的 fid 号	**envi_open_file**, fname[,/invisible][, /no_interactive_query] [, /no_realize] [, r_fid=variable]
	打开对话框并从已经打开的文件列表中选择一个文件	**envi_select**[,fid=variable][,dims=variable][,pos=variable][,/mask][,m_fid= variable][,m_pos= variable] [,/no_dims][,/no_spec][,title=string] 新版中使用 result = **ENVIUI.SelectInputData**([, keywords=value])
	打开一个 ENVI 文件并返回 ENVIRaster 的引用	result = **ENVI.OpenRaster**(URI [, Keywords=value])
查询文件信息	查询打开的 ENVI 文件的信息（行列数、波段数、头文件偏移、数据类型、数据存放顺序、定标系数等，但除了投影坐标信息）	**envi_file_query**（语法略） 新版中信息存储在 **ENVIRaster** 和 **ENVIRasterMetadata** 的属性中
	查询 ENVI 文件投影坐标信息	对于标准地图投影，查看 ENVIStandardSpatialRef 的 COORD_SYS_CODE 和 COORD_SYS_STR 属性；对非标准地图投影，查看 ENVIPseudoRasterSpatialRef 或 ENVIRPCRasterSpatialRef
读取数据	从一个打开的 ENVI 文件中读取一个波段的数据	result = **ENVIRaster.GetData**([, Keywords=value])
	从一个打开的 ENVI 文件中读取一行数据	result=**envi_get_slice**(fid=file id,line=integer,pos=array,xs=value, xe=value,[/bil][,/bip])
保存文件	将内存中 IDL 变量写入硬盘或内存中 ENVI 格式文件	**ENVIRaster.Save** [, ERROR=variable]
	仅写入头文件	**ENVIRaster.WriteMetadata** [, ERROR=variable]或者 result = **ENVI Raster Metadata**([, Keywords=value] [, Properties=value]) 旧版的 envi_setup_head 也常用
	旧版将数据本身保存为内存中的 ENVI 文件，返回文件对应的 fid 号（数据必须为 BSQ 的二维数组），新版中直接返回一个栅格对象的引用	旧版 **envi_enter_data**（语法略） 新版中被 result = **ENVIRaster**([, Data] [, Keywords=value] [, Properties= value])代替
关闭文件	对硬盘和内存中的 ENVI 文件进行管理	**envi_file_mng**,id=file id,/remove[,/delete] 新版中为 ENVIRaster 和 ENVIVector 的 Close 方法
投影坐标	创建新的 mapinfo	**envi_map_info_create**()（语法及参数列表略） 新版中为 result = **ENVI.CreateRasterSpatialRef**()（语法及参数列表略）
	创建新的投影信息	**envi_proj_create**()（语法及参数列表略） 新版中为 result = **ENVI.CreateRasterSpatialRef**()（语法及参数列表略）
	文件坐标和地图坐标相互转换	**envi_convert_file_coordinates**,fid,xf,yf,xmap,ymap[,/to_map]
	将某投影系下的地图坐标转换到另一投影下	**envi_convert_projection_coordinates**, ixmap,iymap,iproj,oxmap,oymap,oproj
矢量文件操作	打开.evf 矢量文件，返回 evf fid 号	result=**envi_evf_open**(filename)

续表

函数/过程功能	过程功能	函数名/过程名及语法
矢量文件操作	查询.evf 文件，获取矢量记录数目、投影信息、图层名称等	**envi_evf_info**,evf_id[,num_recs=variable] [,projection=structure] [,layer_name= string][,datatype= variable]
	将某个打开的.evf 文件转换成.shp 格式	**envi_evf_to_shapefile**,evf_id, output_shapefile_rootname
	提取.evf 文件中的记录结果为二维浮点型或者双精度浮点型数组，第一列为各个点的横坐标，第二列为纵坐标	result=**envi_evf_read_record**(evf_id,record_number,type=value)
	关闭打开的.evf 文件	**envi_evf_close**,evf_id
	定义一个新的.evf 文件，返回指向.evf 文件的指针	result=**envi_evf_define_init**(fname [,projection=structure] [,layer_name=string] [,data_type=variable])
	增加一条记录到新的.evf 文件中	**envi_evf_define_add_record**,evf_ptr, points[,type=value]
	结束一个新的.evf 文件的定义	result=**envi_evf_define_close**(evf_ptr [,/return_id])
	写入一个.evf 文件的.dbf 文件（属性文件）	**envi_write_dbf_file**,fname,attributes
ROI 操作	载入 ROI 文件	**envi_restore_rois**,fname
	读取文件的 ROI id 号，返回一个数组（该函数只用于 Classic）	result=**envi_get_roi_ids**(fid=file id,roi_names=variable[,/long_name] [,/short_name][,roi_colors= variable])
	获取 ROI 相关信息	**envi_get_roi_information**,roi_ids,roi_names=variable[,/long_name][,/short_ name], npts= variable,roi_colors= variable
	获取某个 ROI 中所有像元的位置，结果用一维数组下标的方式表达（该函数只用于 Classic）	result=**envi_get_roi**(roi_id,roi_name=variable,roi_color=variable)
	将 ROI id 号转为 DIMS ROI 指针值（该函数只用于 Classic）	result=**envi_get_roi_dims_ptr**(roi_ids[0])
	创建一个新 ROI 并返回 ROI id 号（该函数只用于 Classic）	result=**envi_create_roi**(ns=value,nl=value,name=string,color=integer)
	在 ROI 中定义点、线和多边形（该函数只用于 Classic）	**envi_define_roi**,roi_id,/point,/polygon,/polyline,xpts=array,ypts=array
	删除 ROI（该函数只能用于 Classic）	**envi_delete_rois**[,roi_ids][,/all]
	保存 ROI（该函数只用于 Classic）	**envi_save_rois**,fname,roi_id
	获取 ROI 对应的文件数据（该函数只用于 Classic）	result=**envi_get_roi_data**(roi_id,fid=fileid,pos=value)

除了上述常用函数，过程 envi_doit 也提供了大量的 ENVI 功能，包含辐射定标、图像增强、镶嵌、融合、统计、主成分变换等；在 ENVI 5.x 版本引入面向对象的编程以后，各种 Task 类取代了部分 envi_doit 例程，实现了很多功能。

下面主要介绍 envi_doit 以及和它相关的一些常用例子。envi_doit 语法如下：

```
envi_doit,'Routine_Name' [, /no_catch][, /invisible][, /no_realize]
```

其中，/no_catch 表示禁用 ENVI Classic catch 机制，可以添加自己的处理异常和错误的通用方法；/invisible 可以防止出现处理结果自动打开并在可用波段列表中输出的情况；设置 /no_realize 关键字可以在创建新的输出文件的时候不显示可用波段列表；Routine_Name 表示 ENVI 例程的名称，通过写入不同的例程名，可以借助 envi_doit 实现不同的功能。

常用 ENVI 例程名如表 10.3 所示。

表 10.3　常用 ENVI 例程名

Routine_Name（语法略）	功能
envi_stats_doit	数学统计
convert_doit	转换 ENVI 文件存储顺序（BIP,BIL,BSQ）
resize_doit	影像重采样
mosaic_doit	影像镶嵌
envi_register_doit	影像配准
sharpen_doit	影像 HSV 融合或 Brovey 融合
dem_bad_data_doit	基于 Delaunay 三角网拟合对 DEM 进行坏值插补
class_doit	影像分类,被 ENVITask 取代
class_rule_doit	对规则图像（rule images）进行分类
class_cs_doit	对图像分类后的结果进行聚类
class_confusion_doit	求分类后结果的混淆矩阵
class_stats_doit	计算基于掩模的图像分类结果的统计信息
sat_stretch_doit	对数据执行饱和拉伸
envi_roi_to_image_doit	将 ROI 对应像元转换为对应的类型

本章仅介绍部分的 ENVI API 函数，感兴趣的读者可以跟着教程深入学习更多的内容。ENVI 还提供了很多的学习资源有待读者发现，例如，在 ENVI 自身的安装目录下有一个 examples\doc，里面有很多的源码可供学习；在 doc 文件夹的 image 文件夹内的 morpherodedilate.pro 文件中，详细描述了对图像进行形态学腐蚀和膨胀的算法。

10.2　ENVI 二次开发实例

10.2.1　IDL 与 ENVI 交互及 ENVI 的功能扩展

1. IDL 与 ENVI 的数据传递

虽然 ENVI 功能强大，但是仍然存在需要用户手动编程来定制功能或者对 ENVI 进行扩展的情况。典型的例子就是数据的批处理。当需处理多个文件，而处理流程已经确定时，可以通过程序设计实现对大量文件进行同样的操作，免去了对文件逐个手动处理的麻烦。

在 ENVI+IDL 模式下，ENVI 与 IDL 可以实现变量和参数的传递，它使得 ENVI 数据可以导入 IDL 处理，或者将 IDL 产生的数据导入 ENVI，实现数据的交互。注意：在一般的 ENVI 运行时模式下，不能进行数据传递。

下面简单举例说明 ENVI 到 IDL 的数据传递。

- 打开 ENVI+IDL，在 ENVI 视图中打开要处理的影像 tm_11.tif。
- 加载第一波段进行显示（此步可不做）。
- 在工具栏中搜索 Export to IDL Variable，双击运行该工具，打开 Export to IDL Input File / Band 对话框（图 10.9），选择要导出的文件，单击 OK 按钮。
- 打开 Export Variable Name 对话框（图 10.10），可选择接收导出值的变量 E，或者添加新的变量名 data，单击 OK 按钮。

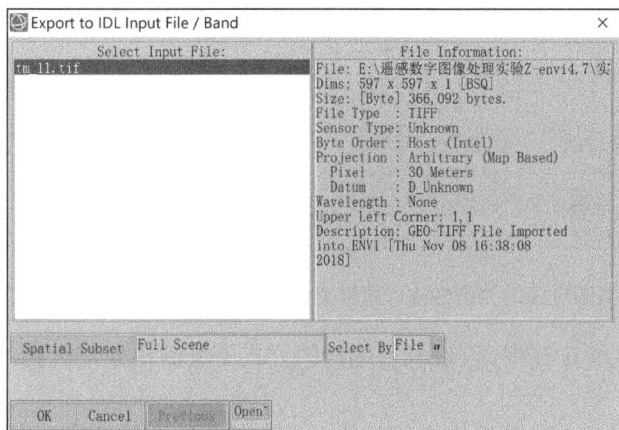

图 10.9　Export to IDL Input File / Band 对话框

图 10.10　Export Variable Name 对话框

- 在 IDL 中，数据已经被传入并存储在 data 变量中。可以在变量查看器中查看导入的新变量。

运行图 10.11 中的代码，可以看到数据已经被传输成功，输出数据大小的信息 datasize，可以看见该 tm 数据的大小信息。由于直接打印 data，数据量太大也没有必要，选择通过查看大小的方式确认传递成功，如图 10.11 所示。或者使用 help( )函数查看。

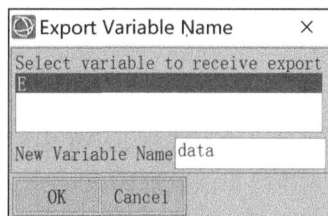

图 10.11　控制台查看 data 变量的大小

输出为 2　597　597　1　356409，第 1 组数字 2 表示 data 是个二维数组；第 2 组数字 597 表示数组的列数；第 3 组数字 597 表示行数；第 4 组数字表示数组内存储的数据类型，1 代表字节类型；最后一组数字表示整个图像一共有 597×597=356409 个像元。在 ENVI 中查看图像的元数据，发现与 data 中的信息一致，说明 data 内存储的就是传过来的数据。当然，也可以尝试使用 TV 函数显示图形，查看结果。

size( )函数返回的第 4 个数，准确地说是 IDL 的类型码，类型码对应的具体类型可以参照图 10.12 所示。

Type Code	Type Name	Data Type
0	UNDEFINED	Undefined
1	BYTE	Byte
2	INT	Integer
3	LONG	Longword integer
4	FLOAT	Floating point
5	DOUBLE	Double-precision floating
6	COMPLEX	Complex floating
7	STRING	**String**
8	STRUCT	Structure
9	DCOMPLEX	Double-precision complex
10	POINTER	Pointer
11	OBJREF	Object reference
12	UINT	Unsigned Integer
13	ULONG	Unsigned Longword Integer
14	LONG64	64-bit Integer
15	ULONG64	Unsigned 64-bit Integer

图 10.12　IDL 类型码对应的类型名称、数据类型

通过这种方式将 ENVI 中的影像导入 IDL 中，可以利用编程的方式更灵活地处理数据，如加入新的算法处理等。

上述 ENVI 数据导入 IDL 时，仅仅导入了数据本身，并没有包含其他头文件信息，因此需要使用 ENVI_SETUP_HEAD 函数重新编辑头文件加入这些信息，然后可保存为新的 ENVI 格式文件，或者再调用 ENVI_OUTPUT_TO_EXTERNAL_FORMAT 函数转换为别的格式以后删除原 ENVI 格式的文件。

同样，利用 Import from IDL Variable 工具可以将 IDL 中的变量导入 ENVI 中，若设置 Save Copy Before Importing?答案为 Yes，则导入变量后，IDL 中仍然保留该变量，否则该变量将被删除。

上面的例子只是实现 ENVI 和 IDL 交互的一个例子，实际上也可以直接使用 ENVI 封装的函数在 IDL 中载入图像。

2．IDL 调用 ENVI 函数实现图像批处理

10.1 节简要介绍了 ENVI 二次开发函数。在 IDL 中，我们可以调用 ENVI 提供的函数实现某些特定的功能，或者通过用 IDL 调用 ENVI 函数的方法进行图像的批处理。

IDL 批处理文件是将平时在控制台中输入的代码保存在一个批处理文件中，无须 pro、end 等关键字，文件扩展名为.pro，在需要的时候可以减少输入代码量，多次调用同一段代码进行批处理。

下面的例子是使用 IDL 本身的批处理模式进行图像的显示。

```
data=cos(arr)
window,1,xsize=400,ysize=300,title='PLOT'
plot,data
```

代码本身就 3 行，它完成了使用 IDL 在窗口 window 中使用 plot 画余弦函数的功能。在批处理情况下，在多次调用时，核心代码没有变化，主要是输入的变量发生变化，所以在批处理代码中，无须定义输入数据 arr。

将上述代码输入 IDL 文本编辑窗口，保存为.pro 文件（batchfile.pro），存到指定路径下。然后在控制台转到.pro 文件存储的路径下，在控制台中定义或者获取输入值 arr：

```
IDL> cd,'D:\IDL'
IDL> arr = findgen(400)  ;定义一个 0.0~399.0 的数组
```

然后使用@调出批处理文件，执行批处理文件中的代码：

```
IDL> @BATCHFILE
```

结果如图 10.13 所示。

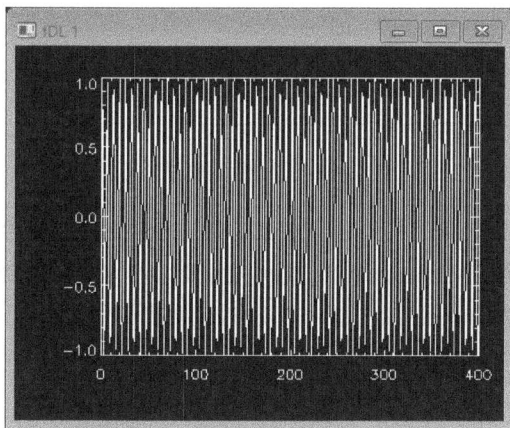

图 10.13　调用、执行批处理文件中的代码的结果

除了 IDL 自身的批处理，ENVI 也有批处理模式。ENVI+IDL 的处理方式可以让用户在命令模式下打开 ENVI。若在运行 ENVI 的 IDL 时段，用户将能够访问所有 ENVI 程序和函数，这种状态通常称为混合批处理模式。ENVI 的函数在任何情况下多是可以调用的，但是在批处理模式下和非批处理模式下，调用的方式不一样。如果在批处理模式下，调用时需要使用 envi_doit, 'envi_stats_doit'；如果在混合批处理模式下，调用时使用 envi_stats_doit 即可。本节很多代码都需要使用 ENVI 提供的函数，因此需要在 ENVI+IDL 混合批处理模式下进行，或者在 IDL 控制台中输入相应指令，启动 ENVI 批处理模式。

Classic 的 ENVI 批处理模式的启动方式如下：

- 首先载入 ENVI 的核心 save 文件，它包含 ENVI 的基本功能函数，动态运行函数和 ENVI 运行所需的全部变量。
- 初始化批处理模式。

ENVI 功能函数分散在大约 50 个小的 IDL save 文件中，这些二进制的文件包括数据和编译后的程序。这些 save 文件存放在 ENVI 安装路径下的 Save 目录下，用户也可以自己创建 save 文件放入该文件夹，ENVI 会在启动时编译这些程序，并加载程序功能，这就是我们将在下面的两个小节中要做的事情。

使用 ENVI 批处理时，可以事先在 ENVI 中设置 Exit IDL on Exit from ENVI 为 No，这样在退出 ENVI 界面时不会关闭 IDL；另外，可以使用 compile_opt idl2 命令来严格编译器的要求。

初始化批处理模式示例如图 10.14 所示。

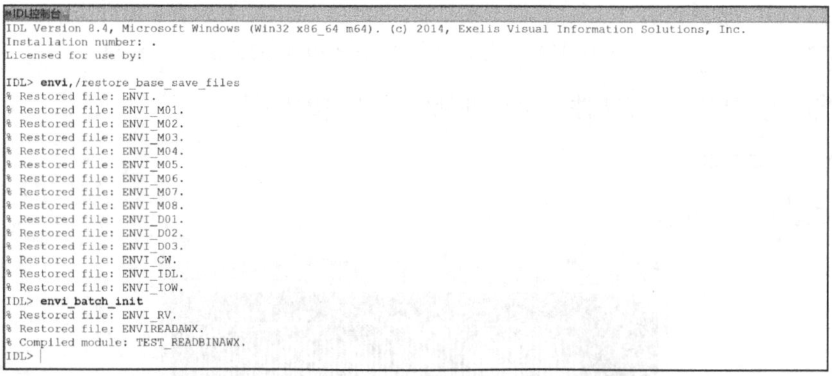

```
IDL控制台
IDL Version 8.4, Microsoft Windows (Win32 x86_64 m64). (c) 2014, Exelis Visual Information Solutions, Inc.
Installation number: .
Licensed for use by:

IDL> envi,/restore_base_save_files
% Restored file: ENVI.
% Restored file: ENVI_M01.
% Restored file: ENVI_M02.
% Restored file: ENVI_M03.
% Restored file: ENVI_M04.
% Restored file: ENVI_M05.
% Restored file: ENVI_M06.
% Restored file: ENVI_M07.
% Restored file: ENVI_M08.
% Restored file: ENVI_D01.
% Restored file: ENVI_D02.
% Restored file: ENVI_D03.
% Restored file: ENVI_CW.
% Restored file: ENVI_IDL.
% Restored file: ENVI_IOW.
IDL> envi_batch_init
% Restored file: ENVI_RV.
% Restored file: ENVIREADAWX.
% Compiled module: TEST_READBINAWX.
IDL>
```

图 10.14　初始化批处理模式示例

如果要离开 ENVI 批处理模式，使用 ENVI_BATCH_EXIT 命令即可。使用该命令退出 ENVI 后，ENVI 时段使用的 License 被释放，效果等同于直接在 ENVI 中退出界面。

在 ENVI 5.x 以后的版本中，上述过程被 ENVI 函数取代，只需一行代码即可启动 ENVI 批处理模式。

```
result = envi([/current] [, error=variable] [, /headless] [,layout=array]
[, log_file=string] [, uvalue=variable])
```

一般使用 e=ENVI()语句，该语句在启动批处理模式的同时启动 ENVI 5 界面，可以在程序执行过程中对 ENVI 进行操作（正如前面 IDL 与 ENVI 数据传递中所做的一样）；当使用语句 e=ENVI(/headless)时，只调用 ENVI 函数，不打开 ENVI 界面。关于 ENVI 函数的细节，将在后面介绍，此处先略过。

处理较大数据时，可以尝试使用逐行读取、逐波段读取的策略，也可以使用影像分块的策略。即首先使用 envi_init_tile 初始化分块，再使用 envi_get_tile 逐个获取分块，进行计算以后，使用 envi_tile_done 过程释放分块即可。详细过程读者可自行探索，本章不进行详细描述。

3．在 ENVI 中使用 IDL 自定义函数（波段计算）

在上一小节提到，ENVI 提供了众多封装好的函数，以便于用户在 IDL 中编写代码，来定制更多的功能，从而实现批处理的功能，这是在 IDL 中调用 ENVI 函数。同样，IDL

本身编写的代码可以被 ENVI 调用，直接进行运算。最典型的例子是 ENVI 的 Band Math 和 Spectra Math 工具直接调用 IDL 编写好的函数进行运算，其结果与直接输入公式再利用工具计算没有差别。

本小节将展示如何在 IDL 中编写波段运算函数并用于 ENVI 的 Band Math 工具中，通过这种方式，可以在函数中添加更多的控制条件、错误检测等功能。Spectra Math 工具直接使用自定义函数的方法与 Band Math 差距不大，因此不再赘述。

简介 IDL 语法时提过，IDL 有以 pro 开头的过程和以 function 开头的函数，由于自定义的函数要求返回一个值，所以在这里程序将选用 Function 编写。

假设要设计一个计算调整土壤亮度的植被指数（SAVI）的函数。SAVI 由下面的公式求得：

$$\text{SAVI} = \frac{(\text{NIR} - R)(1 + L)}{\text{NIR} + R + L}$$

该植被指数可以解释背景的光学特征变化并修正 NDVI 对土壤背景的敏感。L 是土壤调节系数，取值范围为 0~1。L=0 表示植被覆盖度为 0；L=1 表示植被覆盖度很高，土壤背景的影响为 0。

实现该植被指数计算的代码如下：

```
FUNCTION savi,nir,r,check=check,l=l1
  ; 计算分母
  den=FLOAT(nir)+r+l1
  ; 设置了 check 关键字,将检查被 0 除问题
  IF(KEYWORD_SET(check)) THEN ptr=WHERE(den EQ 0.,count) $
  ELSE count=0
  ; 分母为 0 的像元,将分母设为 1,这样才能进行除法计算
  IF (count GT 0) THEN den [ptr]=1.0
  result=((FLOAT(nir)-r)*(1+l1))/den
  ; 将分母为 0 处的结果赋值为 0
  IF(count GT 0) THEN result[ptr]=0.0
  ; 返回结果
  RETURN,result
END
```

编译上述代码，然后在控制台中输入命令如下：save,/routines,filename="D:\IDL\cal_savi.sav"，这样将会保存.sav 文件至指定路径 D:\IDL\cal_savi.sav。下面有两种方式使用这个函数。

第一种方式是将该.sav 文件复制到 ENVI 安装目录下面的 ENVI52\save（或 ENVI52\Classic\save_add）文件夹下，此时启动 ENVI，它将自动编译该函数，在 Band Math 工具中直接输入该函数就可以进行运算。

第二种方式是不复制，而在 ENVI Classic 中选择 File→Compile IDL Module 选项或选择刚刚保存的.sav 文件，编译以后即可在 Band Math 中使用该函数进行运算，如图 10.15 所示。

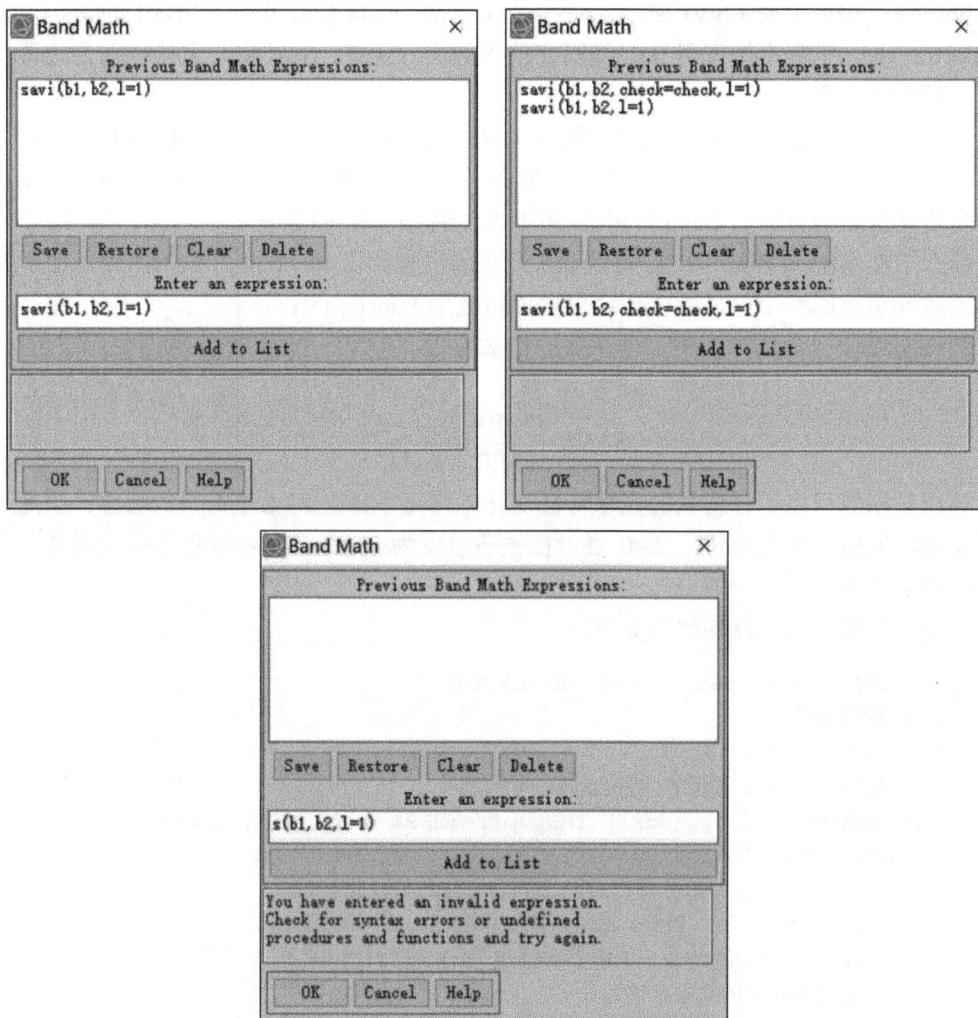

图 10.15　在 Band Math 中使用自定义函数 savi( )进行运算

4．利用 IDL 对 ENVI 功能扩展（读取自定义文件）

ENVI 不可能做到涵盖所有用户想要的功能，为了对 ENVI 功能进行扩充，可以使用 IDL 对 ENVI 进行功能扩展。本小节将基于 10.1 节中利用 IDL 读取风云卫星黑体亮度温度产品 9210AWX 文件的代码，简述在 ENVI Classic 中进行功能扩展，创建新的菜单并将功能导入其中的方法。

需要对之前的源码稍做修改才能使它适用于 ENVI 的功能扩展。首先需要将选择文件路径的方式改成使用对话框的方式选择，而不是之前那种直接在代码中将路径写死的方式，因为前者更适合交互操作，而不需要每次换数据路径就改代码。提示：使用 dialog_pickfile( ) 函数打开对话框。

功能扩展函数（事件）必须以 pro 开头（这点容易理解，因为使用功能本身对应的就是实现一个过程），在函数名后面要加 event，它表示一个事件，事件的具体细节由 ENVI 管理，程序中不必理会。下面是修改过的程序。

```
PRO test_READBINAWX,event
  file=dialog_pickfile()
  OPENR, file_lun, file,/Get_Lun
  ;定位到信息部分
  POINT_LUN,file_lun,20
  HeadLine =INDGEN(3)
  READU,file_lun,HeadLine
  ;HeadLine[0]-数据的头文件长度 $
  ;HeadLine[1]-文件头文件记录数 $
  ;HeadLine[2]-数据的记录数

  POINT_LUN,file_lun,58
  ;定位到信息部分
  BeginDate=INDGEN(5)      ;依次为年月日时分
  EndDate =INDGEN(5)       ;依次为年月日时分
  LatLong=INDGEN(4)        ;依次为左上角纬度、经度,右下角经度、纬度

  READU,file_lun,BeginDate
  READU,file_lun,EndDate
  READU,file_lun,LatLong
  ;
  descriptionStr = '起始时间:'+STRJOIN(StrTrim(BeginDate,2),'-')+$
    '结束时间:'+STRJOIN(StrTrim(EndDate,2),'-')
  data = BYTARR(HeadLine[2],(HeadLine[0]))
  ;定位到数据部分
  POINT_LUN,file_lun,HeadLine[0]*HeadLine[1]
  READU,file_lun,data
  FREE_LUN,file_lun
  ;编写文件头
  ENVI_SETUP_HEAD, fname=file, $
    ns=headLine[2], nl=HeadLine[0], nb=1, $
    DESCRIP=descriptionStr, interleave=0, data_type=1, $
    offset=HeadLine[0]*HeadLine[1], /write, /open
END
```

使用 save,filename='D:\idl\envireadawx.sav',/routines 将程序保存成.sav 文件，然后放到安装路径的 save_add 文件夹下面，这样 ENVI 启动时会自动编译该程序。

接下来需要在 ENVI 中创建菜单来调用该功能。ENVI 的菜单结构包含主菜单和显示窗口菜单，由 ENVI 安装目录下的两个 ASCII 码文件 ENVI.MEN 和 DISPLAY.MEN 定义，前

者定义了主菜单，后者定义了显示窗口菜单。当 ENVI 启动时，会读取这两个文件，根据结构构建菜单内容。因此，要添加菜单，只需修改文件内容，增加一行即可。

如图 10.16 所示，打开 ENVI.MEN 文件，找到图中指示的位置，添加图中选中的内容。0 表示最上一级的菜单，1 表示 0 的下一级菜单内容；第一个大括号内容为菜单名称；第二个 open envi file 是 ENVI 内部标识，表示该操作是打开 ENVI 文件（可空）；最后一个括号内容用于找到上面编写的程序，是函数名（pro 后面紧跟的内容）。

```
; ENVI MENU DEFINITION FILE - ENVI.MEN
;
;::::::::::::::::::::::::::::::::::::::::::::::::::::::::::::::::
; Copyright (c) 2007-2014, Exelis Visual Information Solutions, Inc ;
; All rights reserved.                                          ;
; Unauthorized reproduction prohibited.                        ;
;::::::::::::::::::::::::::::::::::::::::::::::::::::::::::::::::
;
; this is the definition file for the menu in the ENVI
; Display Window.   The format of this file is:
;
;  LEVEL {BUTTON NAME} [{UVALUE} {EVENT HANDLER PROCEDURE}] [{separator}]
;
; where LEVEL is the level of the button
;         BUTTON NAME is the name of the button on the menu,
;         UVALUE is the string value placed in the uvalue of
;           the button event, and
;         EVENT HANDLER PROCEDURE is the name of the event
;           handler called by the Xmanager.
;
; A button with only LEVEL {BUTTON NAME} defined is assumed
; to be a menu button, with the button definitions following
; being the pull down "children" of the menu (with a LEVEL
; value one greater).
;
0 {风云数据}
  1 {AWX文件} {open envi file} {test_READBINAWX}
0 {File}
  1 {Open Image File} {open envi file} {envi_menu_event}
  1 {Open Vector File} {open vector file} {envi_menu_event}
  1 {Open Remote File} {open remote file} {envi_menu_event}
  1 {Open External File} {separator}
    2 {EO1}
      3 {HDF} {open eo1 hdf} {envi_menu_event}
    2 {Landsat}
      3 {Fast} {open eosat tm} {envi_menu_event}
      3 {GeoTIFF} {open tiff} {envi_menu_event}
      3 {GeoTIFF with Metadata} {open landsat metadata} {envi_menu_event}
      3 {HDF} {open envi file} {envi_menu_event}
```

图 10.16　在 ENVI.MEN 中查看 ENVI 的菜单结构

修改文件后保存，关闭 .men 文件，然后重启 ENVI Classic，可以看到出现新的菜单项，如图 10.17 所示。

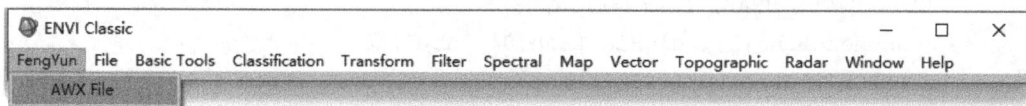

图 10.17　查看添加的菜单项

选择 FengYun→AWX File 选项后，打开 Please Select a File 对话框，选择文件如图 10.18 所示。

Load Band 后，就可以看见加载的影像（图 10.19），然后可用 ENVI Classic 对其进行后续处理。

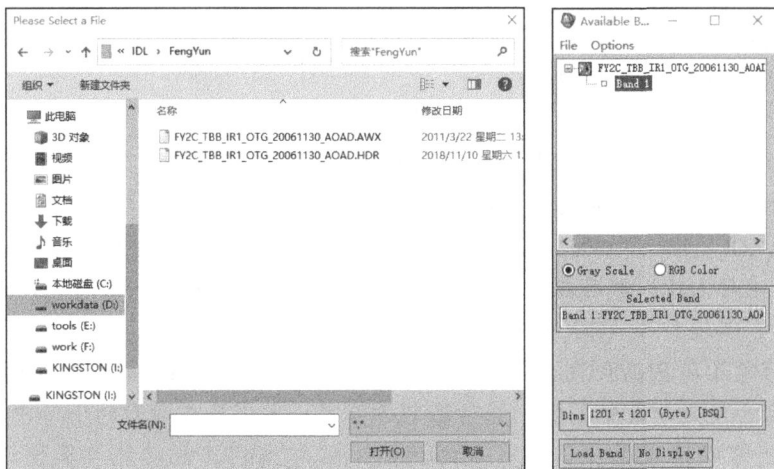

图 10.18 使用自定义工具打开并读取 AWX 格式影像

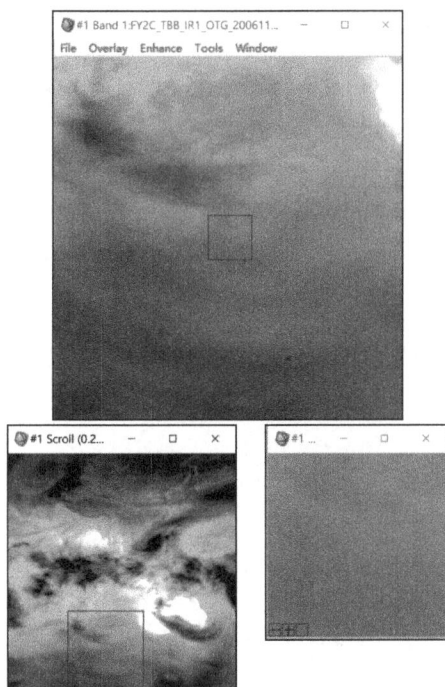

图 10.19 Load Band 后的显示结果

事实上，也可以通过以下代码在 ENVI 下自动添加菜单。

```
PRO ENVI_READ_AWX_DEFINE_BUTTONS,buttonInfo
    ENVI_DEFINE_MENU_BUTTON,buttonInfo,VALUE='AWX',$
    uValue='',$
    event_pro='test_READBINAWX',$
    ;event_pro 参数内为事件名,即添加的菜单对应的事件功能
```

```
      REF_VALUE='Generic Formats',$
      ;相对父节点为 Generic Formats,就是在它下面再创建一个新的菜单
      POSITION=1,REF_INDEX=0
   END
```

注意：由于使用了 ENVI 函数，上述代码只能在 ENVI+IDL 环境下运行。上述代码在 File→Open External File→Generic Formats 菜单下面添加了新菜单 AWX。使用时可以将上述代码和 test_READBINAWX 函数存成一个 .pro 文件，然后放在安装路径的 Classic\save_add 文件夹下启动 IDL，然后在控制台中输入 ENVI 来启动 ENVI 程序，这样同样可以找到 AWX 菜单，实现打开 AWX 文件的功能。

上面的功能只在 ENVI Classic 中可以实现，ENVI 5.x 提供了面向对象的二次开发方式，使得二次开发更加简单高效，关于这部分内容，本书将在后面的小节中讲解。ENVI 的功能扩展还可以实现很多其他有趣的功能，但考虑到其他功能涉及使用 IDL 借助 WIDGET 组件进行界面设计，以及需要进行数学分析和可视化等，这些已经超出本书的讨论范围，因此这里不进行介绍。

10.2.2 ENVI 5 的二次开发

ENVI 5.x 版本中引入了很多新的二次开发接口，使得对于 ENVI 5 的二次开发和对于 ENVI Classic 的二次开发有很多不同。

在启动批处理模式的方式上，ENVI 5 使用 ENVI 函数（详见 10.2.1 小节 "2. IDL 调用 ENVI 函数实现图像批处理"）返回一个对象。使用 ENVI 函数启动 ENVI 之后，返回的对象包含了语言、视图布局、日志文件、安装目录、UI 对象、UVALUE、版本和 WIDGET_ID，如图 10.20 所示。

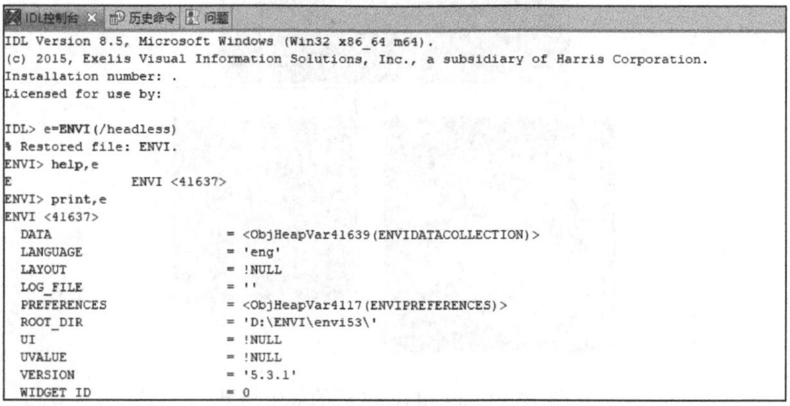

```
IDL控制台 ×  历史命令  问题
IDL Version 8.5, Microsoft Windows (Win32 x86_64 m64).
(c) 2015, Exelis Visual Information Solutions, Inc., a subsidiary of Harris Corporation.
Installation number: .
Licensed for use by:

IDL> e=ENVI(/headless)
% Restored file: ENVI.
ENVI> help,e
E              ENVI <41637>
ENVI> print,e
ENVI <41637>
   DATA            = <ObjHeapVar41639(ENVIDATACOLLECTION)>
   LANGUAGE        = 'eng'
   LAYOUT          = !NULL
   LOG_FILE        = ''
   PREFERENCES     = <ObjHeapVar4117(ENVIPREFERENCES)>
   ROOT_DIR        = 'D:\ENVI\envi53\'
   UI              = !NULL
   UVALUE          = !NULL
   VERSION         = '5.3.1'
   WIDGET_ID       = 0
```

图 10.20 获取并查看 e 对象

实质上，在前面 "2. IDL 调用 ENVI 函数实现图像批处理" 中的代码，已经很接近 ENVI 二次开发的代码了。但是 ENVI 5 的二次开发，不仅仅是进行图像数据的处理，还涉及众多的程序控制和显示控制问题。

上面的 ENVI 函数获取了 e 对象，我们可以使用 e 的方法对 ENVI 进行控制，以完成

新建图层、视图，添加扩展、打开栅格矢量文件等。

ENVI 函数具有众多方法，常见的如表 10.4 所示。

表 10.4　常见 ENVI 方法（ENVI 5.x 中支持面向对象）

方法	功能介绍
ENVI.AddCustomReader	为 File→Open As→Custom 添加打开自定义格式数据的过程
ENVI.AddExtension	为 Toolbox 添加扩展工具，可添加菜单功能
ENVI.Close	关闭 ENVI
ENVI.CreateRaster	创建 ENVIRaster 对象、栅格文件对象
ENVI.CreateRasterMetadata	创建 ENVIRasterMetadata 对象、栅格描述数据
ENVI.CreateRasterSpatialRef	创建 ENVIRasterSpatialRef 对象，即空间参考对象
ENVI.CreateView	创建新的视图（View）
ENVI.ExportRaster	输出栅格文件，可另存为 DTED、ENVI、NITF、TIFF 格式等
ENVI.GetOpenData	获取已经打开的数据，返回栅格或矢量对象数组
ENVI.GetPreference	获取 ENVI 设置参数，如输入/输出路径等
ENVI.GetTemporaryFilename	自动获取一个临时文件名，位于临时目录
ENVI.GetView	获取当前视图，返回值为 ENVIView 对象
ENVI.HideExtensionFiles	启动 ENVI 时隐藏某个扩展补丁
ENVI.LogMessage	将自定义消息保存到日志文件 LOG_FILE 内
ENVI.OpenRaster	打开栅格数据，支持大多数格式
ENVI.OpenVector	打开矢量数据
ENVI.Refresh	可以禁用或启用 ENVI 刷新功能
ENVI.ReportError	弹出错误提示对话框
ENVI.Show	使 ENVI 处于当前激活窗口

注意：上述的各方法并不是静态方法，因此调用时应该使用对象 e。

关于 ENVI 5 的显示控制，ENVI 也提供了下列控件供用户二次开发使用，如表 10.5 所示。

表 10.5　ENVI 5 提供的控件

对象	功能介绍
ENVIPortal	ENVI 透视窗口对象
ENVIRasterLayer	ENVI 栅格图层对象，可对图层进行移动等操作
ENVIUI	ENVI 用户界面对象，可弹出文件选择对话框和地图坐标系统界面等
ENVIVectorLayer	ENVI 矢量图层对象，可对图层进行移动等操作
ENVIView	ENVI 视图对象，可对视图进行平移、旋转、缩放等操作

关于 ENVI 的数据控制，ENVI 5 提供了下列对象或方法，如表 10.6 所示。

表 10.6　ENVI 5 中提供的数据控制对象/方法

对象或方法	功能介绍
ENVICoordSys	对象：可通过 ENVIVector 的 COORD_SYS 属性获取此对象
ENVIFIDToRaster	方法：将 ENVI 中的文件 ID（FID）转换为 ENVIRaster 对象
ENVIRaster	对象：ENVI 栅格对象，包含一些栅格数据操作方法
ENVIRasterIterator	对象：ENVI 分块处理对象
ENVIRasterMetadata	对象：ENVI 栅格元数据对象
ENVIRasterSpatialRefPseudo	对象：空间参考对象，可使用 CreateRasterSpatialRe 创建
ENVIRasterSpatialRefRPC	对象：空间参考对象，可使用 CreateRasterSpatialRef 创建
ENVIRasterSpatialRefStandard	对象：空间参考对象，可使用 CreateRasterSpatialRef 创建
ENVIRasterToFID	方法：将 ENVIRaster 转换为 FID
ENVITime	对象：ENVI 时间对象
ENVIVector	对象：ENVI 矢量数据对象

1. ENVI 5 二次开发实例

本节中主要通过展示实例的方式简单介绍 ENVI 5 的二次开发。

【例 10.5】加载影像并作为图层显示。

```
e = ENVI()
; 选择输入文件
file=FILEPATH('qb_boulder_msi',ROOT_DIR=e.ROOT_DIR,$ SUBDIRECTORY=
['data'])
; 打开栅格图像,返回栅格对象
raster = e.OpenRaster(file)
; 获取当前 View,并创建图层,显示图像
view = e.GetView()
layer = view.CreateLayer(raster)
; 创建一个新视窗,并以 CIR 显示图像
view2 = e.CreateView()
layer2 = view2.CreateLayer(raster, /CIR)
```

【例 10.6】读取影像的第一波段数据，处理后写入临时目录保存并显示。

```
e = ENVI()
; 设置输入文件路径
file = FILEPATH('qb_boulder_msi', ROOT_DIR=e.ROOT_DIR, $ SUBDIRECTORY =
['data'])
; 打开文件,返回 ENVIRaster 对象
raster = e.OpenRaster(file)
; 查看 Raster 属性
PRINT, raster
; 设置输出文件路径,保存在 ENVI 临时目录中
```

```
newFile = e.GetTemporaryFilename()
; 获取 Raster 第 1 个波段数据,并进行处理
data1 = raster.GetData(BANDS=0)
data2 = EDGE_DOG(data1)
; 创建新的 Raster 对象,将处理后的结果写入进去
newRaster = ENVIRaster(data2, URI=newFile, NBANDS=1)
; 保存
newRaster.Save
; 显示在 ENVI 视图中
view = e.GetView()
layer = view.CreateLayer(newRaster)
```

【例 10.7】影像无缝镶嵌。

```
PRO MOSAICBATCH
   COMPILE_OPT IDL2
e = ENVI()
; 选择多个文件
files = DIALOG_PICKFILE(/MULTIPLE, TITLE = 'Select input scenes')
scenes = !NULL
; 将每一个 Raster 放在一个 Scenes 中
FOR i=0, N_ELEMENTS(files)-1 DO BEGIN
raster = e.OpenRaster(files[i])
scenes = [scenes, raster]
ENDFOR
; 创建 ENVIMosaicRaster 对象
mosaicRaster = ENVIMOSAICRASTER(scenes,$
background = 0,
color_matching_method = 'histogram matching',$
color_matching_stats = 'overlapping area',$
feathering_distance = 20,$
feathering_method 'seamline',$
resampling = 'bilinear',$
seamline_method = 'geometry')
; 设置输出路径
newFile = ENVI_PICKFILE(title='Select output file', /output)
IF FILE_TEST(newFile) THEN FILE_DELETE, newFile
; 输出镶嵌结果
mosaicRaster.Export, newFile, 'ENVI'
; 保存接边线
mosaicRaster.SAVESEAMPOLYGONS,newFile+'_seamline.shp' vector = e.OpenVector
(newFile+'_seamline.shp')
;打开并显示栅格和接边线
   mosaicRaster = e.OpenRaster(newFile)
   view = e.GetView()
```

```
       layer = view.createlayer(mosaicRaster)
       vlayer = view.createlayer(vector)
      END
```

【例 10.8】 RPC 正射校正。

```
    PRO Example_RPCOrthorectification
      ; 启动 ENVI 5.1
      e = ENVI()
      ; 选择输入文件(带有 PRC 信息)
      ImageFile = DIALOG_PICKFILE(TITLE='Select an input image')
    Raster = e.OpenRaster(ImageFile)
    ; 选择 DEM 文件,这里使用 ENVI 5.1 自带的 DEM 数据
    DEMFile = e.ROOT_DIR + '\data\GMTED2010.jp2'
    DEM = e.OpenRaster(DEMFile)
    ; 新建 RPCOrthorectification ENVITask
    Task = ENVITASK('RPCOrthorectification')
    ; 设置 Task 的输入输出参数
    Task.INPUT_RASTER = Raster
    Task.DEM_RASTER=DEM Task.DEM_IS_HEIGHT_ABOVE_ELLIPSOID=0 Task.OUTPUT_
RASTER_URI ='C:\Ortho_result.DAT'
      ; 执行 Task
    Task.Execute, Error=error
    ; 将输出结果添加到 Data Manager 中
    DataColl = e.DATA
    DataColl.Add, Task.OUTPUT_RASTER
    ; 显示结果
    View1 = e.GetView()
    Layer1 = View1.CreateLayer(Task.OUTPUT_RASTER)
    END
```

【例 10.9】 以 ENVIPortal 为例介绍显示控制的使用方法。

```
    e = ENVI()
    ; 选择输入文件
    file = FILEPATH('qb_boulder_msi', ROOT_DIR=e.ROOT_DIR, $ SUBDIRECTORY =
['data'])
    ; 打开栅格图像
    raster = e.OpenRaster(file)
    ; 创建两个图层,分别显示真彩色与标准假彩色图像
    view = e.GetView()
    layer1 = view.CreateLayer(raster)
    layer2 = view.CreateLayer(raster, /CIR)
    ; 创建 Portal 透视窗口
    portal = view.CreatePortal()
    portal.size = [400,400]
```

```
; 卷帘显示透视窗口内容
portal.Animate, 2.0, / SWIPE
```

ENVI 提供了一个用户界面对象 UI，使用 e.UI 获取该对象，可以调用它提供的一系列方法，方便交互设计。

2. ENVI 5 功能扩展

在 IDL 8.4 中，选择"文件"→"ENVI 扩展"选项，打开"新建 ENVI 扩展"对话框，它可以用来新建工程和源码文件，如图 10.21 所示。

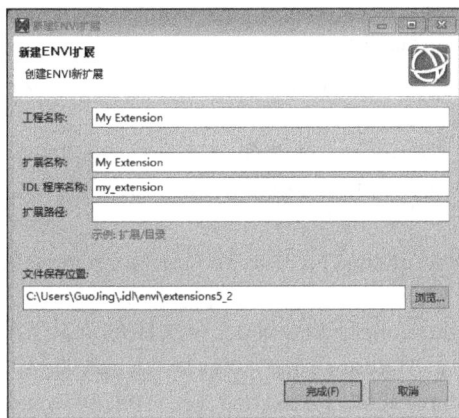

图 10.21　"新建 ENVI 扩展"对话框

单击"完成"按钮后，自动生成如图 10.22 所示的代码。

```
; Add the extension to the toolbox. Called automatically on ENVI startup.
pro my_extension_extensions_init
  ; Set compile options
  compile_opt IDL2
  ; Get ENVI session
  e = ENVI(/CURRENT)
  ; Add the extension to a subfolder
  e.AddExtension, 'My Extension', 'my_extension', PATH=''
end
; ENVI Extension code. Called when the toolbox item is chosen.
pro my_extension
  ; Set compile options
  compile_opt IDL2
  ; General error handler
  CATCH, err
  if (err ne 0) then begin
    CATCH, /CANCEL
    if OBJ_VALID(e) then $
      e.ReportError, 'ERROR: ' + !error_state.msg
    MESSAGE, /RESET
    return
  endif
  ;Get ENVI session
  e = ENVI(/CURRENT)
  ;************************************
  ; Insert your ENVI Extension code here...
  ;************************************
end
```

图 10.22　新建扩展自动生成的代码

只需按照代码的指示，在指定位置插入 ENVI 扩展的功能代码，并适当修改 AddExtension 中的参数，加入菜单或者工具，使得菜单/工具对应相应的事件函数即可。

下面的代码基于上面自动产生的代码做了修改，在 ENVI 5.x 中增加菜单 Plot 和 Surface，并在 ENVI Toolbox 中添加工具 Plot 和 Surface（这两个工具的实现由 ENVI 内置函数完成）。

```
pro extension_extensions_init
  compile_opt idl2
  ; 获取当前应用
e = ENVI(/CURRENT)
e.AddExtension, 'My Extension', 'my_extension', PATH=''
;在 ENVI 原始菜单 Display 下的 View Swipe 后面加入一个新的菜单 Plot,并且有分隔符
e.AddExtension, 'Plot', 'Extension', /menu, Path='Display', after='View
Swipe', uvalue='plot', /sep
  ;在 Plot 后边加入一个新的菜单 Surface
e.AddExtension,   'Surface',   'Extension',   /menu,   Path='Display',
after='Plot', uvalue='surface'
  ;在 Display 中加入一个 Graphics 菜单,在 Graphics 菜单下再加入 Plot1 和 Surface1
e.AddExtension, 'Plot1', 'Extension', /menu, Path='Display/Graphics',
uvalue='plot'
e.AddExtension, 'Surface1', 'Extension', /menu, Path='Display/Graphics',
uvalue='surface'
  ;在 Toolbox 的 Extensions 下加 Graphics 文件夹,在其下加入 Plot2 和 Surface2 工具
e.AddExtension, 'Plot2', 'Extension', Path='Graphics', UVALUE='plot'
e.AddExtension, 'Surface2', 'Extension', Path='Graphics', UVALUE='surface'
END
PRO Extension, event
COMPILE_OPT IDL2
; General error handler
  CATCH, err
  IF (err NE 0) THEN BEGIN
    CATCH, /CANCEL
    IF OBJ_VALID(e) THEN $
      e.REPORTERROR, 'ERROR: ' + !error_state.MSG
    MESSAGE, /RESET
    RETURN
  ENDIF
e = ENVI(/CURRENT)
;*****************************************
;
; 在此处插入 ENVI 扩展代码...
;
;*****************************************
;获取 UVALUE
WIDGET_CONTROL, event.ID, get_uvalue = uvalue
;通过判断 UVALUE 进行不同的操作
CASE uvalue OF
    'plot': p = PLOT(/test) ;plot 是 ENVI 内置的函数,下面的 surface 也是
```

```
       'surface': s = SURFACE(/test)
ENDCASE
END
```

编译后使用 save,/routines,filename='D:\IDL\my_extension.sav'命令（控制台中）生成 save 文件，然后放到安装目录的 Extensions 文件夹下。重启 ENVI 即可看见添加的菜单和工具，如图 10.23 所示。Plot 和 Surface 工具的使用效果如图 10.24 所示。

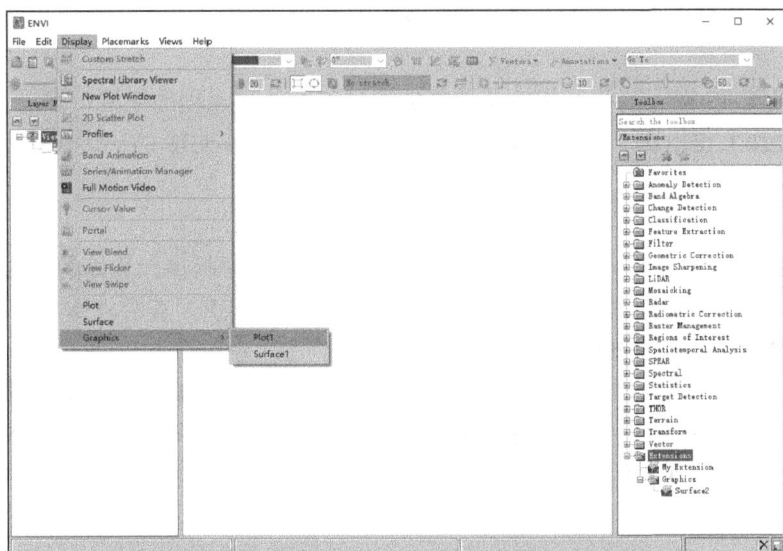

图 10.23　查看添加的 Plot 和 Surface 工具（展示了 3 种添加位置及对应的程序写法）

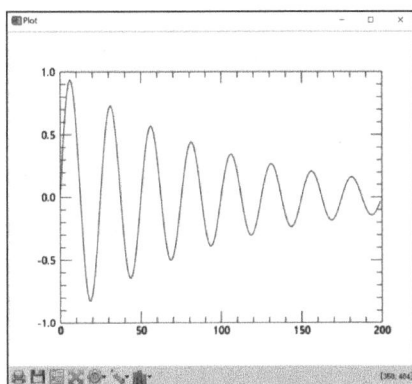

（a）Plot 工具使用效果　　　　　　　　　　　（b）Surface 工具使用效果

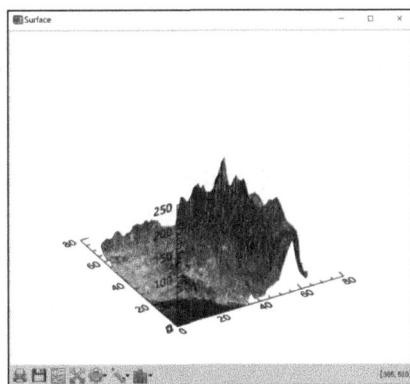

图 10.24　Plot 和 Surface 工具的使用效果

上述代码仅仅讲述了如何在 ENVI 5 中添加工具、菜单等，并没有涉及利用 ENVI 函数进行图像处理的过程。感兴趣的读者可以尝试将前面"2. IDL 调用 ENVI 函数实现图像批处理"中的代码进行一定更改，使用本小节讲述的方法，将前面完成的功能制作成工具加入 ENVI 中使用。

10.2.3 ENVI 混编与一体化

ENVI 工具在遥感图像处理和图形可视化方面有着很大的优势，是一种较为成熟的遥感图像处理软件；ArcGIS 系列软件则在空间信息分析和出图方面有很大的优势，尤其是对于矢量数据的处理方面，ArcGIS 比 ENVI 更为成熟。目前 RS 影像作为 GIS 的数据源，是 GIS 的核心之一，GIS 则对 RS 影像进行管理和分析，提升 RS 数据的利用分析价值，利用地图的方式展现 RS 数据内含的信息。随着 3S 技术的发展，GIS 与 RS 一体化已成为行业的必然发展趋势。

过去所说的 3S 融合，往往指的是数据的互操作及处理流程的衔接，发展至今，RS 与GIS 在系统层次上也出现了融合。本节主要介绍 ENVI 与 ArcGIS 的一体化应用。

10.2.4 IDL 程序部署发布

纯 IDL 程序的发布，分为创建.sav 文件和发布.exe 文件两步，具体的命令根据版本不同稍有差异，此处不予论述，感兴趣的读者可以访问下述网页，查看具体方法：http://blog.sina.com.cn/s/blog_4aa4593d0102w06l.html。

调用了 ENVI 函数的 IDL 程序发布方法与纯 IDL 的发布稍有不同，主要体现在使用构建工程的方法创建.sav 文件时，对于 IDL 8.0 之前的版本，要求取消选中 RESOLVE_ALL复选框；对于 IDL 8.0 之后的版本则要选中它。发布.exe 文件时，使用 MAKE_RT 命令，其语法如下：

```
MAKE_RT, 'myApp', OutDir, SAVEFILE=savefile
```

按照语法要求，填入所需的参数信息，程序执行后就会在指定的 OutDir 下生成一系列文件。

在这个路径下创建一个 License 文件夹，将许可命名为 License.dat，放在这个文件夹下。这样能够保证.exe 文件在没有安装 IDL 和 ENVI 的环境下也能正常运行。Resource 文件夹中用于存放程序运行中用到的资源文件，内容可以依程序的需求进行添加。

在生成的文件夹下面找到 ini 配置文件，将[Dialog]下的 DefaultAction 后面修改为系统安装 IDL 的 IDLrt.exe 的完整路径，如 C:\Program Files\Exelis\IDL82\bin\bin.x86_64\idlrt.exe rt = test_envi.sav。

通过上述操作，就能实现含有 ENVI 函数的 IDL 程序的发布，双击.exe 文件，即可运行程序。

10.3 MATLAB 图像处理函数库简介

图像处理是 MATLAB 工具的应用之一。作为面向矩阵的程序语言，MATLAB 将图像视为矩阵，对矩阵进行计算，从而达到图形处理的目的。虽然 MATLAB 无法针对较大的图像进行快速处理，且其处理的分辨率有限，但是作为一种简单的图像处理工具，仍然具有学习的价值。

本节主要介绍 MATLAB 中有关基本图像处理的函数库，包括图像的读取、拉伸、均衡化等基本操作。

首先打开 MATLAB 软件，示例中采用 MATLAB R2014b 版本，其工作界面如图 10.25 所示。

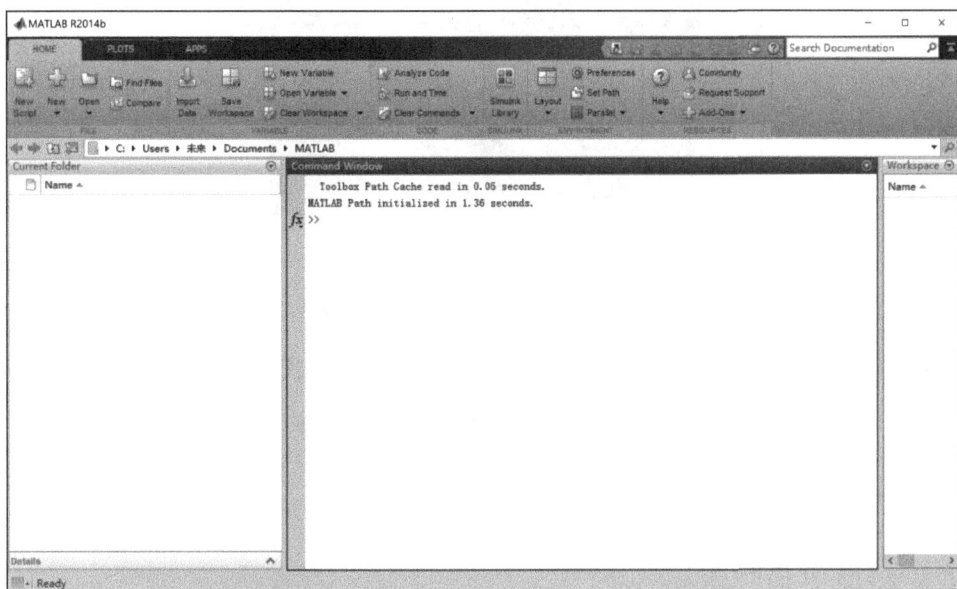

图 10.25　MATLAB R2014b 工作界面

10.3.1　使用 MATLAB 读取并显示一般图像

使用函数 imread( )可以实现最基本的图像读入功能。该函数可以读取 TIFF、JPEG、GIF、BMP、PNG 等常规格式的图形/图像格式，其基本语法也非常简单。

```
imread('filename')
```

其中，filename 是含文件路径的文件名，路径可以是绝对路径或相对路径。若读取的图片文件在当前工作路径中，就可以只写有扩展名的文件名（注意：字符串要使用单引号括起来）。

将读入的图像信息视为矩阵，赋值给变量 f，然后就可以使用 imshow( )函数来显示图像。

上述操作的完整代码如下：

```
f=imread('D: \rsdip\Chapter10\matlab_examples\green plant.jpg');
%加分号可以只读入图像而不在控制台中输出矩阵
imshow(f)
```

读取的图像显示界面如图 10.26 所示。

图 10.26　读入 green plant.jpg 并显示

若要同时显示多张图片，可以使用 subplot( )函数，写入代码如下：

```
f=imread('D: \rsdip\Chapter10\matlab_examples\green plant.jpg');
g=imread('D: \rsdip\Chapter10\matlab_examples\flower.png');
subplot(1,2,1); imshow(f),title('图片1');
subplot(1,2,2); imshow(g),title('图片2');
```

结果显示如图 10.27 所示。

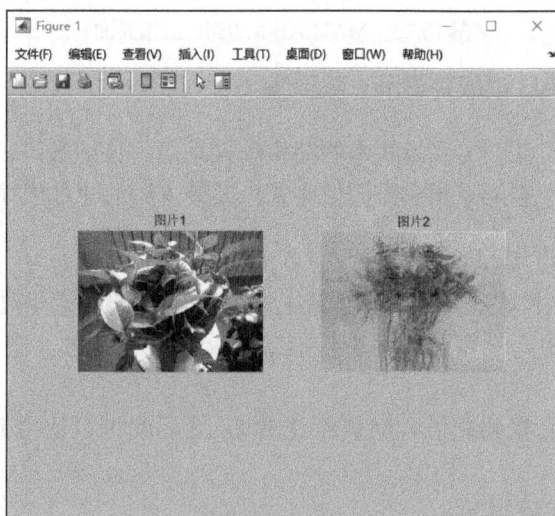

图 10.27　使用 subplot( )函数在一个 figure 中同时显示多张图片

　　上述代码可以直接在控制台中执行，也可以选择 New→Script 选项，新建一个.m 文件，将代码保存到文件中，单击 run 按钮执行代码，便于代码的保存与重用。图 10.28 展示了写有加载并同时显示两张图片的代码的.m 文件内容。

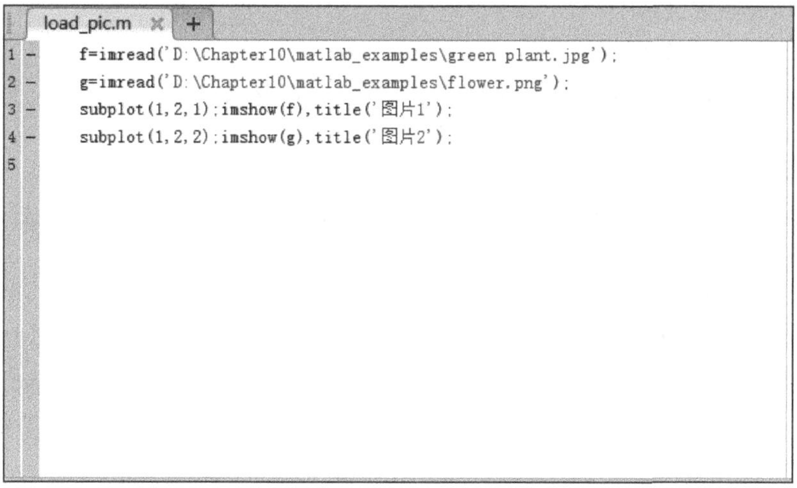

图 10.28　将上述代码写入.m 文件保存

imread( )函数支持多种格式的图像读取，如表 10.7 所示。

表 10.7　imread( )函数支持读取的图像格式

BMP	JPEG	PNG
CUR	JPEG 2000	PPM
GIF	PBM	RAS
HDF4	PCX	TIFF
ICO	PGM	XWD

针对各格式图像的具体读取方法，读者可以通过在 MATLAB 中输入"help imread"，在帮助文档中查找并自行学习。

10.3.2　使用 MATLAB 读取标准格式的遥感图像

遥感图像往往具有特殊的格式，它与普通图像的组织方式有所差异，体现在波段更多、数据量更大等方面，但最重要的是遥感数据含有地理信息及其他元数据，因此在读取时，头文件的信息非常重要。

ENVI 是处理遥感图像常用的软件之一，它支持打开多种格式的遥感图像，并将其转变为 ENVI 标准格式。ENVI 标准格式的数据包含两部分：一部分是扩展名为.dat 的高光谱图像数据文件；另一部分是扩展名为.hdr 的遥感图像头文件，用于描述遥感数据的信息与组织方式等，在图像读取时具有重要的作用。另有 erdas 的.img 格式图像也较为常见，其读取方式与.dat 的读取方式类似，都是用 multibandread。本案例介绍利用 MATLAB 中的 multibandread( )函数读取扩展名为.img 的图像。

该函数的函数签名如下：

```
multibandread(filename,size,precision,offset,interleave,byteorder)
```

其中各项参数含义如下：

- filename：文件名。
- size：图像尺寸和波段数，size = [行数 列数 波段数]。
- precision：读取的图像的数据类型。
- offset：偏移。
- interleave：存储的图像的数据格式，有 BSQ、BIL、BIP 共 3 种格式。
- byteorder：数据存储的字节排列方式。

上述所需的参数都由.hdr 文件提供，因此先读取.hdr 文件的相关信息。首先使用记事本打开.hdr 文件（本教程中的示例文件为 can_tmr.hdr），可以看到其中的元数据信息主要采用键值对的形式存储。其中，samples、lines、bands、header offset、interleave 等信息，将作为 multibandread( )函数的重要参数，用于读取遥感影像数据，如图 10.29 所示。

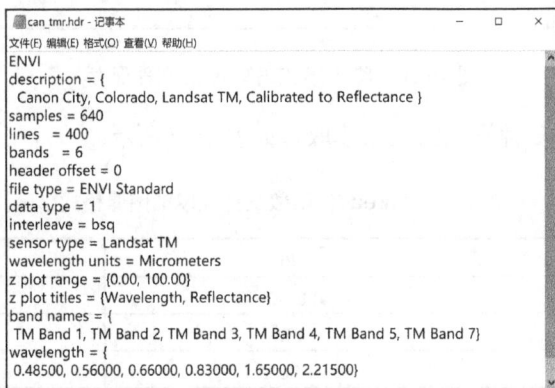

图 10.29　使用记事本打开 can_tmr.hdr

```
hdrfile = 'D:\rsdip\Chapter10\matlab_examples\10.3\can_tmr.hdr';
f=fopen(hdrfile,'r');
info=fread(f,'char=>char')
info=info';%将默认的列向量转变为行向量
fclose(f)
%截取 sample 的值,即列数
%注意空格及其个数
a=strfind(info,'samples =');
b=length('samples =');
c=strfind(info,'lines');
samples=[];
for i= a+b : c-1
    samples=[samples,info(i)];
end
samples=str2num(samples)
%截取行数 lines
a=strfind(info,'lines   =');
b=length('lines   =');
```

```
c=strfind(info,'bands');
lines=[];
for i= a+b : c-1
    lines=[lines,info(i)];
end
lines=str2num(lines)
%截取波段数
a=strfind(info,'bands   =');
b=length('bands   =');
c=strfind(info,'header offset');
bands=[];
for i=a+b:c-1
bands=[bands,info(i)];
end
bands=str2num(bands);
%截取 offset
a=strfind(info,'header offset =');
b=length('header offset =');
c=strfind(info,'file type');
offset=[];
for i=a+b:c-1
offset=[offset,info(i)];
end
    offset=str2num(offset);
    %获取数据格式
    a=strfind(info,'interleave =');
    b=length('interleave =');
    c=strfind(info,'sensor type');
    interleave=[];
    for i=a+b:c-1
    interleave=[interleave,info(i)];
end
interleave=strtrim(interleave);%去空格
%截取 datatype,以获取参数 precision 的值
a=strfind(info,'data type =');
b=length('data type =');
c=strfind(info,'interleave');
datatype=[];
for i=a+b:c-1
datatype=[datatype,info(i)];
end
datatype=str2num(datatype);
precision=[];
switch datatype
case 1
```

```
precision='uint8=>uint8';
case 2
precision='int16=>int16';
case 12
precision='uint16=>uint16';
case 3
precision='int32=>int32';
case 13
precision='uint32=>uint32';
case 4
precision='float32=>float32';
case 5
precision='double=>double';
otherwise
error('invalid datatype');
end
```

在上述代码中，关于 precision 的获取，.hdr 文件中的 datatype 值与 ENVI、MATLAB中的数据类型的参照关系如表 10.8 所示，switch 语句就是通过 datatype 值获取实际的精度参数的。

表 10.8   .hdr 文件中的 datatype 值与 ENVI、MATLAB 中的数据类型的参照关系

datatype 值	对应 ENVI 中的数据类型	对应 MATLAB 中的数据类型
1	Byte	uint8
2	Integer	int16
3	Long Integer	int32
4	Floating point	float32
5	Double Precision	double
12	Unsigned Int	uint16
13	Unsigned Long	uint32

事实上除了上述数据类型，还有其他的类型，但是在读取遥感图像数据时，非数值的数据类型是无效且错误的，因此对于这种情况要使用 error 来报错。

获取所需的参数后，即可打开.img 文件，尝试读取遥感数据。

```
imgfile='D:\rsdip\Chapter10\matlab_examples\10.3\can_tmr.img'
data = multibandread(imgfile ,[lines, samples, bands],precision,offset,
interleave,'ieee-le');
data=im2double(data);
```

上述代码将读取的数据转为 double 型的矩阵，实际就是将数据读进 data 中，然后将其归一化转换为双精度的矩阵。该矩阵大小为 400×640×6，共 6 个波段。下面尝试获取其中的一个波段，将其显示出来查看。

```
data1=data(:,:,1);
```

这样就得到了第一个波段的数据，存储在 400×640 的矩阵 data1 中。使用 imshow( )函数显示该矩阵对应的影像，如图 10.30 所示。

```
imshow(data1)
```

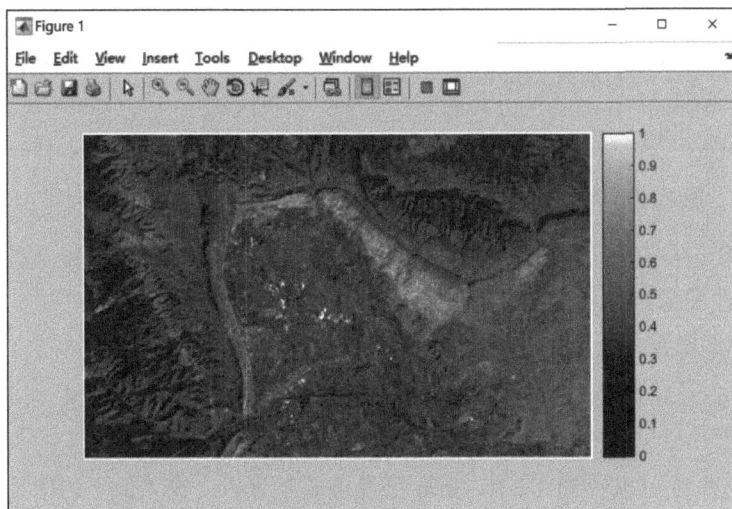

图 10.30　使用 imshow( )函数显示读取的遥感图像

上述数据未经拉伸，因此显示效果不佳，读者可以自行操作，在计算机显示屏上应该会显示比较清楚。.dat 格式的遥感影像同样使用.hdr 文件来记录元数据，且.hdr 文件内信息组织的方式与该示例中的一致，因此直接修改上面代码中的文件路径即可直接读入.dat 文件。

10.3.3　使用 MATLAB 转存图像为带地理坐标信息的 TIFF

下面学习使用 geotiffwrite( )函数将读取的图像转存为带地理坐标信息的 TIFF 格式（GeoTiff）。

geotiffwrite( )函数语法如下：

```
geotiffwrite(filename,A,R)
geotiffwrite(filename,X,cmap,R)
geotiffwrite(...,Name,Value)
```

其中，filename 是将要存储的文件名，注意扩展名是.tif；A 是真正的数据矩阵；R 是提供空间参考信息的对象，可以是 spatialref.GeoRasterReference 对象或 spatialref.Map RasterReference 对象；X 是索引图；cmap 表示 MATLAB 中的颜色映射。

为了解 MATLAB 使用 geotiffread( )和 geotiffwrite( )等函数处理带信息的 TIFF 格式图像的机制，首先使用 geotiffread( )函数读入 srtm_58_05.tif 文件，观察其携带的信息。

对于 geotiff，可以直接使用 geotiffread( )函数读入，关于该函数的用法如图 10.31 所示。

Description
[A,R] = geotiffread(filename) reads a georeferenced grayscale, RGB, or multispectral image or data grid from the GeoTIFF file specified by filename into A and creates a spatial referencing object, R.
[X,cmap,R] = geotiffread(filename) reads an indexed image into X and the associated colormap into cmap, and creates a spatial referencing object, R.
[A,refmat,bbox] = geotiffread(filename) reads a georeferenced grayscale, RGB, or multispectral image or data grid into A, the corresponding referencing matrix into refmat, and the bounding box into bbox.
[X,cmap,refmat,bbox] = geotiffread(filename) reads an indexed image into X, the associated colormap into cmap, the referencing matrix into refmat, and the bounding box into bbox. The referencing matrix must be unambiguously defined by the GeoTIFF file, otherwise it and the bounding box are returned empty.
[___] = geotiffread(filename,idx) reads one image from a multi-image GeoTIFF file.
[___] = geotiffread(url, ___) reads the GeoTIFF image from a URL.

图 10.31　MATLAB 帮助文档中关于 geotiffread( )函数语法的介绍

另外，使用 geotiffinfo( )函数可读取 TIFF 格式图像的相关信息。该函数返回一个包含了 GeoTIFF 文件图像属性和地图信息的结构体（struct）。

在 MATLAB 中输入下列代码，保存为 readtiff.m，然后运行：

```
[X,R]=geotiffread('srtm_58_05.tif');
info=geotiffinfo('srtm_58_05.tif');
```

在"工作区"中可以看到 X、R、info 已经被成功读入，在"值"列中还可以查看它们各自的类型，如图 10.32 所示。

使用 class( )函数也可以查看，如图 10.33 所示。

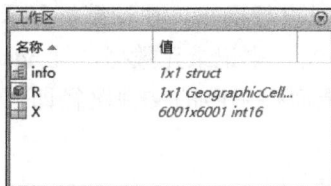

工作区	
名称 ▲	值
info	1x1 struct
R	1x1 GeographicCell...
X	6001x6001 int16

```
>> class(R)

ans =

    'map.rasterref.GeographicCellsReference'

fx >>
```

图 10.32　查看"工作区"中各变量的类型　　　图 10.33　使用 class( )函数查看指定变量的类型

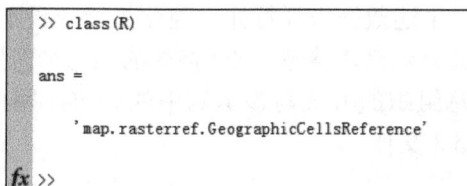

X 就是二维矩阵内容，即图像的每个像元值，对应 geotiffwrite( )函数中的参数 A。由此可见要使用 geotiffwrite( )函数构造带地理坐标信息的 TIFF 格式图像，关键就是 R 参数（地理空间参考对象）的定义。

双击"工作区"中的 R，可以查看其内容，如图 10.34 所示。

可以看到，R 中存储了图幅范围等空间坐标信息。例如，根据 CoordinateSystemType 一项可以看出，该图像采用的是地理坐标系，根据 LatitudeLimits 可以看出图幅范围是从 34.9996°N 到 40.0004°N。

从上面可以看到，如果要得到 R，首先需要获得图 10.34 中的相关信息。文件 can_tmr 中并未包含投影信息（也可以使用 ENVI 打开查看一下，会发现并没有坐标信息）。因此，这里需要重新读入另一个带有空间参考信息的文件 L7-2000。该文件是.dat 格式的，因此需要对上面读取的代码稍加修改，将 L7-2000.dat 图像读入内存。

具体需要修改的地方如下：

将读入的文件名改变，注意要改变.hdr 文件名和图像文件名（.img/dat）两处；
增加读入.hdr 文件中与地理空间参考相关字段的代码。

用记事本打开 L7-2000.hdr 文件，可以看到如图 10.35 所示的内容。

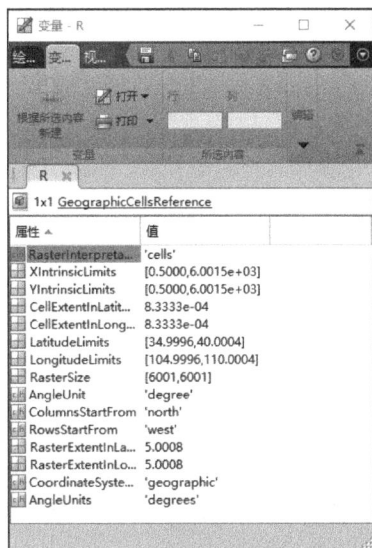

图 10.34　查看 R 的结构与内容

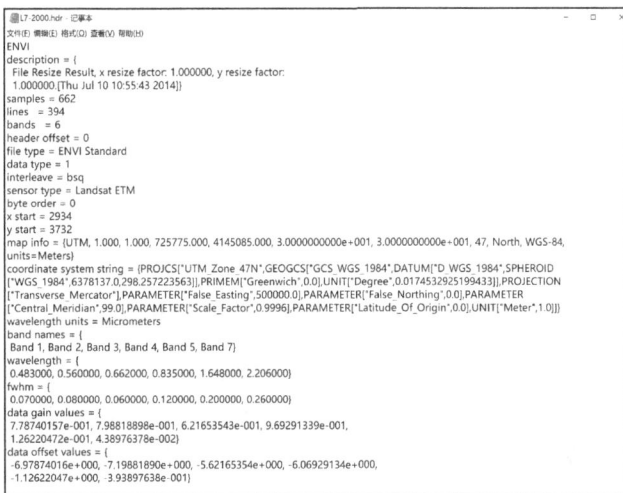

图 10.35　查看 L7-2000.hdr 的文件内容

其中，map info、coordinate system string 中包含空间参考信息，需要读入。由于这里只读取一个文件，可以直接查看。

构建 R 参数的对象时，地理坐标系可以使用 georefcells( )函数生成 R 参数，而投影坐标使用 maprefcells( )函数生成。

在 MATLAB 中输入如图 10.36 所示的代码（具体使用到的函数可以参看 MATLAB 的帮助文档，要求 MATLAB 版本较高）。其中 xWorldLimits、yWorldLimits 参数的取值来自.hdr文件中存放的元数据，也可直接在 ENVI 中查看元数据获取信息；在网站 http://epsg.io 可以查看坐标系编码，查得 WGS 84 / UTM zone 47N 的 EPSG 编码为 32647。

```
filename='dat_to_tiff.tif';
rasterSize=size(data1);
xWorldLimits=[725775 745635];
yWorldLimits=[4133265 4145085];
R = maprefcells(xWorldLimits,yWorldLimits,rasterSize,'ColumnsStartFrom','north');
CoordRefSysCode=32647; % WGS 84 / UTM zone 47N的坐标系编码为32647
geotiffwrite(filename, data1, R,'CoordRefSysCode',CoordRefSysCode);
```

图 10.36　查看 L7-2000.hdr 的文件内容

另外，.shp 文件的读入也使用类似 geotiffread( )函数的方法，函数名为 shaperead。将读取得到两个结构体：第一个记录地理信息，第二个记录其他属性信息，示例如图 10.37所示。

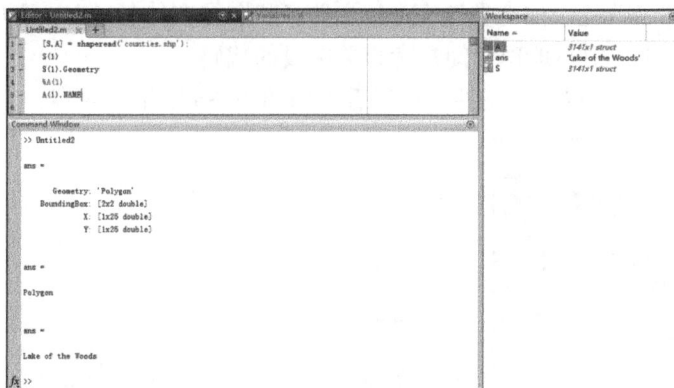

图 10.37　使用 shaperead( )函数快速读取.shp 文件

10.3.4　使用 MATLAB 进行遥感图像的拉伸

在 10.3.2 小节的例子中，我们将 can_tmr.img 数据作为多维矩阵读入，并显示查看了它第一波段的图像。由于没有经过灰度拉伸，该图像整体偏暗，难以辨认。为了满足目视解译的需求，需要对它进行一定的灰度拉伸，调整其灰度的直方图。这里介绍查看图像灰度直方图以及对它进行灰度拉伸、直方图均衡化的方法。

1．查看图像灰度直方图

imhist( )函数可以直接绘制直方图，但要求传入参数是灰度图像，因此若是 RGB 等其他格式的图像，则需要使用一定函数（如 rgb2gray( )函数）转化为灰度图像。在 10.3.2 小节中已经读入了图像内容，需要显示第一波段 data1 的直方图，而 data1 已经是灰度图像，因此可以直接使用下列语句：

```
imhist(data1)
```

这样可以直接得到灰度直方图，如图 10.38 所示。

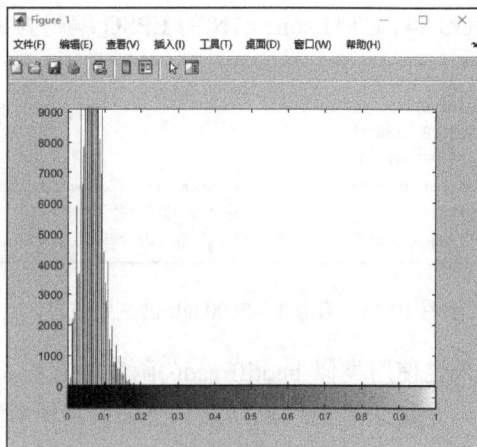

图 10.38　查看 data1 的灰度直方图

绘制归一化的直方图（图 10.39）：

```
[M,N]=size(data1)
%计算有 32 个区间的灰度直方图
%counts 代表返回的直方图数据向量,z 代表彩色向量
[counts,z]=imhist(data1,32)
%计算归一化直方图各区间的值
counts=counts/M/N
%绘制归一化直方图
stem(z,counts)
```

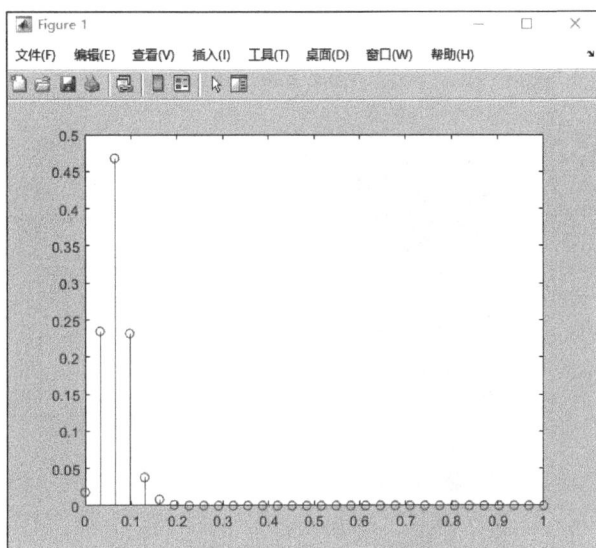

图 10.39　归一化的直方图

2. 直方图均衡化

直方图的均衡化可以使用内置函数 adapthisteq( )或 histeq( )实现，也可以利用直方图均衡化的原理自行编写代码实现。

下面的代码使用 adapthisteq( )和 histeq( )两种函数实现均衡化，对 can_tmr.img 图像进行均衡化处理，并显示其处理后的图像与直方图。其中，subplot( )函数用于绘制子图，如 subplot（3,2,2）表示绘制 3 行 2 列共 6 个子图，当前绘制第 2 幅；title 用于指定图的标题。

```
%直方图均衡化
%由 readIMG 读入 data1
subplot(3,2,1);
imshow(data1);title('第一波段原图');
subplot(3,2,2);
imhist(data1);title('原图直方图');
subplot(3,2,3);
```

```
h1=adapthisteq(data1);%使用内置的 adapthisteq()函数进行均衡化
imshow(h1);title('adapthisteq 均衡后图');
subplot(3,2,4);
imhist(h1);title('adapthisteq 均衡后直方图');
subplot(3,2,5);
h2=histeq(data1);
imshow(h2); title('histeq 均衡后图');
subplot(3,2,6);
imhist(h2); title('histeq 均衡后直方图');
```

输出结果如图 10.40 所示。

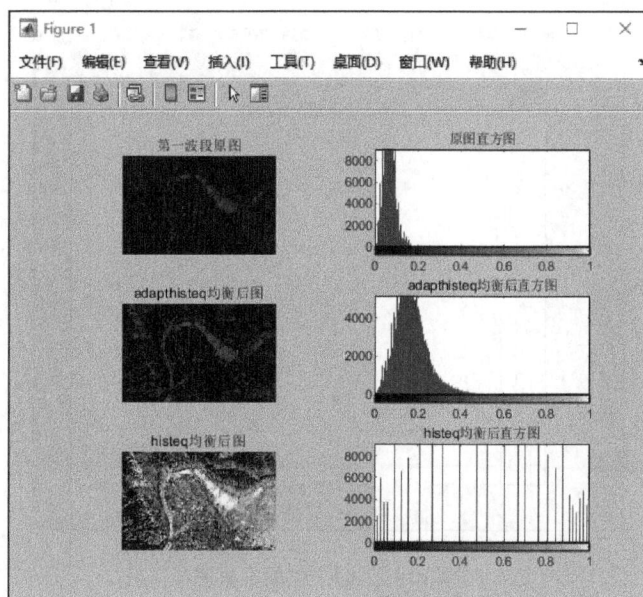

图 10.40　使用 adapthisteq( )与 histeq( )函数实现均衡的效果比较

除了使用内置的函数，我们也可以自行编写代码，对图像进行自定义的均衡化。该程序的思路如下：

在直方图均衡化过程中，映射方法如下列公式所示：

$$s_k = \sum_{j=0}^{k} \frac{n_j}{n} \quad k = 0,1,2,\cdots,L-1$$

因此可以借助累计直方图进行直方图的均衡化。首先使用循环语句统计每个像素值出现的次数；接着将频数除以矩阵大小（$M \cdot N$）得到每个像素值出现的频率，使用 cumsum 计算累计频率；然后将取值为 0.0～1.0 的频率，映射为取值为 0～255 的灰度值区间，之后进行取整；最后将处理后的图像进行显示。

由于代码过长，书中不再展示，详细代码和注释见 custom_equalize.m 文件。

使用自定义代码均衡化后，输出结果如图 10.41 所示。

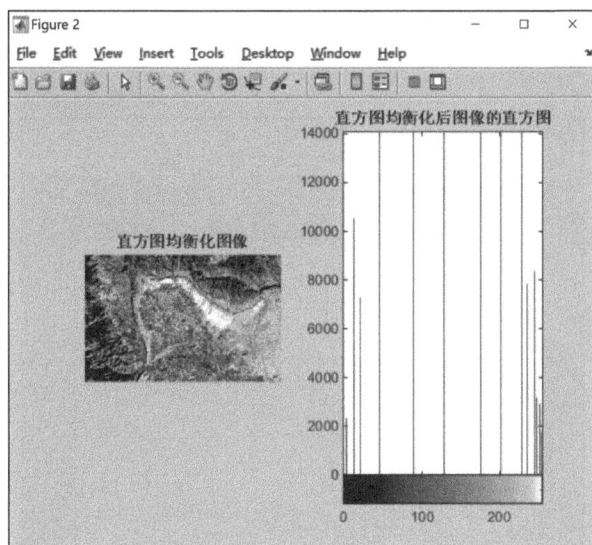

图 10.41　自定义均衡化的效果

3. 拉伸图像

（1）最大最小归一化线性拉伸

使用最大最小归一化方式对像元值进行归一化处理，实现图像 data1 的拉伸显示，并进行查看，如图 10.42 所示。

```
ma=double(max(max(data1)));
mi=double(min(min(data1)));
img=(255/(ma-mi))*data1-(255*mi)/(ma-mi);
img1=uint8(img);
figure,imshow(img1)
```

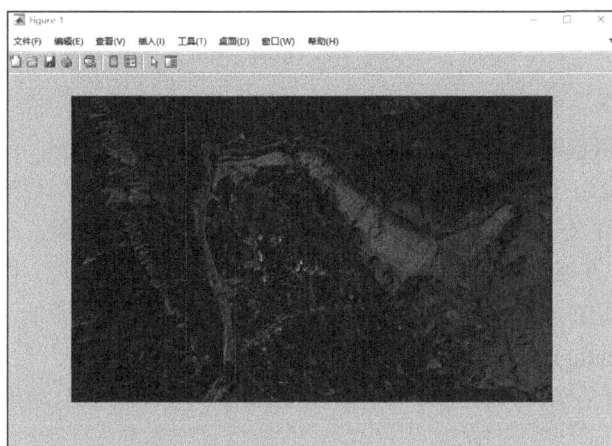

图 10.42　最大最小归一化线性拉伸效果

查看拉伸后的直方图（图 10.43）：

```
figure,imhist(img1)
```

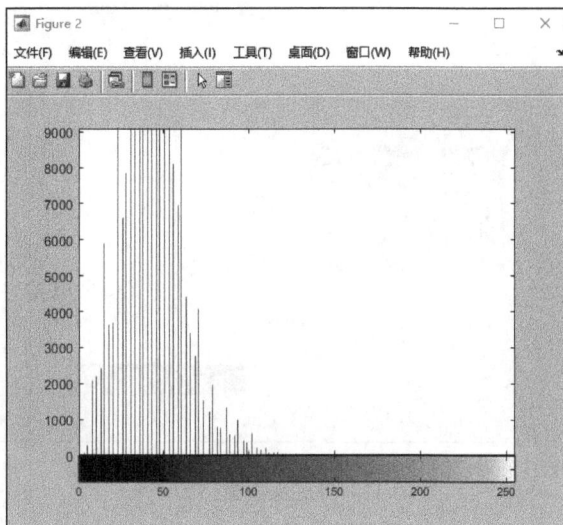

图 10.43　最大最小归一化线性拉伸后的直方图

（2）2%线性拉伸

2%线性拉伸是仅拉伸灰度值在 2%～98%处的部分，将低于 2%的灰度设为 0，大于 98%的灰度设为 255，中间的部分使用最大最小归一化方法进行线性拉伸。根据实践经验，2%对于大多数图像的显示都是较理想的拉伸方式，是遥感图像显示常见的工具。

进行 2%线性拉伸，首先要得到归一化的直方图，然后将各灰度值的频度归一化结果进行累计，得到累计直方图。根据累计直方图求取 2%处的灰度作为灰度最小值，98%处的灰度值作为灰度最大值，进行线性拉伸。其实 MATLAB 中有直接提供函数用于确定拉伸范围的灰度，并进行灰度拉伸，该函数为 imadjust( )，其方法签名如下：

```
f1=imadjust(f,[low_in  high_in],[low_out  high_out],gamma)
```

其中，f 代表图像矩阵，把图像 f 灰度变换到新图像 f1 的过程中，f 中灰度值低于 low_in 的像素点在 f1 中灰度值被赋值为 low_out，同理，f 中灰度值高于 high_in 的像素点变换到 f1 时，其灰度值被赋值为 high_out，它们都可以使用空的矩阵[]，默认值是[0 1]。对于参数 gamma，当 gamma<1 时，灰度图像靠近 low_in 的灰度值较低，像素点灰度值变高，其灰度变化范围被拉伸；灰度值靠近 high_in 的一端灰度变化范围被压缩，图像整体变明亮。当 gamma>1 时，灰度图像靠近 low_in 的灰度值较低，像素点灰度值变低，其灰度变化范围被压缩；灰度值靠近 high_in 的一端的灰度变化范围被拉伸。

该变换也可结合 MATLAB 工具箱函数 stretchlim( )使用，能自动确定阈值，完成对比度拉伸。

```
f1=imadjust(f,stretchlim(f),[ ]);
```

stretchlim( )函数的方法签名如下：

```
Low_High = stretchlim(f, tol)
```

其中，f 是一张灰度图片，tol 如果是一个两元素向量[low_frac high_frac]，指定了图像低和高像素的饱和度百分比；tol 如果是一个标量，那么 low_frac = tol，high_frac = 1−low_frac。tol 默认值是[0.01 0.99]。简单地说，就是计算两个阈值（默认情况），其中 low 代表小于这个值的像素占整张图片的 1%，high 代表大于这个值的像素占整张图片的 1−0.99=1%。

在 MATLAB 中输入如下代码，即可得到 2%线性拉伸后的图像。

```
f2=imadjust(data1,stretchlim(data1,[0.02 0.98]),[]);
imshow(f2)
```

使用同样的方法，也可以快速实现最大最小归一化线性拉伸。

```
f1=imadjust(data1,stretchlim(data1,[0 1]),[]);
imshow(f1)
```

对比两种拉伸后的图像显示效果（图 10.44）：

```
subplot(1,2,1)
imshow(f1);title('最大最小值归一化拉伸')
subplot(1,2,2)
imshow(f2);title('2%线性拉伸')
```

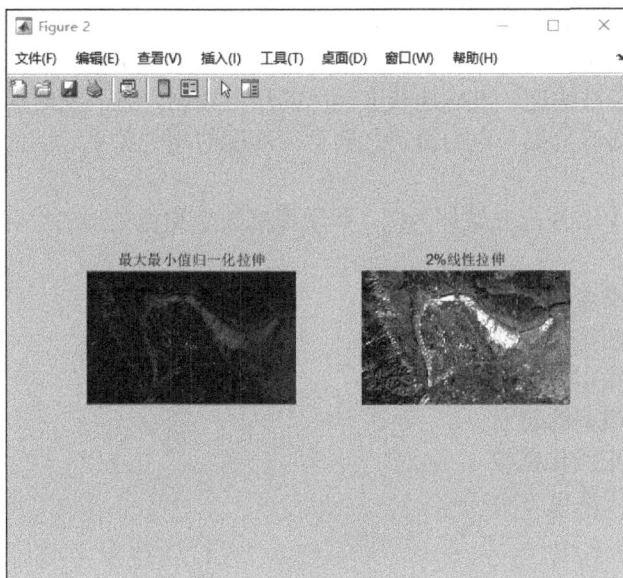

图 10.44　对比两种拉伸的显示效果

第 11 章

遥感数字图像处理综合应用

夜光遥感数据即夜间灯光数据，是指在夜间无云的情况下捕捉城镇灯光、渔业灯光等的情况。它能够较好地反映人类的社会活动及经济发展水平，因此被广泛应用于社会经济领域。目前的遥感数据主要有：

1）美国军事气象卫星搭载的线性扫描业务系统（defense meteorological satellite program's operational linescan system，DMSP-OLS），该系统提供 1992～2012 年的全球夜光遥感数据。

2）美国国家极地轨道合作卫星搭载的可见光红外成像辐射仪（national polar-orbiting partnership's visible infrared imaging radiometer suite，NPP-VIIRS），该系统提供 2012 年至今的夜光遥感数据。

3）由我国武汉大学团队与相关机构共同研发制作的中国首颗专业夜光遥感卫星"珞珈一号"卫星，该卫星提供 2018 年至今的夜光遥感数据，提供丰富的国内数据。

电力消费（electric-power consumption，EPC）可以在一定程度上表示一个国家或地区的经济发展水平，但是传统的电力消费统计数据方法浪费大量的资源且很难获得完整的数据。夜光遥感影像能够快速、准确地获取地区的用电数据，且不受时间和空间的限制。大量研究证明，夜光遥感数据与电力消费之间存在高度的相关关系。因此，可以用夜光数据拟合电力消费情况。

本实例以 NPP-VIIRS 夜光数据为例，体现遥感数字图像处理的综合应用。本章主要介绍以下内容：

- 11.1 数据准备
- 11.2 夜光数据预处理
- 11.3 提取城市中心与农村地区
- 11.4 回归模型的建立
- 11.5 EPC 空间化模拟
- 11.6 少数民族电力消费

11.1 数据准备

1. NPP-VIIRS 夜间灯光数据

鉴于 NPP-VIIRS 提供的数据像对较新，本实例采用 NPP-VIIRS 全球 2012～2017 年无云合成产品中的月平均数据，下载自美国国家地球物理数据中心网站 NOAA/NGDC（https://www.ngdc.noaa.gov/eog/viirs/download_dnb_composites.html）。

2．POI 数据

POI 数据也称为兴趣点数据，是一种基于位置服务的地理空间信息，POI 数据包含如经纬度信息等精确的位置信息，还包含与名称、类型等相关的文本描述信息。POI 数据的获取渠道有很多，如百度地图 API、高德地图 API、BIGMAP 地图下载器。本实例提供 POI 数据与地名数据集通过核密度处理后的结果。

3．地名数据

地名数据是反映位置信息的空间数据，主要包括人类居住地区的一些地理位置名称。在中国国家地名信息库下载 2019 年第二次全国地名普查结果，再筛选出德宏傣族景颇族自治州（以下简称德宏州）的地名数据备用（http://dmfw.mca.gov.cn/）。

4．EPC 数据

EPC 数据，即电力消费数据。本实例使用 2012～2017 年德宏州县级年度电力消费统计数据，下载自中国经济社会大数据研究平台（http://data.cnki.net/）。

5．德宏州县级行政边界

本实例需使用 2017 年德宏州的州级、县级、乡镇级行政边界，下载自国家基础地理信息中心网站（http://www.ngcc.cn/ngcc/）。

11.2　夜光数据预处理

11.2.1　夜光数据裁剪

对下载得到的夜光数据进行解压，下载得到的数据是 NPP-VIIRS 月度夜间灯光数据，因此，使用德宏州县级行政边界对下载得到的 2012～2017 年每月的月度夜光数据进行批量裁剪。

1）在 ArcGIS 的 ArcToolbox 中单击 Spatial Analyst Tools→Extraction→Extract by Mask 工具，打开使用掩模裁剪数据对话框。

2）在对话框中输入栅格为每月的夜光数据。以德宏州县级行政边界 Dehong_totalboundary.shp 作为掩模进行裁剪，设置输出文件名称及路径。以 2012 年 4 月的夜光数据为例，其他月份的处理方式与此相同，如图 11.1 所示。

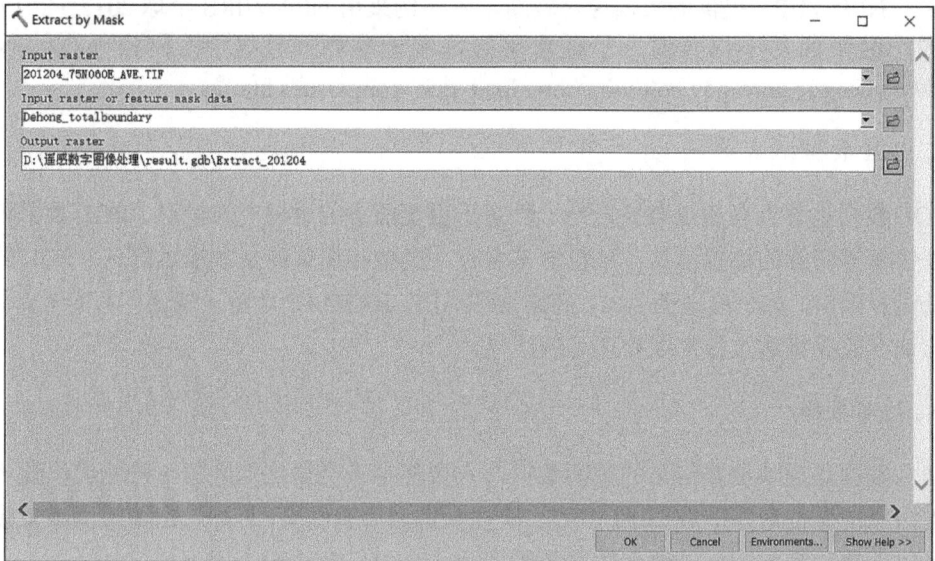

图 11.1　夜光数据裁剪示意图

11.2.2　重投影

为了使数据更加精确，避免网格形变带来的影响以及方便后续夜光亮度值的计算，将投影坐标系统一转换为以 WGS84 为基准的通用横墨卡托投影（universal transverse Mercator projection，UTM），本实例使用 WGS_1984_UTM_Zone_47N 投影坐标系。

1）在 ArcGIS 的 ArcToolbox 工具栏中单击 Data Management Tools→Projections and Transformations→Raster→Project Raster 工具，右击 Project Raster 选项，在弹出的快捷菜单中选择 Batch 选项进行批量投影，打开批量投影对话框。

2）在对话框中输入栅格为之前裁剪好的夜光数据，设置输出文件名称及路径，输出坐标系为 WGS_1984_UTM_Zone_47N 投影坐标系，并使用三次卷积内插法将所有影像数据重采样为 1000m×1000m 的格网大小，如图 11.2 所示。

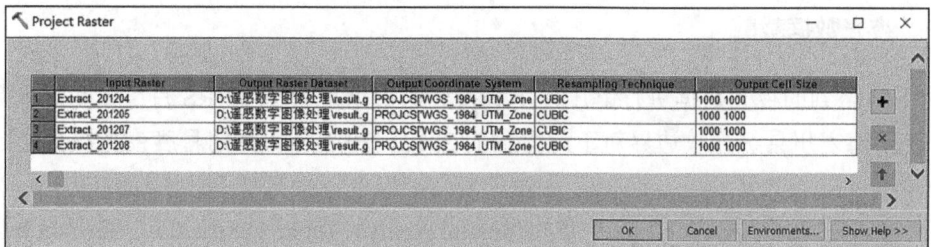

图 11.2　栅格数据重投影

11.2.3　月度数据合成年度数据

将预处理好的月度数据合成年度数据，主要是对月度数据求平均值，其计算公式为

$$DN_j = \frac{\sum_{i=1}^{12} DN_i}{12}$$

式中，DN_i 为某月的灯光亮度值；DN_j 为某年的平均灯光亮度值。

1）在 ArcGIS 的 ArcToolbox 中单击 Spatial Analyst Tools→Map Algebra→Raster Calculator 工具，打开栅格计算器对话框。

2）在对话框中输入公式("ProjectRaster_201204" + "ProjectRaster_201205" + "ProjectRaster_201206" + "ProjectRaster_201207" + "ProjectRaster_201208" + "ProjectRaster_201209" + "ProjectRaster_201210" + "ProjectRaster_201211" + "ProjectRaster_201212") / 9，设置输出文件名称及路径，如图 11.3 所示。

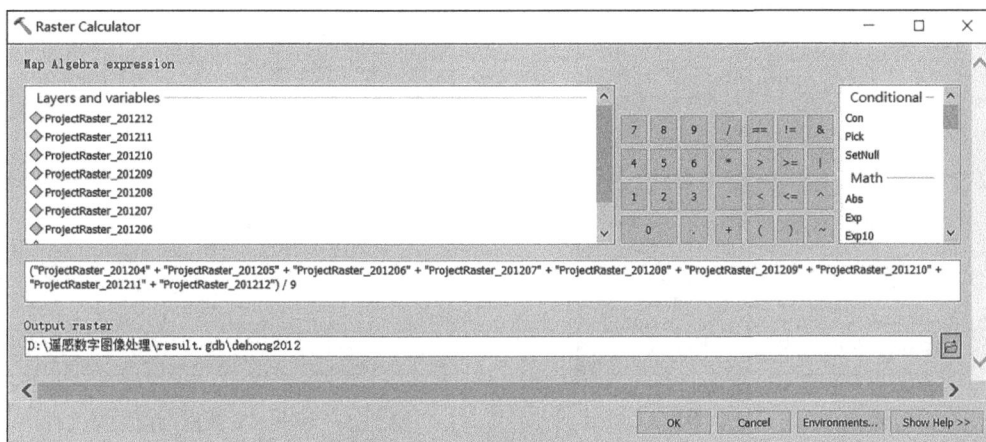

图 11.3　合成年度数据示意图

其余年份的处理方法与上述相同，本实例提供 2012 年的夜光遥感数据，其他年份请参考 11.1 节 "1. NPP-VIIRS 夜间灯光数据" 提供的网址自行下载。

11.3　提取城市中心与农村地区

11.3.1　导入 POI 数据与地名数据集

由于 POI 数据与地名数据存在一定的互补性，在本实例中，通过消除两类数据的冗余，将 POI 数据与地名数据合成为统一的数据集，命名为 "德宏地名+POI"，以便后续使用。

1）在 ArcGIS 中导入 "德宏地名+POI" 数据，选择 File→Add Data→Add Data 选项，加载数据，以便后续处理。

2）右击打开的 Excel 表格，在弹出的快捷菜单中选择 Display XY Data 选项，选择参考坐标系，显示在视图窗口中，如图 11.4 所示。

3）由于后续的处理都是基于点数据的，而打开的为表格数据，所以需要将打开的 XY

数据导出为点数据文件。步骤：右击 Sheet1$ Events，在弹出的快捷菜单中选择 Data→Export Data 选项，打开 Export Data 对话框，设置输出路径和名称，如图 11.5 所示。

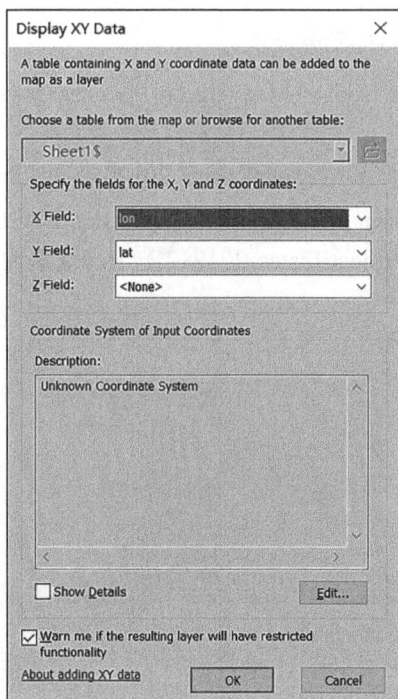

图 11.4　显示 XY 数据

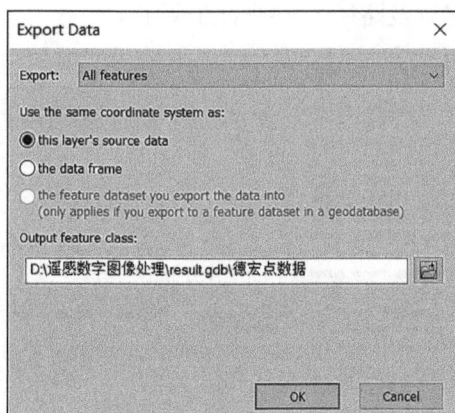

图 11.5　导出 XY 数据为点数据文件

11.3.2　核密度分析

核密度分析（kernel density estimation，KDE）是计算点、线要素测量值在一定范围内单位密度的密度分析方法。其原理是根据数据点距离中心点的远近赋予权重，权重随距离中心点的距离增大而减小，最后计算研究区域中所有数据点的加权平均密度。核密度的计算公式为

$$P_i = \frac{1}{n\pi R^2} \cdot \sum_{j=1}^{n} K_j \left(1 - \frac{D_{ij}^2}{R^2}\right)^2$$

式中，P_i 为任意点 i 的核密度；K_j 为数据点 j 的权重；D_{ij} 为点 i 与点 j 之间的距离；R 为计算规则区域的带宽（bandwidth）（$D_{ij}<R$）；n 为带宽 R 范围内研究对象 j 的数量。

本实例提供经过核密度处理后的结果，读者也可以使用自己下载的 POI 数据与地名数据根据下列步骤自行进行核密度分析，具体步骤如下：

1）在 ArcToolbox 中打开 Spatial Analyst Tools→Density→Kernel Density，对数据点进行核密度分析。输入要素为"德宏点数据"，输出像元大小为 100，搜索半径为 1000，设置输出文件名称和路径，如图 11.6 所示。

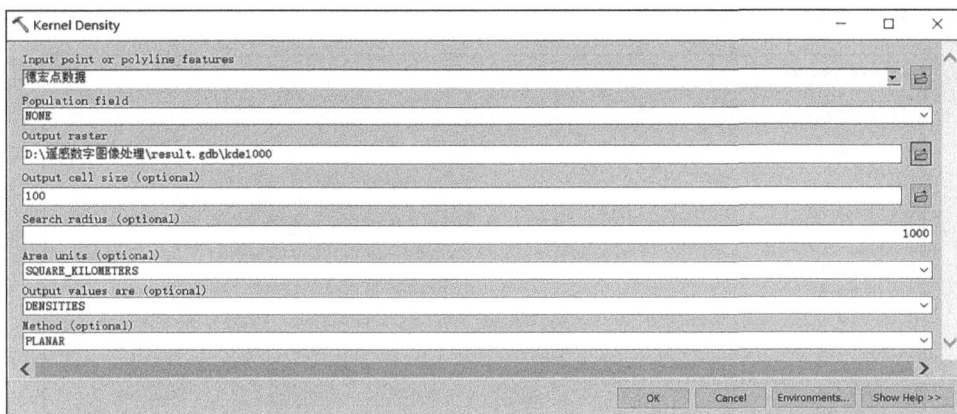

图 11.6　核密度分析

2）重采样处理好的 NPP-VIIRS 数据。在 ArcToolbox 中单击 Data Management Tools→Raster→Raster Processing→Resample 工具，右击 Resample，在弹出的快捷菜单中选择 Batch选项，进行批量重采样处理。设置输入数据、输出名称和路径，输出像元为 100m×100m，选择三次卷积插值法进行重采样，如图 11.7 所示。

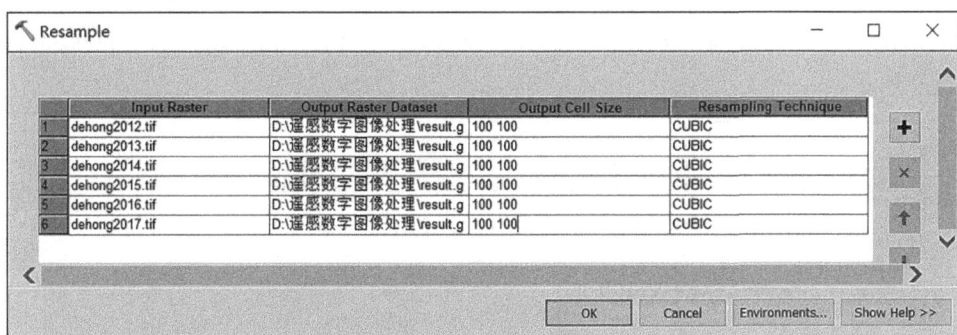

图 11.7　NPP-VIIRS 数据批量重采样处理

11.3.3　NTL&POI 综合指数计算

使用重采样后的 NPP-VIIRS 夜光数据与核密度分析结果进行综合指数的计算，其计算公式如下：

$$\text{NTLPOI}_i = \sqrt{D_i \cdot \text{NTL}_i}$$

式中，NTLPOI_i 为数据点 i 的 NTL&POI 综合指数；NTL_i 为数据点 i 夜间灯光辐射亮度值；D_i 为数据点 i 核密度值。

以 2012 年为例，加载 2012 年 NPP-VIIRS 重采样数据"dehong100"及核密度分析结果"kde1000"，在 ArcToolbox 中单击 Spatial Analyst Tools→Map Algebra→Raster Calculator工具，打开栅格计算器，在计算器中输入：SquareRoot("dehong100" * "kde1000.tif")，设置输

出文件名称和路径，如图 11.8 所示。

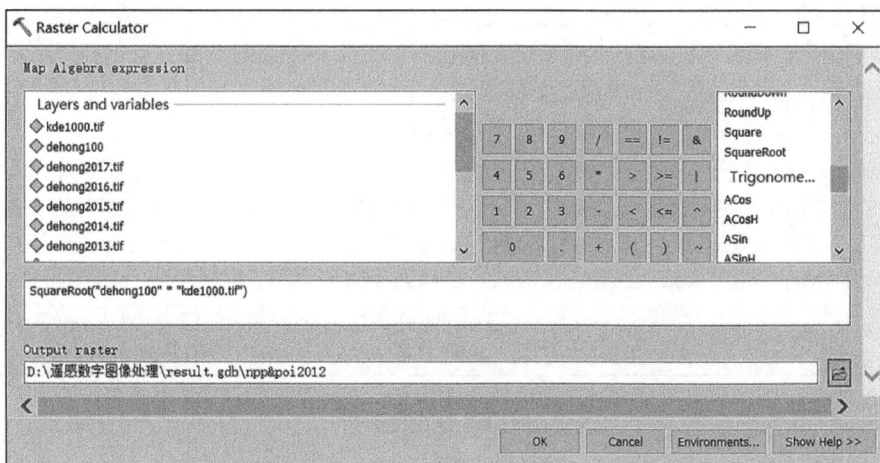

图 11.8　NTL&POI 综合指数计算

11.3.4　农村地区与城镇地区分类

1）使用上述综合指数计算得到的栅格数据"npp&poi2012"，在 ArcToolbox 中单击 Spatial Analyst Tools→Recalss→Reclassify 工具，打开 Reclassify 窗口，输入栅格为"npp&poi2012"，如图 11.9 所示。

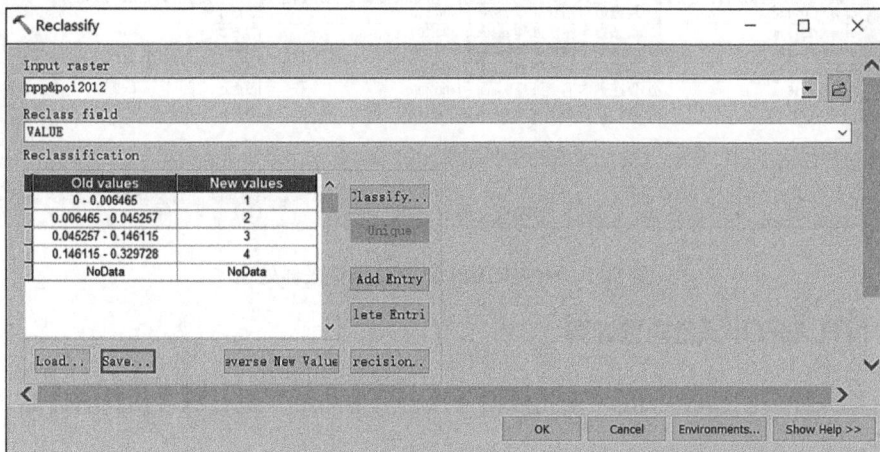

图 11.9　NTL&POI 综合指数分类

2）单击 Reclassify 窗口中的 Classify 按钮，打开 Classification 对话框（图 11.10），在 Method 下拉列表中选择 Natural Breaks（Jenks）选项；将 Classes 设为 4，单击 OK 按钮。

3）修改分类结果的颜色及 Label 名称，以便区分，得到分类结果占比如图 11.11 所示。

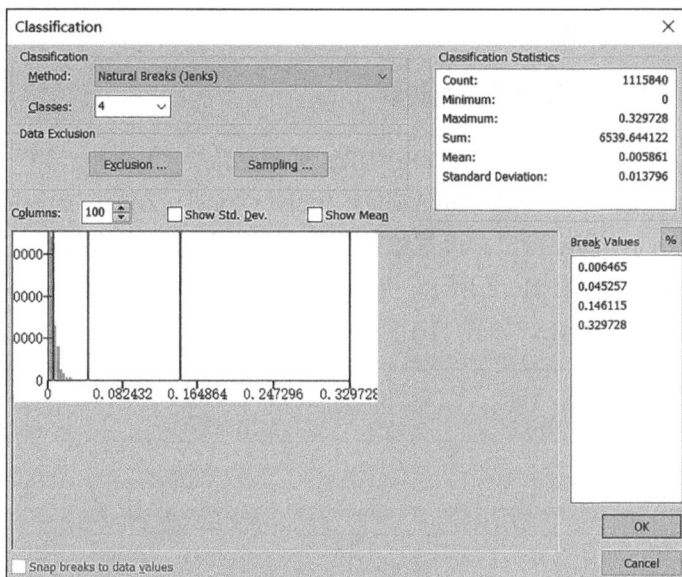

图 11.10 自然间断法分类

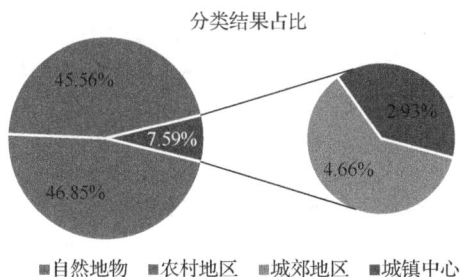

图 11.11 2012 年分类结果占比

彩图 11.11

11.4 回归模型的建立

电力消费模型的构建在 1000m×1000m 的格网下进行。灯光指数在一定程度上能反映一个地区的用电情况，在研究中通常会使用到 4 种灯光指数：平均灯光强度（I）、灯光面积比（S）、夜间灯光总强度（total night-time light，TNL）、综合灯光指数（compounded night light index，CNLI）。本实例使用 TNL 建立电力消费回归模型，TNL 是指某行政区域内夜间灯光辐射亮度之和，其计算公式如下：

$$TNL = \sum_{i=1}^{n} DN_i$$

式中，TNL 为夜间灯光总强度，DN_i 为某一行政区域内夜间灯光辐射亮度值。

11.4.1 夜间灯光总强度提取

1．德宏州各县市夜间灯光总强度提取

以 2012 年为例，加载 2012 年 NPP-VIIRS 重采样数据"dehong100"及德宏州县级行政边界。在 ArcToolbox 中双击 Spatial Analyst Tools→Zonal→Zonal Statistics as Table 工具，打开 Zonal Statistics as Table 窗口，设置输入栅格数据或要素数据、区域字段、赋值栅格、输出文件名称及路径，如图 11.12 所示。用同样的方法进行其他年份的设置，得到 2012～2017 年德宏州各县市的 TNL，如表 11.1 所示。

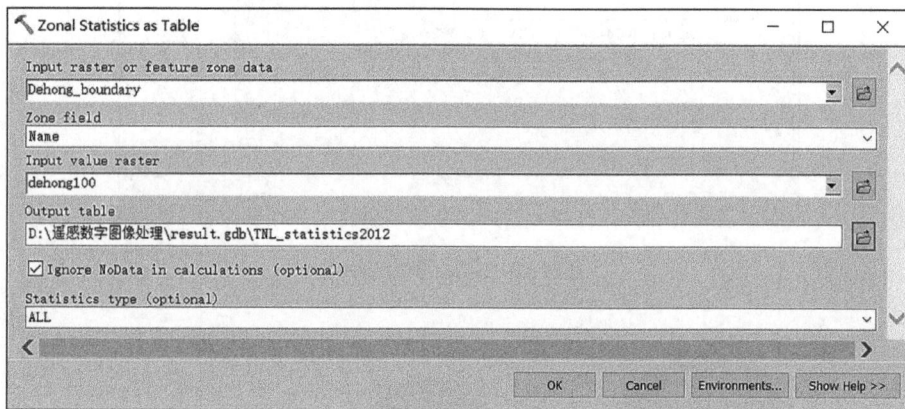

图 11.12　德宏州各县市 TNL 分区统计

表 11.1　2012～2017 年德宏州各县市的 TNL　　　　（单位：10⁴kW·h）

年份	瑞丽	芒市	梁河	盈江	陇川
2012	43757	105419	35843	129793	60050
2013	44529	108576	35721	130127	60074
2014	44979	107738	35651	129832	60210
2015	44557	106523	35644	129654	60488
2017	43988	105757	35494	129549	62121

2．德宏州各县市农村地区夜间灯光总强度提取

在上述重分类的结果中，农村地区的栅格值为 2。当栅格值为 2 时，赋值为 1，其余为 0。在 ArcToolbox 中双击 Spatial Analyst Tools→Map Algebra→Raster Calculator 工具，打开栅格计算器，输入公式：Con("Reclass_npp4"==2,1,0)，研究区分农村地区及非农村地区，农村地区栅格值被赋值为 1，非农村地区栅格值被赋值为 0，设置输出文件名称和路径，如图 11.13 所示。

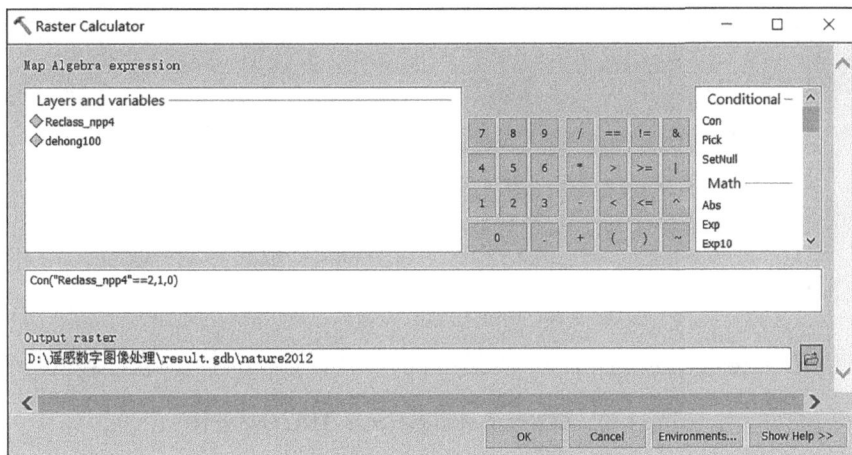

图 11.13　农村地区提取

　　利用 NPP-VIIRS 重采样数据"dehong100"与农村地区栅格值进行相乘运算，得到农村地区的夜间灯光数据。在 ArcToolbox 中双击 Spatial Analyst Tools→Map Algebra→Raster Calculator 工具，打开栅格计算器，输入公式："nature2012" * "dehong100"，设置输出文件名称和路径，如图 11.14 所示。

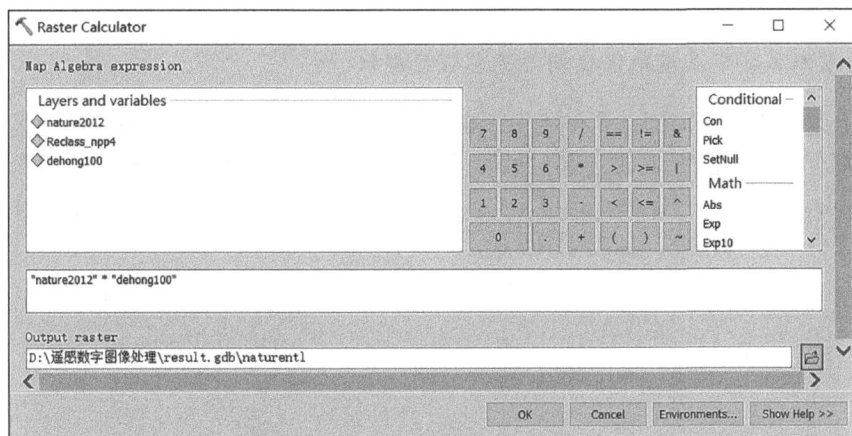

图 11.14　农村地区的夜间光照计算

　　对农村地区的 TNL 进行分区统计，方法和各县市 TNL 分区统计相同。在 ArcToolbox 中双击 Spatial Analyst Tools→Zonal→Zonal Statistics as Table 工具，打开 Zonal Statistics as Table 对话框。设置输入栅格数据或要素数据、区域字段、赋值栅格、输出文件名称及路径，如图 11.15 所示，得到 2012~2017 年德宏州各县市农村地区的 TNL，如表 11.2 所示。

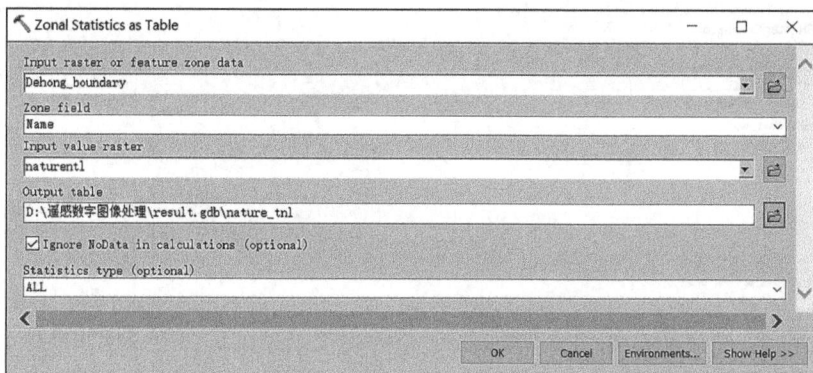

图 11.15　德宏州各县市农村地区 TNL 分区统计

表 11.2　2012～2017 年德宏州各县市农村地区的 TNL　　　　　（单位：10^4kW·h）

年份	瑞丽	芒市	梁河	盈江	陇川
2012	22514	41526	16169	38625	24910
2013	22917	43236	16003	38317	24435
2014	23400	42771	16067	38429	24608
2015	23058	42139	16103	38356	24782
2017	22983	42274	16179	38840	26619

3. 德宏州各县市城镇地区夜间灯光总强度提取

利用上述使用自然间断法得到的分类结果将第 3 段与第 4 段合并为城镇地区，研究区分为 3 个部分：自然地物、农村地区、城镇地区。具体步骤如下：在 ArcToolbox 中双击 Spatial Analyst Tools→Recalss→Reclassify 工具，打开 Reclassify 对话框，输入栅格为 Reclass_npp4，设置输出文件名称和路径，如图 11.16 所示。

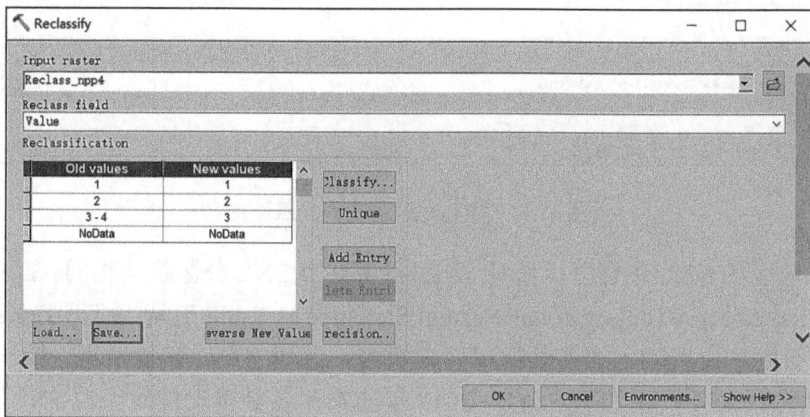

图 11.16　合并城郊地区与城镇中心

在上述重分类的结果中，城镇地区的栅格值为 3。当栅格值为 3 时，赋值为 1，其余为

0。在 ArcToolbox 中双击 Spatial Analyst Tools→Map Algebra→Raster Calculator 工具，打开栅格计算器，输入公式：Con("Reclass_Recl2"==3,1,0)，则研究区分城镇地区及非城镇地区，城镇地区栅格值被赋值为 1，非城镇地区被赋值为 0，设置输出文件名称和路径，如图 11.17 所示。

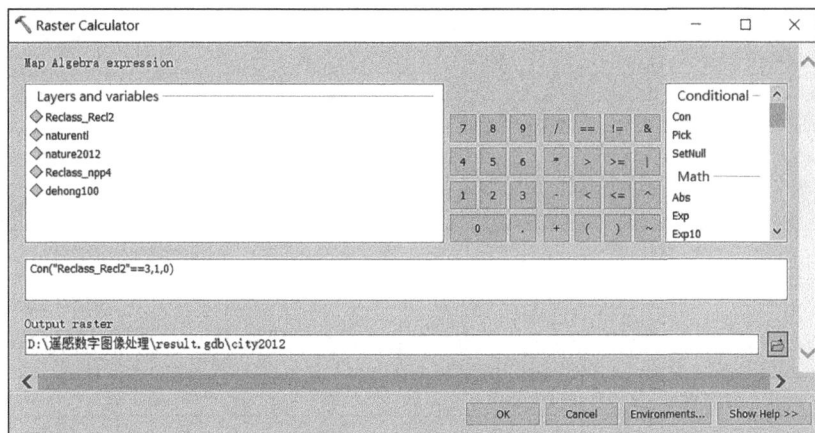

图 11.17　城镇地区提取

再利用 NPP-VIIRS 重采样数据"dehong100"与城镇地区进行相乘运算，得到城镇地区的夜间灯光数据。在 ArcToolbox 中双击 Spatial Analyst Tools→Map Algebra→Raster Calculator 工具，打开栅格计算器，输入公式："dehong100" * "city2012"，设置输出文件名称和路径，如图 11.18 所示。

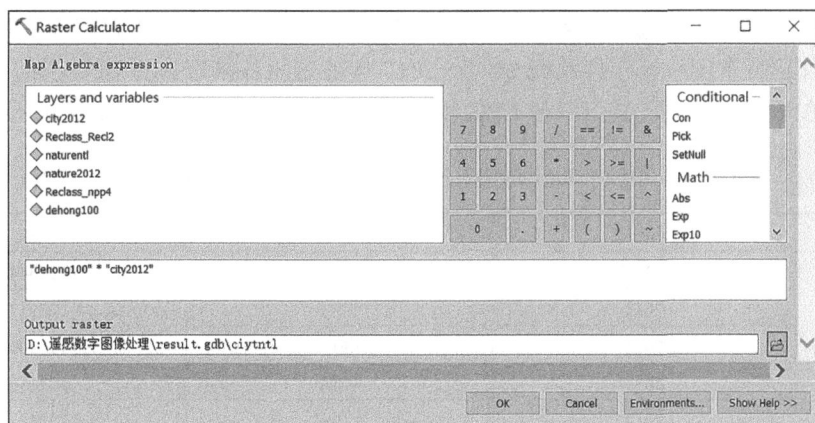

图 11.18　城镇地区的夜间光照数据计算

对城镇地区的 TNL 进行分区统计。在 ArcToolbox 中双击 Spatial Analyst Tools→Zonal→Zonal Statistics as Table 工具，打开 Zonal Statistics as Table 对话框，设置输入栅格数据或要素数据、区域字段、赋值栅格、输出文件名称及路径，如图 11.19 所示，得到 2012～2017 年德宏州各县市城镇地区的 TNL，如表 11.3 所示。

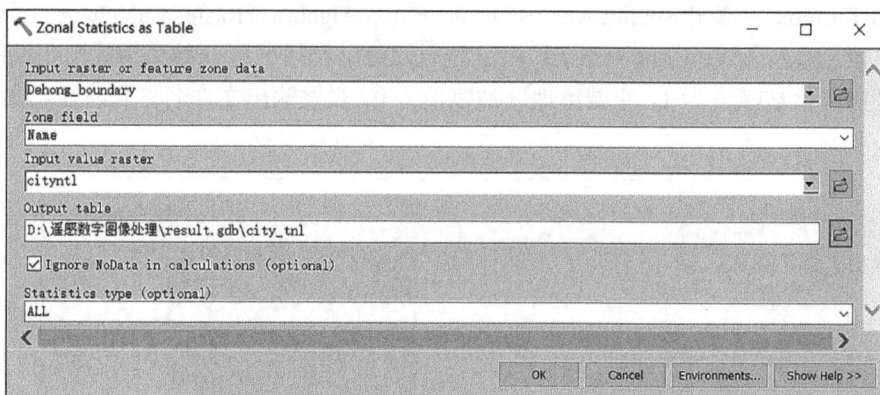

图 11.19　德宏州各县市城镇地区 TNL 分区统计

表 11.3　2012～2017 年德宏州各县市城镇地区的 TNL　　　　（单位：10^4kW·h）

年份	瑞丽	芒市	梁河	盈江	陇川
2012	4917	4119	1100	1648	1302
2013	4975	4117	967	1698	1373
2014	4997	4278	900	1695	1603
2015	4988	4292	862	1626	1652
2017	4803	4218	835	1746	1653

11.4.2　农村电力回归模型构建

使用 2012～2017 年德宏州各县市农村的 TNL 与各县市对应的农村用电量进行电力消费线性回归模型。查阅统计年鉴获得 2012～2017 年德宏州各县市农村 EPC。为了方便建模，将 2012～2017 年德宏州各县市农村 EPC 和 TNL 统计到一张表上，如表 11.4 所示。

表 11.4　2012～2017 年德宏州各县市农村 EPC 与 TNL　　　　（单位：10^4kW·h）

地区	年份	EPC	TNL
瑞丽	2012	25026	22514
	2013	7371	22917
	2014	15075	23400
	2015	7294	23058
	2017	12068	22983
芒市	2012	114691	41526
	2013	110567	43236
	2014	103295	42771
	2015	118332	42139
	2017	93842	42274
梁河	2012	18480	16169
	2013	17077	16003

续表

地区	年份	EPC	TNL
梁河	2014	29310	16067
	2015	39676	16103
	2017	25982	16179
盈江	2012	69357	38625
	2013	95717	38317
	2014	102437	38429
	2015	89363	38356
	2017	94850	38840
陇川	2012	52334	24910
	2013	60406	24435
	2014	74599	24608
	2015	72950	24782
	2017	51600	26619

1）本实例在 MATLAB R2015b 中构建线性模型。打开 MATLAB R2015b，在脚本中创建两个数组：TNL 和 EPC，数组 TNL 用于存放 2012～2017 年德宏州各县市的农村 TNL；数组 EPC 用于存放 2012～2017 年德宏州各县市的农村 EPC。具体步骤如下。

在 MATLAB R2015b 命令行窗口中输入以下数组（图 11.20）：

TNL=[22514 22917 23400 23058 22983 41526 43236 42771 42139 42274 16169 16003 16067 16103 16179 38625 38317 38429 38356 38840 24910 24435 24608 24782 26619];

EPC=[25026 7371 15075 7294 12068 114691 110567 103295 118332 93842 18480 17077 29310 39676 25982 69357 95717 102437 89363 94850 52334 60406 74599 72950 51600];

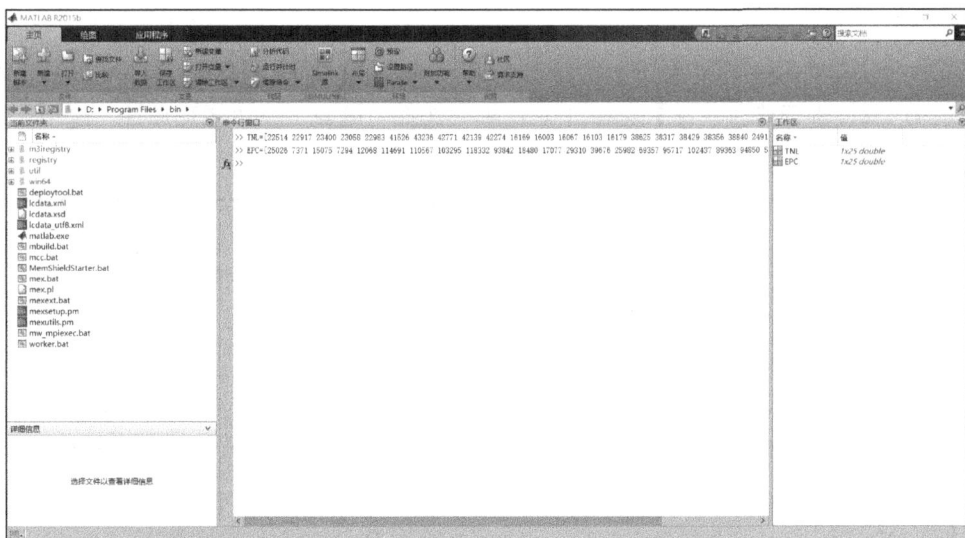

图 11.20　输入数组

2）在 MATLAB R2015b 的应用程序中单击 Curve Fitting 按钮，打开 Curve Fitting Tool 窗口，将 Fit name 设置为 Linear regression；将 X data 设置为 TNL；将 Y data 设置为 EPC，则会出现拟合结果，在下边的 Table of Fits 列表中可以看到拟合结果的回归系数 R^2 为 0.7835，如图 11.21 所示。

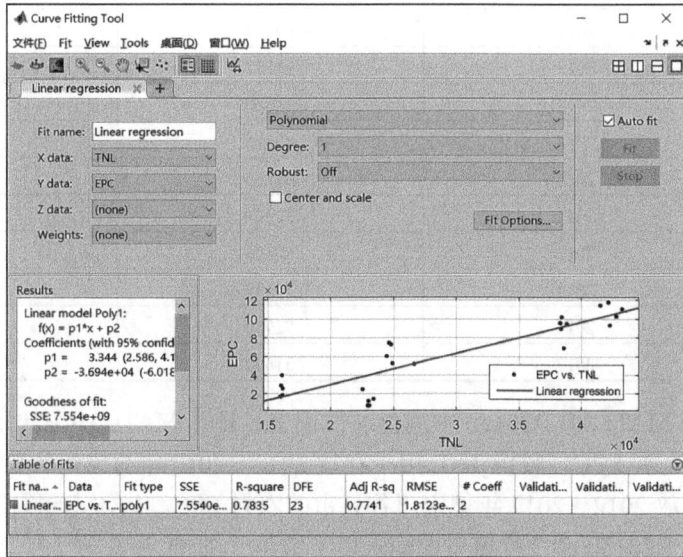

图 11.21　TNL 与 EPC 线性拟合结果

3）在 Results 列表中可知 2012～2017 年各县市农村地区的 TNL 与各县市对应的农村用电量的线性回归模型的回归公式如下：

$$EPC_i = 3.344TNL_i - 36940$$

式中，EPC_i 为第 i 个行政区划的农村电力消费量；TNL_i 为第 i 个行政区划的农村夜间灯光总强度。

4）在 Curve Fitting Tool 窗口中选择"文件"→Print to Figure 选项，打开 Figure 1 对话框，对图形属性进行修改。在 Figure 1 对话框中选择"编辑"→"图形属性"选项，即可对图形进行修改，修改后导出图片，如图 11.22 所示。

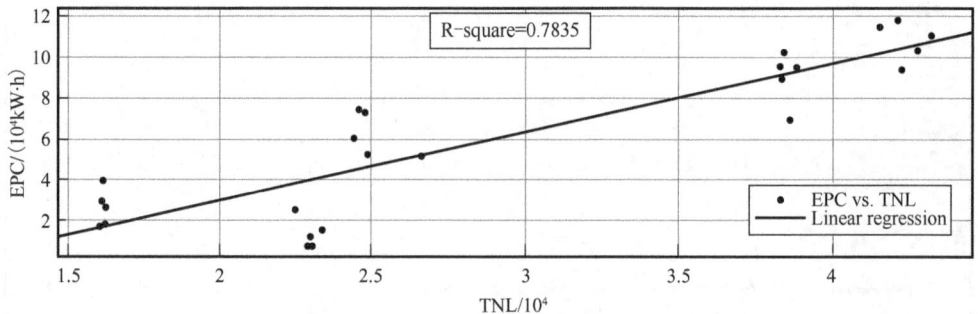

图 11.22　线性拟合图片编辑后结果

11.4.3　空间化估算模型构建

为了将模型应用到 1000m×1000m 分辨率的单位格网中，进行下一步的 EPC 空间化，需要将模型进行格网化的改进。根据 Zhao 等（2020）给出的方法，最终模型如下：

$$EPC_{ij} = 3.344R_{ij} - \frac{36940}{TNL_i} \cdot R_{ij}$$

式中，EPC_{ij} 为第 i 个行政区中的第 j 个格网的电力消费计算值；R_{ij} 为第 i 个行政区中的第 j 个格网的辐射亮度值；TNL_i 为第 i 个行政区中的农村夜间灯光总强度值。

11.5　EPC 空间化模拟

11.5.1　农村用电量空间化估算

使用 11.4.3 小节中提到的公式在 1000m×1000m 分辨率大小的格网下，对德宏州各县市的农村用电量进行空间化估算。

1）重采样得到农村夜间光照总强度栅格数据 naturentl 及城镇夜间光照总强度栅格数据 cityntl。在 ArcToolbox 中单击 Data Management Tools→Raster→Raster Processing→Resample 工具，右击 Resample，在弹出的快捷菜单中选择 Batch 选项，进行批量重采样处理。设置输入数据、输出名称和路径，输出像元为 1000m×1000m，选择三次卷积插值法进行重采样，如图 11.23 所示。

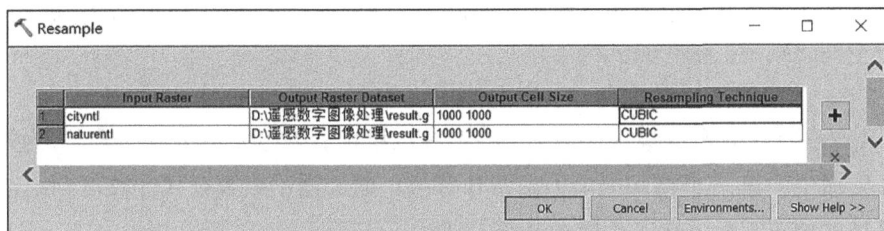

图 11.23　重采样农村与城镇 TNL

2）以德宏州的盈江县为例，首先使用德宏州县级行政边界将盈江县重采样的农村地区栅格裁剪出来，命名为 yingjiang，盈江县 2012 年农村地区的 EPC 为 38625，利用 11.4.3 小节中提到的公式估算德宏州盈江县的农村用电量。在 ArcToolbox 中，双击 Spatial Analyst Tools→Map Algebra→Raster Calculator 工具，打开栅格计算器，输入公式：3.344 * "yingjiang" −(36940 / 38625) * "yingjiang"，设置输出文件名称和路径，如图 11.24 所示。其他年份及其他县的做法与此相同。

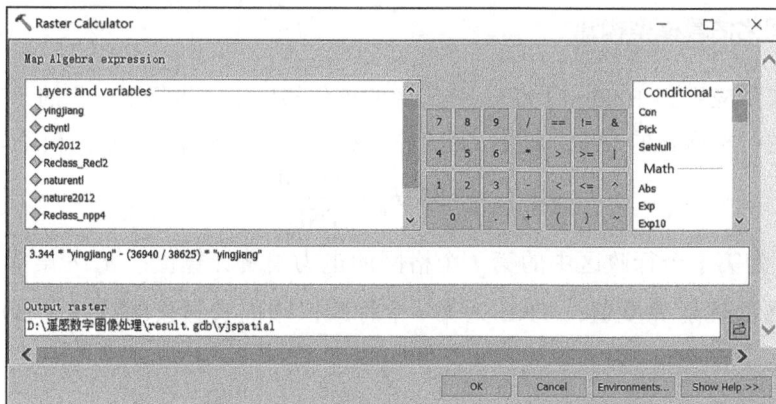

图 11.24　2012 年盈江县农村电力消费空间化估算

11.5.2　城镇用电量空间化估算

虽然德宏州统计年鉴中缺少各县市城镇地区的用电量数据，但是已经提取出了城镇地区的范围，因此可以使用城镇地区灯光总强度数据根据农村电力消费回归模型对德宏州各县市城镇地区的用电量进行计算。

城镇用电量的空间化估算与上述农村用电量的空间化估算方法相同，在此不再赘述。

11.5.3　误差修正

通过电力消费回归模型计算得到的区域电力消费值与统计数据中的实际电力消费值具有一定的差异，因此需要根据真实的农村电力统计数据对电力消费计算结果进行误差修正，然后将修正后的电力消费值赋进 1000m×1000m 空间分辨率大小的格网中，得到德宏州总体电力消费空间化结果，修正公式为

$$RE_{ij} = EPC_{ij} \cdot Q_i$$

式中，RE_{ij} 为第 i 个行政区域中的第 j 个格网经过修正后的电力消费值；EPC_{ij} 为第 i 个等级的行政区域中的第 j 个格网的电力消费计算值，通过修正系数公式计算得到；Q_i 为第 i 个行政区域的修正系数。修正系数的计算公式如下所示：

$$Q_i = TEPC_i / REPC_i$$

式中，Q_i 为第 i 个行政区域的修正系数；$TEPC_i$ 为第 i 个行政区域的农村电力消费统计值；$REPC_i$ 为第 i 个行政区域的农村电力消费计算值。根据计算得到的德宏州各县市电力消费计算值及统计年鉴中的统计值可以算出修正系数结果，如表 11.5 所示。

表 11.5　德宏州各县市 2012～2017 年电力消费修正系数计算结果

地区	年份	$TEPC_i / (10^4\, kW \cdot h)$	$EPC_i / (10^4\, kW \cdot h)$	Q_i
瑞丽	2012	25026	38347	0.65
	2013	7371	39694	0.19
	2014	15075	41310	0.36

续表

地区	年份	TEPC$_i$ / (10^4 kW·h)	EPC$_i$ / (10^4 kW·h)	Q_i
瑞丽	2015	7294	40166	0.18
	2017	12068	39915	0.3
芒市	2012	114691	101923	1.13
	2013	110567	107641	1.03
	2014	103295	106086	0.97
	2015	118332	103973	1.14
	2017	93842	104424	0.9
梁河	2012	18480	17129	1.08
	2013	17077	16574	1.03
	2014	29310	16788	1.75
	2015	39676	16908	2.35
	2017	25982	17163	1.51
盈江	2012	69357	92222	0.75
	2013	95717	91192	1.05
	2014	102437	91567	1.12
	2015	89363	91322	0.98
	2017	94850	92941	1.02
陇川	2012	52334	46359	1.13
	2013	60406	44771	1.35
	2014	74599	45349	1.64
	2015	72950	45931	1.59
	2017	51600	52074	0.99

11.5.4　修正后电力消费空间化估算结果

1）根据 11.5.3 小节的公式修正 2017 年德宏州 5 个县市的电力消费空间结果。以盈江县为例，2017 年盈江县的修正系数为 1.02，首先加载 2017 年未经修正的电力消费估算值 yjspatial。在 ArcToolbox 中双击 Spatial Analyst Tools→Map Algebra→Raster Calculator 工具，打开栅格计算器，输入公式"yjspatial" * 1.02，设置输出文件名称和路径，如图 11.25 所示。其他县的做法与此相同。

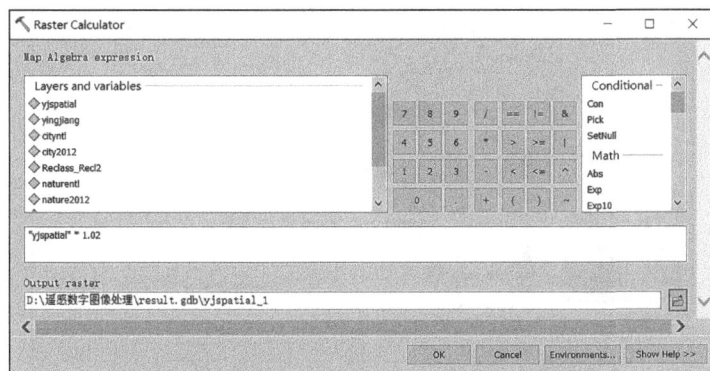

图 11.25　2017 年盈江县电力消费修正结果

2）将各县市修正后的电力消费栅格数据合并为一幅栅格数据。在 ArcToolbox 中单击 Data Management Tools→Raster→Raster Dataset→Mosaic To New Raster 工具，打开 Mosaic To New Raster 窗口，输入 2017 年德宏州各县市修正后的电力消费栅格 yjspatial_1、rlspatial_1、msspatial_1、lhspatial_1、lcspatial_1，设置像元大小为 1000、输出文件名称和路径，如图 11.26 所示。

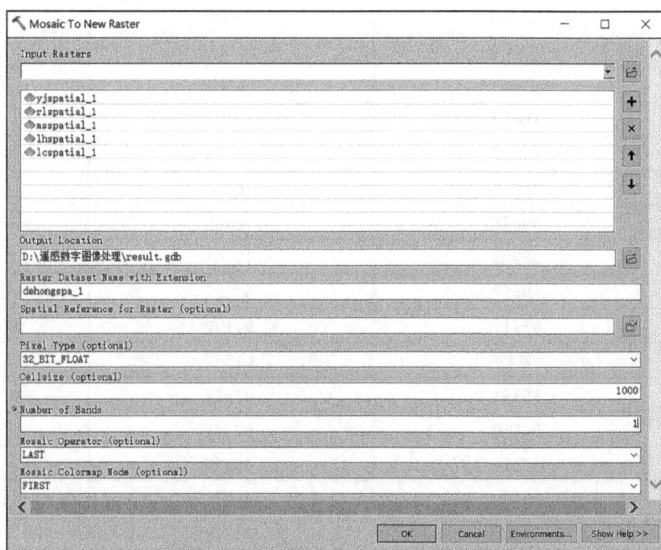

图 11.26　合并多个栅格数据

3）将合并后的栅格数据采用自然间断法将电力消费结果分为 7 个等级。双击 dehongspa_1，打开 Layer Properties 对话框，选择 Symbology 选项卡，在 Show 列表中选择 Classified 选项，使用自然间断法将其分为 7 类，如图 11.27 所示，得到 2017 年德宏州电力消费空间化结果图，如图 11.28 所示。

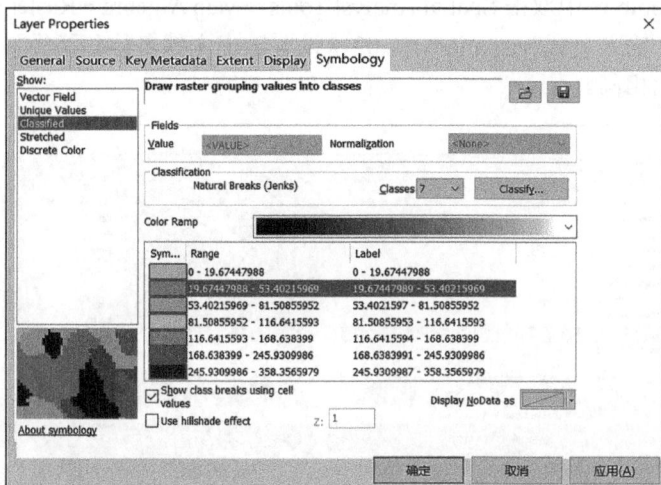

图 11.27　自然间断法进行拉伸分类

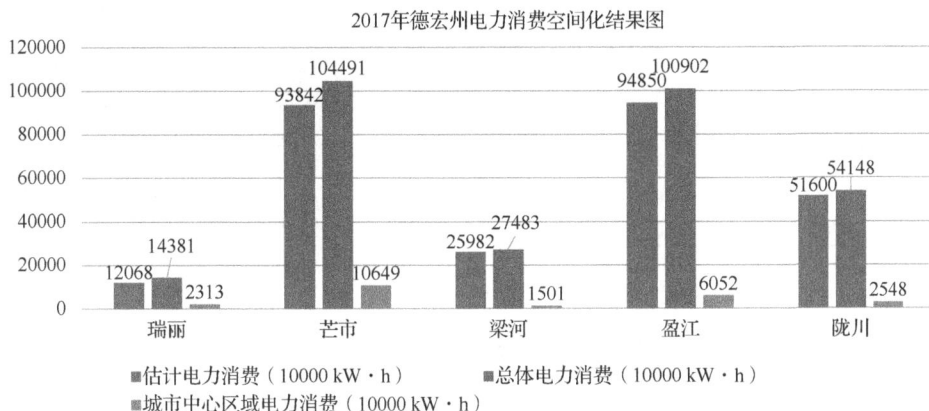

图 11.28　2017 年德宏州电力消费空间化结果图　　　　彩图 11.28

11.6　少数民族电力消费

对已有的德宏州少数民族人口普查数据进行空间分析，计算得到各区域的少数民族人口比重，人口比重在一定程度上反映了少数民族的分布情况。最后，根据少数民族分布得到少数民族农村地区的电力消费空间化结果。

11.6.1　少数民族人口比重

1）通过查找德宏州少数民族的人口普查数据，对德宏州各县市乡级的总人口数据及少数民族人口数据进行统计，并制成表格。在 ArcGIS 中加载德宏州乡镇级行政边界数据及统计好的表格，右击德宏州乡镇级行政边界数据，在弹出的快捷菜单中选择 Joins and Relates→Join 选项，将各乡镇的人口统计数据与德宏州乡镇级行政边界数据连接起来。

2）计算少数民族人口比重。右击德宏州乡镇级行政边界数据，在弹出的快捷菜单中选择 Open Attribute Table 选项，打开属性表，发现人口数据已经连接到矢量数据中。在属性表中选择 Table Options→Add Field 选项，打开 Add Field 对话框，添加一个浮点型字段 ethnicpro，用于存放少数民族的人口比重，如图 11.29 所示。

3）关闭属性表，右击矢量数据，在弹出的快捷菜单中选择 Edit Features→Start Editting 选项，开始编辑。打开矢量数据的属性表，右击 ethnicpro 字段，在弹出的快捷菜单中选择 Field Calculator 选项，打开 Field Calculator 对话框，进行字段计算。用少数民族的人口数量除以总人口数量即可得到少数民族人口比重数据，输入表达式[ethnicsum] / [sum]，单击 OK 按钮，开始计算，并保存编辑内容，如图 11.30 所示。

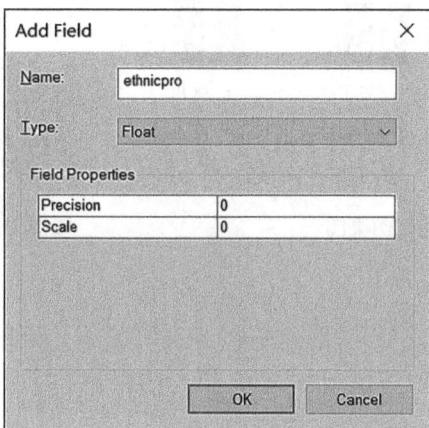

图 11.29　添加少数民族人口比重字段　　　　　图 11.30　少数民族人口比重计算

4）在 ArcToolbox 中双击 Conversion Tools→To Raster→Polygon to Raster 工具，打开 Polygon to Raster 窗口，输入栅格数据、输出栅格字段、输出文件名称及路径，如图 11.31 所示。

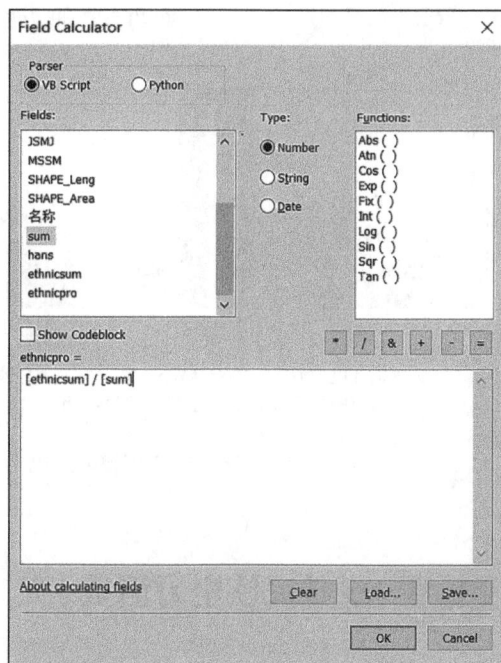

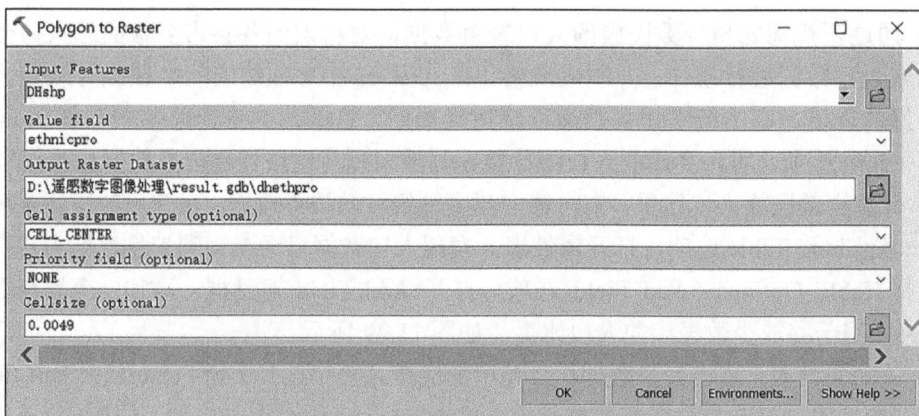

图 11.31　少数民族人口比重栅格化

5）将重投影的人口比重栅格化数据重采样为空间分辨率为 1000m×1000m 大小，具体实现步骤已在前面章节中详细给出，在此不再赘述。最后得到重采样后的人口比重栅格化数据"dhethpro1000"。

11.6.2　少数民族电力消费空间化

1）若少数民族比重为 0，则认为该地区没有少数民族分布；若比重大于 0，则认为有少数民族分布。将上述重采样的人口比重数据"dhethpro1000"值大于零的赋值为 1，方便后续处理。在 ArcToolbox 中双击 Spatial Analyst Tools→Map Algebra→Raster Calculator 工具，打开栅格计算器，输入公式 Con("dhethpro1000" > 0,1,0)，设置输出文件名称和路径，如图 11.32 所示。

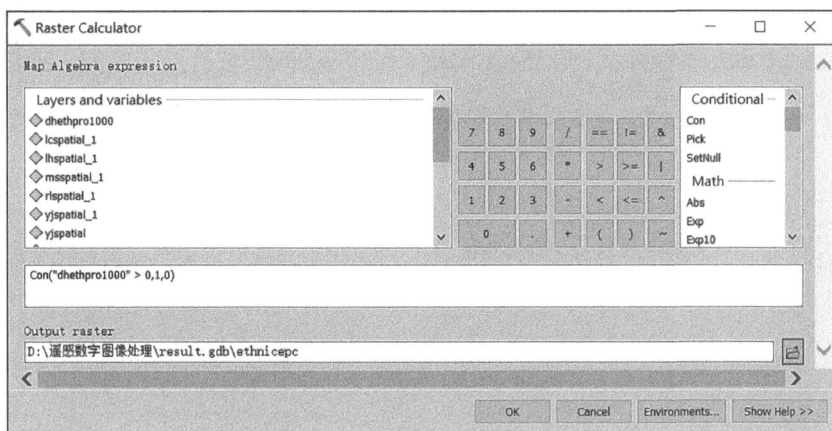

图 11.32　德宏州少数民族提取

2）加载已经获取的农村地区电力消费数据 dehongspa_1，在 ArcToolbox 中双击 Spatial Analyst Tools→Map Algebra→Raster Calculator 工具，打开栅格计算器，输入公式"ethnicepc" * "dehongspa_1"，设置输出文件名称和路径，如图 11.33 所示。

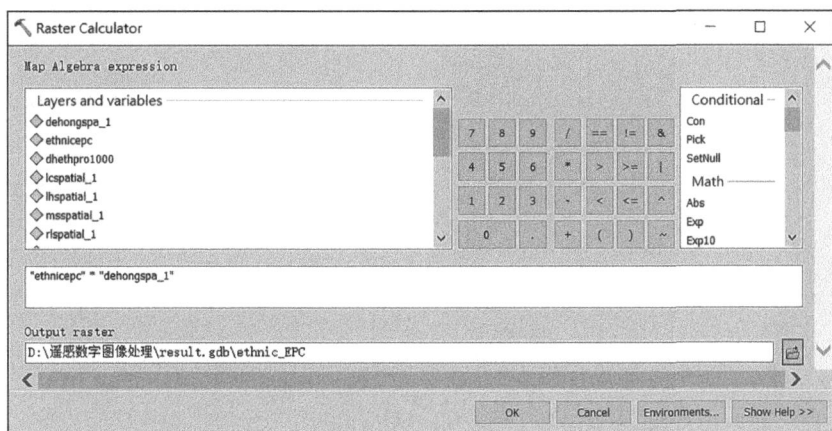

图 11.33　少数民族农村地区电力消费计算

3）采用自然间断法将少数民族地区电力消费结果分为 5 个等级：高消费水平、较高消费水平、中等消费水平、较低消费水平、低消费水平。最终结果如图 11.34 所示。

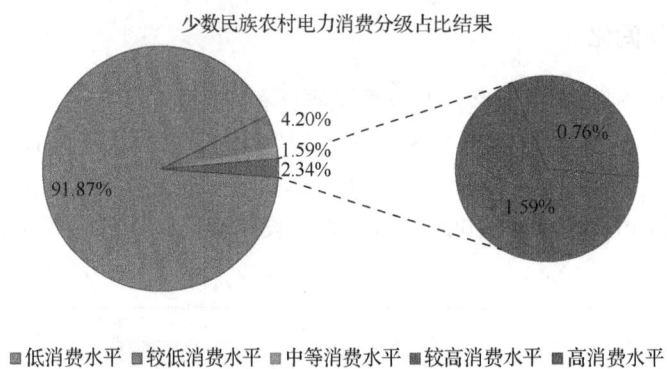

图 11.34 少数民族农村电力消费分级占比结果

彩图 11.34

第12章
遥感云平台的数字图像处理应用

通俗地来讲，遥感云平台就是对大量全球尺度的地球科学资料（尤其是卫星数据）进行在线可视化计算和分析处理的平台。基于在线平台强大的运算能力数据处理的效率可大大增加。目前主要包括 Google Earth Engine（https://earthengine.google.com/）和国产的 PIE-Engine（https://engine.piesat.cn/engine-studio）。本文将介绍基于 Google Earth Engine 平台的常用遥感影像数据处理。

本章主要介绍以下内容：
- 12.1 Google Earth Engine 平台介绍
- 12.2 数据准备及预处理
- 12.3 遥感图像分类
- 12.4 遥感图像趋势分析
- 12.5 GEE 制图
- 12.6 综合应用

12.1 Google Earth Engine 平台介绍

12.1.1 Google Earth Engine 简介

Google Earth Engine（简称 GEE）是谷歌产品中属于 Google Earth 一系列的一个可以批量处理卫星影像数据的工具，其提供了 JavaScript 的 Web 端调用接口与 Python 的桌面端调用接口。相比于 ENVI 等传统的影像处理工具，GEE 可以快速、批量处理数量"巨大"的影像。通过 GEE 可以快速计算如 NDVI 等植被指数，可以预测作物相关产量、监测旱情长势变化、监测全球森林变化等。

其包含的海量数据超过 200 个公共数据集 500 万张影像，每日增加的数据量大约 4000 张影像，容量超过 5PB。GEE 不仅提供在线的 JavaScript API，同时也提供离线的 Python API。通过这些 API 可以快速建立基于 Google Earth Engine 及 Google 云的 Web 服务。因为 GEE 是在谷歌云上运算的，所以其处理能力完全不受空间、时间的限制，可"免费"地、同时地处理海量遥感数据。

12.1.2 初识 GEE

GEE 工作界面（图 12.1）分为上、下两个部分，上部为工作窗口，下部为数据绘制窗口。上部左侧的 3 个标签从左到右依次为代码仓库、API 帮助文档、数据存储仓库；中间为代码编辑区；右侧的 3 个标签从左到右分别为数据检查区域，输出控制台，文件上传、下载的任务控制台。

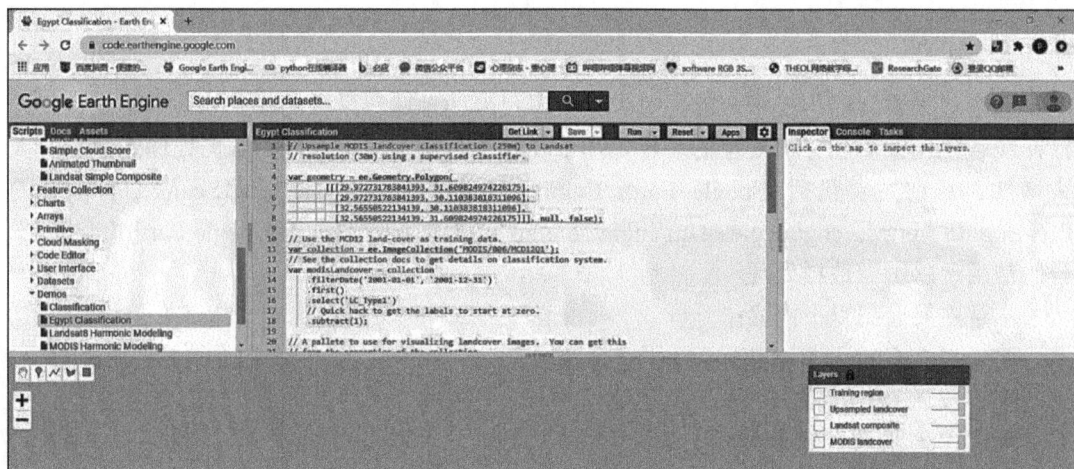

图 12.1　GEE 工作界面

12.2　数据准备及预处理

12.2.1 平台数据准备

通过 GEE 数据搜索框或数据管理平台（https://developers.google.com/earth-engine/datasets/），获取数据的 API，将其输入在代码编辑区，随后通过筛选、裁剪等一系列预处理可以获得目标数据。例如，Landsat8 的地表反射率数据：

```
var geometry =
  /* color: #d63000 */
  /* shown: false */
  /* displayProperties: [
    {
      "type": "rectangle"
    }
  ] */
  ee.Geometry.Polygon(
    [[[102.75937246190227, 24.92963308464385],
      [102.75937246190227, 24.714625800708898],
```

```
        [102.94614004002727, 24.714625800708898],
        [102.94614004002727, 24.92963308464385]]], null, false);
                                              //研究区矢量数据
var dataset = ee.ImageCollection('LANDSAT/LC08/C01/T1_TOA')
                                              //数据集 API 获取
        .filterDate('2021-03-01', '2021-3-28')    //时间筛选
        .filterBounds(geometry);              //兴趣区筛选
var trueColor432 = dataset.select(['B4', 'B3', 'B2']);
                                              //选择波段真彩色合成
var trueColor432Vis = {min: 0.0,max: 0.4,};   //显示渲染
Map.centerObject(geometry);                   //居中缩放显示
Map.addLayer(trueColor432, trueColor432Vis, 'True Color (432)');
                                              //加载数据到地图上
```

Landsat 数据筛选结果如图 12.2 所示。

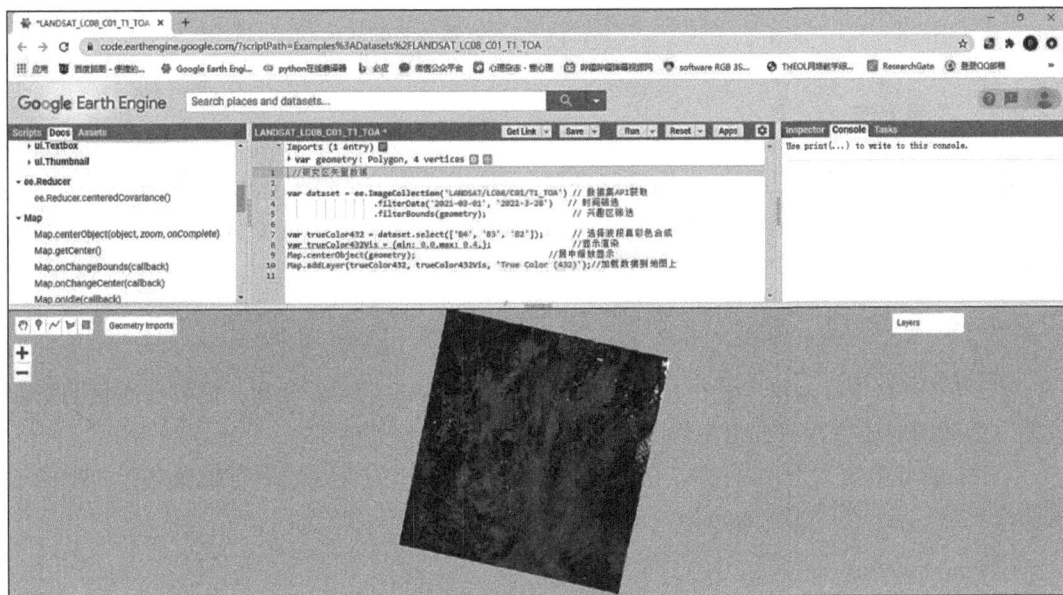

图 12.2　Landsat 数据筛选结果

12.2.2　POI 数据

对于国家、省、市等的 POI 位置信息,可在操作平台上方的搜索框搜索。对于需要主观标识的 POI 数据,可在数据绘制区域左上方的工具中选择点、线、多边形及矩形进行绘制,并可通过 geometry imports 对已绘制的 POI 数据进行类型和属性的管理。图 12.3 中,使用矢量绘制工具分别绘制了绿色的点、红色的矩形和紫色的多边形。

彩图 12.2

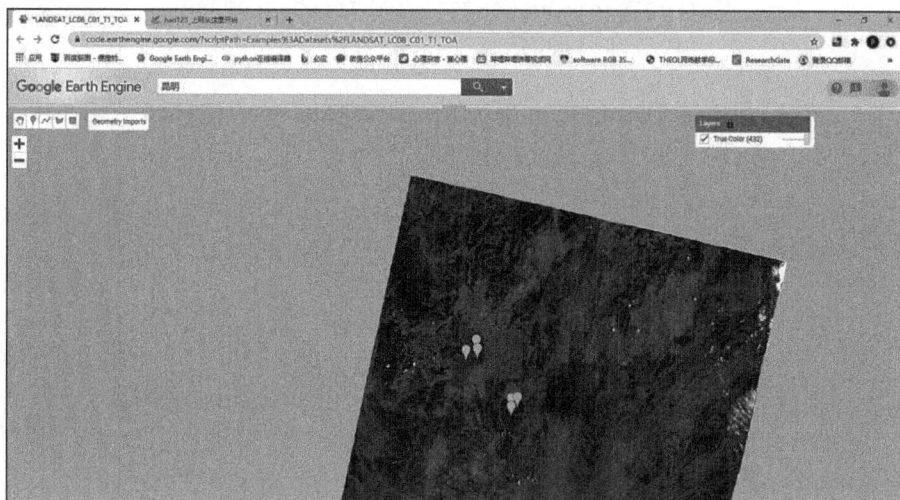

彩图 12.3

图 12.3　POI 数据绘制结果

12.2.3　数据上传

除了 GEE 平台自带的影像、矢量等资源 ，使用者也可上传自己的资源。GEE 平台支持 Image Data（栅格影像资源）和 Table Data（矢量文件集合）文件上传，具体的上传要求可通过单击数据存储仓库中的 New 按钮了解详情。

12.2.4　数据预处理

在 GEE 平台中，为发挥云平台的运算能力和保证精确的实验结果，需要高质量的影像数据，因此需对影像进行云量筛选、去除云及云阴影等预处理。

以 Landsat 数据为例，对 2017～2020 年云南省昆明市附近区域所有影像进行 10%的云量筛选，随后合成研究区 geometry2 范围的影像数据。实现方式如下：

```
var geometry =
    /* color: #d63000 */
    /* shown: false */
    /* displayProperties: [
      {
        "type": "rectangle"
      }
    ] */
    ee.Geometry.Polygon(
        [[[101.41721391627954, 25.865913689886906],
          [101.41721391627954, 22.91465169561607],
          [104.57029008815462, 22.91465169561607],
          [104.57029008815462, 25.865913689886906]]], null, false),
    geometry2 =
    /* color: #0e1bff */
```

```
      /* shown: false */
      ee.Geometry.Polygon(
          [[[102.99924516627962, 25.66922451559984],
            [101.65891313502962, 24.435116195116823],
            [103.04319047877962, 22.966454363265584],
            [104.55930376002962, 24.754781826700775]]]);
  Map.centerObject(geometry,9);
  function maskL8sr(image) {
    var cloudShadowBitMask = 1 << 3;
    var cloudsBitMask = 1 << 5;
    var qa = image.select('pixel_qa');
    var mask = qa.bitwiseAnd(cloudShadowBitMask).eq(0)
        .and(qa.bitwiseAnd(cloudsBitMask).eq(0));
    return image.updateMask(mask).divide(10000)
        .select("B[0-9]*")
        .copyProperties(image, ["system:time_start"]);
  }
  var l8sr = ee.ImageCollection('LANDSAT/LC08/C01/T1_SR')
          .filterDate('2017-01-01','2020-12-31')
          .filterBounds(geometry)           //用 geometry2 范围进行裁剪
          .filterMetadata('CLOUD_COVER','not_greater_than',10.0)
                                            //云量筛选小于 10.0%
          .map(maskL8sr)                    //调用云掩模函数
          .mean()                           //将所有数据用求均值的方式镶嵌
          .clip(geometry2);                 //用 geometry2 范围进行裁剪
  Map.addLayer(l8sr, {bands: ['B4', 'B3', 'B2'], min: 0, max: 0.3},
'dataset')
      print(l8sr)
```

Landsat 8 预处理结果如图 12.4 所示。

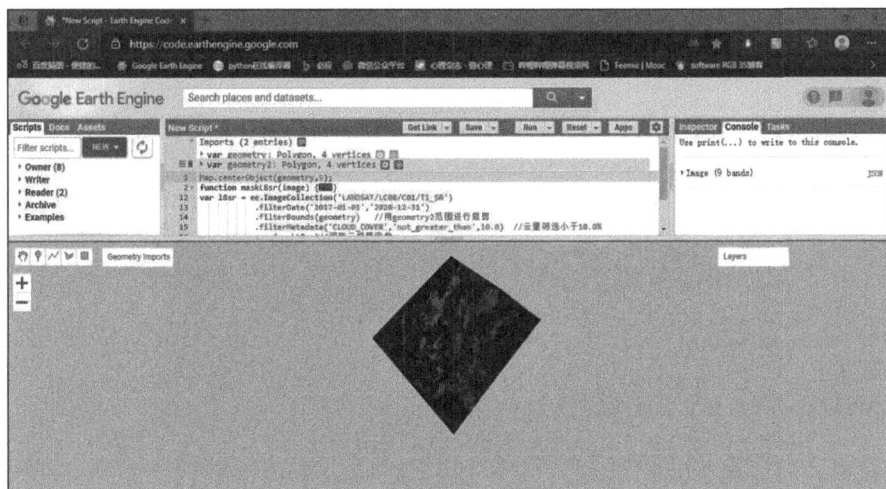

图 12.4　Landsat 8 预处理结果　　　　　　　　彩图 12.4

遥感图像分类

遥感图像分类是将图像中的每一个像元根据其在不同波段的光谱亮度、空间结构特征或其他信息，按照某种规则或算法划分类别的过程。简单的遥感图像分类是依据光谱亮度值分类，或同时考虑像元之间的空间关系进行分类的。通常遥感图像分类过程比较复杂，耗时较大，而 GEE 平台可以实现在较短的时间内获得大面积遥感图像的分类结果。并且其实现过程与 ENVI、ArcGIS 等软件相同，包括数据处理、样本采集、构建分类模型、图像分类及精度验证等。本节使用 2017 年 Landsat 8 数据对美国全国地表覆被进行一次简单的三分类。具体实现方式如下：

获取地表覆被分类样本点（略，数据见代码文件：教材使用数据\第 12 章 遥感云平台的数字图像处理应用\Landsat 8 地表覆被分类.txt）。

```
var roi= ee.FeatureCollection("USDOS/LSIB/2013")
        .filter(ee.Filter.eq('cc','US'))    //筛选矢量边界范围
var landsatCollection = ee.ImageCollection('LANDSAT/LC08/C01/T1')
    .filterDate('2017-01-01', '2018-12-31')
    .filterBounds(roi);                      //筛选 2017～2018 年图像数据
var composite = ee.Algorithms.Landsat.simpleComposite({
  collection: landsatCollection,
  asFloat: true
});
var newfc = urban.merge(vegetation).merge(water);    //样本数据预处理
var bands = ['B2', 'B3', 'B4', 'B5', 'B6', 'B7'];    //确定用于分类的波段
var training = composite.select(bands).sampleRegions({
  collection: newfc,
  properties: ['landcover'],
  scale: 30
});
var withRandom = training.randomColumn('random');
var split = 0.7;
var trainingPartition = withRandom.filter(ee.Filter.lt('random', split));
                                    //样本数据预处理为 30% 和 70%
var testingPartition = withRandom.filter(ee.Filter.gte('random', split));
                                    //训练分类器
var trained = ee.Classifier.smileRandomForest(5).train(trainingPartition,
'landcover',bands);
var classified=composite.classify(trained);
var test = testingPartition.classify(trained);
Map.addLayer(classified, {min: 0, max: 2, palette: ['red', 'green',
'blue']});                          //精度评价 计算混淆矩阵
var confusionMatrix = test.errorMatrix('landcover', 'classification');
```

```
print('Confusion Matrix', confusionMatrix);
```

Landsat 8 地表覆被三分类结果如图 12.5 所示。

图 12.5　Landsat 8 地表覆被三分类结果　　　　　　彩图 12.5

12.4 遥感图像趋势分析

　　在遥感应用过程中，我们常常通过遥感图像的变化来了解一个区域的发展变化情况。随着经济的发展，夜间照明设施开始大规模普及，夜间灯光遥感备受关注。夜光遥感可以反映城市发展水平，也可以反映人类活动规律。此处是利用夜间灯光数据来监测和分析城市发展情况的，具体是通过使用 DMSP/OLS 数据提取城市化综合指数来实现的。GEE 平台中提供 NOAA 的 DMSP-OLS 数据可直接用于计算和分析，具体实现代码如下：

```
// 从 DMSP 计算夜间灯光的趋势
// 添加一个波段
function createTimeBand(img) {
  var year = img.date().difference(ee.Date('1990-01-01'), 'year');
  return ee.Image(year).float().addBands(img);
}
// 拟合夜间灯光数据的线性趋势
var collection = ee.ImageCollection('NOAA/DMSP-OLS/CALIBRATED_LIGHTS_
V4').select('avg_vis').map(createTimeBand);
var fit = collection.reduce(ee.Reducer.linearFit());
print(collection)
// 可视化
Map.addLayer(ee.Image(collection.select('avg_vis').first()),{min:  0,
max: 63},'stable lights first asset');
// 显示趋势为红色/蓝色,亮度为绿色
```

```
Map.setCenter(30, 45, 4);
Map.addLayer(fit,{min: 0, max: [0.18, 20, -0.18], bands: ['scale',
'offset', 'scale']},'stable lights trend');
```

夜间灯光变化趋势如图 12.6 所示。

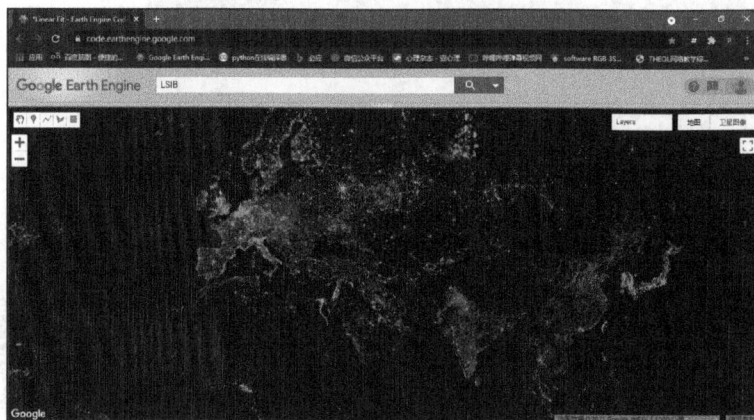

图 12.6 夜间灯光变化趋势   彩图 12.6

图 12.6 显示了 1990 年至现在全球夜间灯光变化趋势，由红色到蓝色表示灯光强度由强变弱。

12.5 GEE 制图

在 GEE 平台上计算获得地表参量后，需要对结果进行统计分析和可视化呈现。但是 GEE 平台的绘图功能并不强大，绘图效果也无法满足需求，所以建议使用其他绘图软件进行结果可视化。但有时为了快速获得分析结果，仍需在 GEE 中进行绘图。本实验将选择城市、森林、沙漠 3 个感兴趣区作为研究对象，对比其在 Landsat 8 各波段上、时间上和空间上的差异。

```
// 从 Landsat 8 数据上获得数据统计图
var city = ee.Feature(    // San Francisco.
    ee.Geometry.Rectangle(-122.42, 37.78, -122.4, 37.8),
    {label: 'City'});
var forest = ee.Feature(  // Tahoe National Forest.
    ee.Geometry.Rectangle(-121, 39.4, -120.99, 39.45),
    {label: 'Forest'});
var desert = ee.Feature(  // Black Rock Desert.
    ee.Geometry.Rectangle(-119.02, 40.95, -119, 41),
    {label: 'Desert'});
var westernRegions = new ee.FeatureCollection([city, forest, desert]);
// 获取 3 个感兴趣区数据
```

```
var landsat8Toa = ee.ImageCollection('LANDSAT/LC08/C01/T1_TOA')
                   .filterBounds(westernRegions);
// 获取 Landsat 8 影像的波段数据
landsat8Toa = landsat8Toa.select('B[1-7]');
// 使用参数序列创建图表,森林的各波段数据
var bands = ui.Chart.image.doySeries(landsat8Toa, forest, null, 200);
print(bands);
// 使用命名参数字典创建图表,2013~2021 年 B1 波段年内积日对比
var years = ui.Chart.image.doySeriesByYear({
  imageCollection: landsat8Toa,
  bandName: 'B1',
  region: forest,
  scale: 200
});
print(years);
// 3 个感兴趣区 B1 波段差异对比
var regions = ui.Chart.image.doySeriesByRegion({
  imageCollection: landsat8Toa,
  bandName: 'B1',
  regions: westernRegions,
  scale: 500,
  seriesProperty: 'label'
});
print(regions);
Map.addLayer(westernRegions);
Map.setCenter(-121, 39.4, 6);
```

GEE 平台结果绘制图如图 12.7 所示。

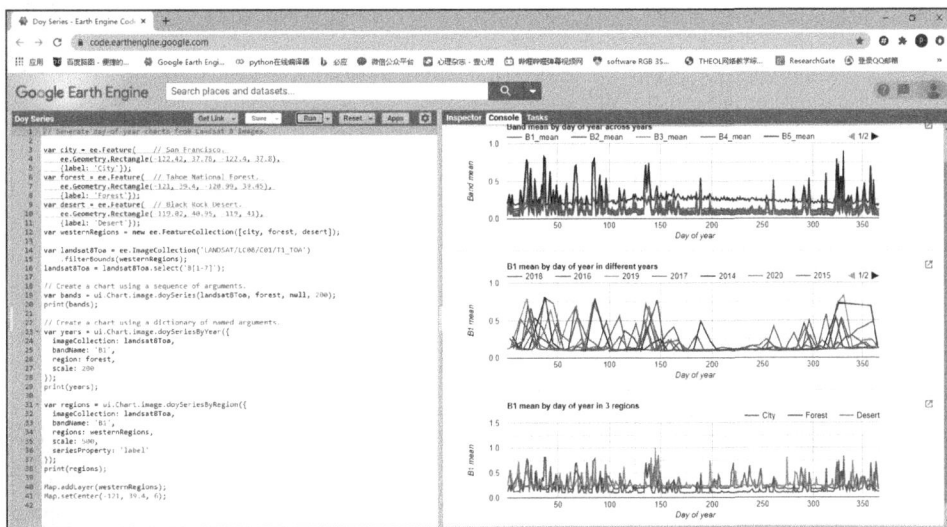

图 12.7　GEE 平台结果绘制图

森林感兴趣区在各波段上的年均值变化如图 12.8 所示。

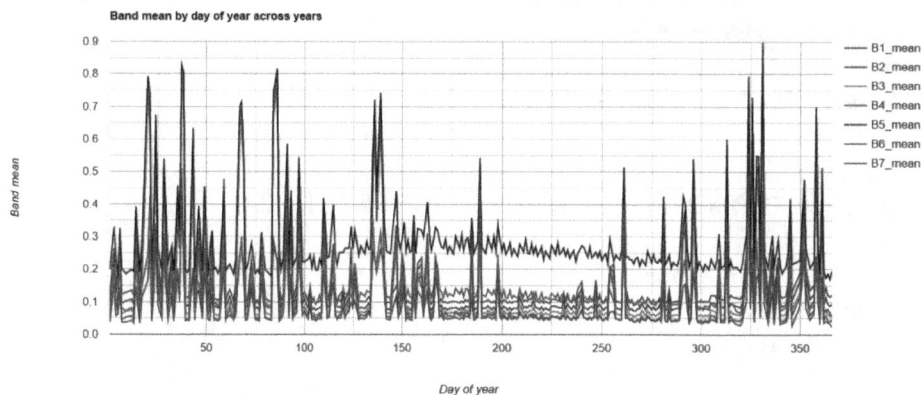

图 12.8　森林感兴趣区在各波段上的年均值变化　　　　彩图 12.8

2013~2018 年森林在 B1 波段上的变化如图 12.9 所示。

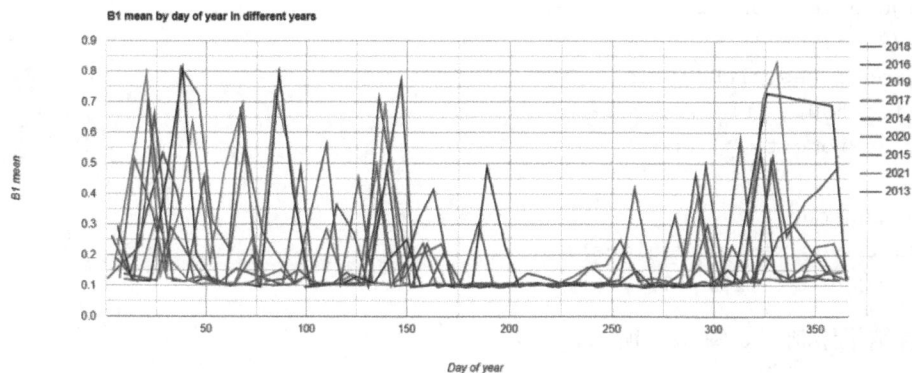

图 12.9　2013~2018 年森林在 B1 波段上的变化　　　　彩图 12.9

3 种感兴趣区在 B1 波段上的变化趋势如图 12.10 所示。

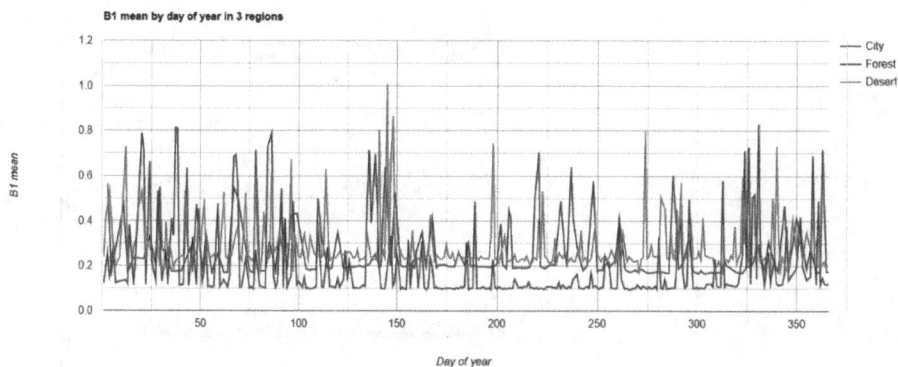

图 12.10　3 种感兴趣区在 B1 波段上的变化趋势　　　　彩图 12.10

下面介绍交互式在线地图。

在林地监测工作中，经常会发生林地变更的情况，如被公路征占、被农户建房占用等，在这些变更中，有些属于合法占用，有些属于非法占用，而准确辨别林地变更情况是一个十分重要的工作。遥感作为监测地表信息的重要方法，可极大节省人力、物力，因此本节将基于 GEE 结合林地变更数据制作交互式在线地图，以实现林地的实时监测。具体实现过程如下：

```javascript
// 导入数据
var hansen = ee.Image('UMD/hansen/global_forest_change_2017_v1_5');
/*************图层可视化参数********************/
var layerProperties = {
  'Year of Loss': {
    name: 'lossyear',
    visParams: {min: 0, max: 17, palette: ['yellow', 'orange', 'red']},
    legend: [
      {'2016': 'red'}, {'...': 'orange'}, {'2000': 'yellow'},
      {'无变化': 'black'}, {'水体及无数据': 'grey'}
      ],
    defaultVisibility: true
  },
  'Loss': {
    name: 'loss',
    visParams: {min: 0, max: 1, palette: ['black', 'red']},
    legend:
        [{'Loss': 'red'}, {'No loss': 'black'}, {'水体及无数据': 'grey'}],
    defaultVisibility: false
  },
  'Percent Tree Cover': {
    name: 'treecover2000',
    visParams: {min: 0, max: 100, palette: ['black', 'green']},
    legend: [
      {'75%~100%':  '#00ff00'}, {'50%~75%':  '#00aa00'}, {'25%~50%':
'#005500'},
      {'0-25%': '#000000'}, {'水体及无数据': '#404040'}
      ],
    defaultVisibility: false
  }
};
/*************样本区域位置********************/
var locationDict = {
  'Deforestation in Paraguay': {lon: -60.3726, lat: -21.7416, zoom: 8},
  'Tornado in Alabama': {lon: -87.332, lat: 33.313, zoom: 11}
};
/*************创建地图********************/
var mapPanel = ui.Map();
```

```
// 初始化
mapPanel.setControlVisibility(
    {all: false, zoomControl: true, mapTypeControl: true});
var defaultLocation = locationDict['Deforestation in Paraguay'];
mapPanel.setCenter(
    defaultLocation.lon, defaultLocation.lat, defaultLocation.zoom);
// 加载
ui.root.widgets().reset([mapPanel]);
ui.root.setLayout(ui.Panel.Layout.flow('horizontal'));
// 添加图层
for (var key in layerProperties) {
  var layer = layerProperties[key];
  var image = hansen.select(layer.name).visualize(layer.visParams);
  var masked = addZeroAndWaterMask(image, hansen.select(layer.name));
  mapPanel.add(ui.Map.Layer(masked, {}, key, layer.defaultVisibility));
}
// 图层绘制
function addZeroAndWaterMask(visualized, original) {
  var water =
      hansen.select('datamask').neq(1).selfMask().visualize({palette:
'gray'});
  var zero = original.eq(0).selfMask().visualize({palette: 'black'});
  return ee.ImageCollection([visualized, zero, water]).mosaic();
}
// 交互信息
var header = ui.Label('全球林地变化', {fontSize: '36px', color: 'red'});
var text = ui.Label(
    'landsat 系列数据林地面积变化结果.',
    {fontSize: '11px'});
var toolPanel = ui.Panel([header, text], 'flow', {width: '300px'});
ui.root.widgets().add(toolPanel);
var link = ui.Label(
    '参考论文.', {},
    'http://science.sciencemag.org/content/342/6160/850');
var linkPanel = ui.Panel(
    [ui.Label('其他', {fontWeight: 'bold'}), link]);
toolPanel.add(linkPanel);
// 图层选择
var selectItems = Object.keys(layerProperties);
// 菜单图例
var layerSelect = ui.Select({
  items: selectItems,
  value: selectItems[0],
  onChange: function(selected) {
    mapPanel.layers().forEach(function(element, index) {
```

```
      element.setShown(selected == element.getName());
    });
    setLegend(layerProperties[selected].legend);
  }
});
toolPanel.add(ui.Label('不同图层', {'font-size': '24px'}));
toolPanel.add(layerSelect);
var legendPanel = ui.Panel({
  style:
      {fontWeight: 'bold', fontSize: '10px', margin: '0 0 0 8px', padding: '0'}
});
toolPanel.add(legendPanel);
var legendTitle = ui.Label(
    '图例',
    {fontWeight: 'bold', fontSize: '10px', margin: '0 0 4px 0', padding: '0'});
legendPanel.add(legendTitle);
var keyPanel = ui.Panel();
legendPanel.add(keyPanel);
function setLegend(legend) {
  keyPanel.clear();
  for (var i = 0; i < legend.length; i++) {
    var item = legend[i];
    var name = Object.keys(item)[0];
    var color = item[name];
    var colorBox = ui.Label('', {
      backgroundColor: color,
      padding: '8px',
      margin: '0'
    });
    var description = ui.Label(name, {margin: '0 0 4px 6px'});
    keyPanel.add(
        ui.Panel([colorBox, description], ui.Panel.Layout.Flow('horizontal')));
  }
}
setLegend(layerProperties[layerSelect.getValue()].legend);
var checkbox = ui.Checkbox({
  label: '透明度',
  value: true,
  onChange: function(value) {
    var selected = layerSelect.getValue();
    mapPanel.layers().forEach(function(element, index) {
      element.setShown(selected == element.getName() ? value : false);
    });
    layerSelect.setDisabled(!value);
  }
```

```
});
var opacitySlider = ui.Slider({
  min: 0,
  max: 1,
  value: 1,
  step: 0.01,
});
opacitySlider.onSlide(function(value) {
  mapPanel.layers().forEach(function(element, index) {
    element.setOpacity(value);
  });
});
var viewPanel =
    ui.Panel([checkbox, opacitySlider], ui.Panel.Layout.Flow('horizontal'));
toolPanel.add(viewPanel);
var locations = Object.keys(locationDict);
var locationSelect = ui.Select({
  items: locations,
  value: locations[0],
  onChange: function(value) {
    var location = locationDict[value];
    mapPanel.setCenter(location.lon, location.lat, location.zoom);
  }
});
var locationPanel = ui.Panel([
  ui.Label('访问示例位置', {'font-size': '24px'}), locationSelect]);
toolPanel.add(locationPanel);
```

交互式地图如图 12.11 所示。

图 12.11　交互式地图

12.6　综合应用

在遥感应用中，无论提取地物信息、进行动态变化监测，还是制作专题地图、建立遥感图像库等，都离不开遥感图像分类。因此，本实验将以西双版纳橡胶林信息提取为例，使用 GEE 平台和在线哨兵数据来实现。

第一步，数据准备，同 12.5 节介绍，本节不再重复。对数据进行预处理，包括过滤云量、镶嵌、裁剪等，之后再进行波段计算。

```
function subset(img){
  img=img.clip(roi)
        .addBands(img.normalizedDifference(['B8', 'B4']).rename('NDVI')).
float()
        .float()
  return img;}
```

第二步，定义、训练分类器。

```
var classProperty = 'class';
var training = data.sampleRegions({
  collection: newfc,
  properties: [classProperty],
  scale: 10
});
var classifier = ee.Classifier.smileCart(50).train({
  features: training,
  classProperty: classProperty,
});
```

第三步，分类器分类和结果精度评价。

```
var test = testingPartition.classify(trainedClassifier);
var confusionMatrix = test.errorMatrix(classProperty, 'classification');
var kappa =confusionMatrix.kappa();
var OA =confusionMatrix.accuracy();
print('Confusion Matrix', confusionMatrix);
print('kappa', kappa);
print('OA', OA);
```

第四步，数据下载。

```
Export.image.toDrive({
  image:classified,
```

```
        description: "result",
        fileNamePrefix: "result",
        scale: 10,
        region: roi,
        maxPixels: 1e13
    });
```

第五步，可视化。

添加图例：

```
    var legend = ui.Panel({
      style: {position: 'bottom-left',padding: '8px 15px'}
    });
    var legendTitle = ui.Label({
      value: '类别',
      style: {fontWeight: 'bold',fontSize: '18px',margin: '0 0 4px 0',padding:
'0'}
    });
    legend.add(legendTitle);
    var makeRow = function(color, name) {
        var colorBox = ui.Label({
          style: {backgroundColor: '#' + color,padding: '8px',margin: '0 0
4px 0'}
        });
        var description = ui.Label({value: name,style: {margin: '0 0 4px
6px'}});
        return    ui.Panel({widgets:    [colorBox,    description],layout:
ui.Panel.Layout.Flow('horizontal')});
    };
    var palette =['008000','0000ff','ff0000',"ffff00","000000"];
    var names = ['tree','water','soil',"city","rubber"];
    for (var i = 0; i < 5; i++) {legend.add(makeRow(palette[i], names[i]));}
    Map.add(legend);
```

在图 12.12 中，左侧控制台有各类地表覆被的相关信息，如混淆矩阵等；右侧图层控制的 Tasks 中得到最终分类结果；下方绘制窗口显示最终可视化结果，其中绿色为林地，蓝色为水体，红色为裸地，黄色为人造地表，黑色为目标地类橡胶林地。

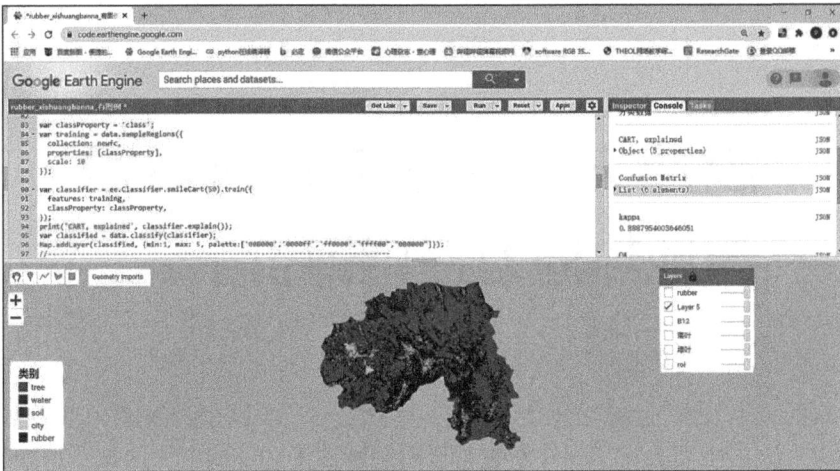

图 12.12　综合应用

彩图 12.12

第13章

腾冲火山活动新构造背景与地热潜力遥感评价

腾冲是我国仅有的几个发生过近代火山活动的火山区之一，火山与地热地质景观特殊，开发利用潜力大。腾冲火山主要分布于怒江断裂带以西以腾冲为中心的广大区域。腾冲新近纪火山活动和火山机构的分布与新构造运动和活动断裂带关系密切。同时，与火山活动密切相关的地热显示温度高、分布集中。已有研究表明腾冲地热是地壳下部的浅层岩浆层或全新世火山喷发的余热保存至今所成，且沿张性断裂带常有热泉形成。但由于传统地质工作程度不高，腾冲火山活动新构造背景与地热潜力状况仍不十分清晰，这给地热资源高效利用也带来了较大制约。鉴于此，本章采用遥感技术开展区域遥感地质解译，以期查明腾冲火山机构、地热空间分布状况，圈定地热潜力地段，了解其开发利用现状与前景，为腾冲地区未来的地热资源开发利用提供科学信息支撑。

本实例使用 Landsat-7（ETM+）数据，开展腾冲火山活动新构造背景与地热潜力遥感评价应用。本章主要介绍以下内容：

- 13.1 遥感数据源及数据处理
- 13.2 遥感地质解译标志
- 13.3 火山机构及地热异常遥感地质特征
- 13.4 腾冲地热遥感潜力分析

13.1 遥感数据源及数据处理

13.1.1 遥感数据源

本实例主要针对腾冲地区火山活动新构造背景与地热潜力开展遥感评价，使用的遥感数据主要有：美国陆地资源卫星 Landsat-7（ETM+）（3 景数据，全色波段空间分辨率为 15m，轨道号/行号为 132/42，接收日期为 2002 年 2 月 14 日；轨道号/行号为 132/43，接收日期为 2003 年 1 月 16 日；轨道号/行号为 133/43，接收日期为 2003 年 4 月 29 日）及 RapidEye 数据（空间分辨率为 5m，时相为 2010 年）。遥感影像数据质量均属上乘，基本无云覆盖，图像清晰，地质信息丰富。

13.1.2 遥感数据处理

1. ETM+遥感影像处理

首先对 3 景 ETM+影像分别进行几何校正、拼接、裁剪等遥感影像预处理；然后为提高影像的地质信息可判识性，对腾冲地区的遥感影像进行 HIS 融合增强处理，处理过程：先将影像重采样成 15m，之后对其进行 5、4、3 波段的 HIS 融合。

处理后的影像分辨率高，接近真彩色，色调、纹理信息清晰（图 13.1），有助于活动构造、岩性、火山机构等的解译。

图 13.1 腾冲地区遥感影像图（ETM+）[R（5）、G（4）、B（3）组合]　　彩图 13.1

2. RapidEye 遥感影像处理

使用经过预处理及图像增强处理的 RapidEye 影像，对在 ETM+影像上解译的线性构造进行验证，并在腾冲地区 DEM 上叠加 RapidEye 影像形成三维立体影像图，根据立体影像图的形态目视解译火山机构及确定推测火山机构。

13.2 遥感地质解译标志

为全面开展腾冲地区的遥感地质解译，首先建立地热相关的地质体——活动构造、岩性、火山机构等作为遥感解译标志；之后采用目视解译与机助解译相结合的方式开展全面遥感地质解译，进而为腾冲地区活动构造特征及地热潜力分析奠定基础。

13.2.1 活动断裂构造

活动断裂线性构造影像特征表现为线性影纹和带状异常色调呈直线延伸，其在地表表现为古生代地质体与中新生代松散堆积物之间不同地貌单元的界线（图 13.2）。在解译过程中，线性构造主要根据影像色调（彩）、地貌形态、水系展布的影纹特征等异常，结合地质图等来确定。

图 13.2 线性活动断裂构造解译标志　　　彩图 13.2

其具体解译标志如下：

1）具有一定规模的色线和色界。色线是指背景色调中的线性异常，色界指两种不同色调（彩）突然接触的线性界限。

2）山脊错断、山体位移。

3）不同走向的山体呈线性对垒。

4）具有较大规模的冲沟呈线性延伸。

5）碎斑状、斑杂状的线性伸展影像。

6）水系异常呈直角拐弯或突然变向者。

按活动断裂发育的规模大小，活动断裂构造又分为一级活动断裂构造、二级活动断裂构造及线性构造 3 个级别的断裂构造。其中，延伸较长、规模较大、控制了区域地质背景展布的为一级活动断裂构造；延伸长、规模大、控制了局部地质背景展布的为二级活动断裂构造；其他延伸较短、规模较小的则称为线性构造。此外，在影像上有断续延伸形迹，但地表覆盖较厚的有所掩盖的断裂形迹构造则称为隐伏断裂构造。

13.2.2　环形构造

由岩浆热液侵入等作用引起的、在遥感图像显示出环状影像特征的地质体称为环形构造。环形构造分为隐伏岩体环、岩浆热环和热液蚀变环，本地区主要为岩浆热环（图 13.3）。在影像上主要表现为色调、纹理、形状等呈环状分布，且与周围地质体有异。

图 13.3　岩浆热液环形构造解译标志　　　　彩图 13.3

13.2.3　岩性

根据腾冲地区已有的地质工作基础，初步建立了花岗岩、玄武岩、变质岩、第四纪火山堆积物和第四系的解译标志。

1）花岗岩（γ）：花岗岩出露区域植被发育，在 ETM+ 5、4、3 波段的 HIS 融合影像上，花岗岩区域主要显现近真实色的绿色色调。另外，由于花岗岩易风化，短小水系发育，影像上显示出细碎的影纹特征（图 13.4）。

2）二长花岗岩（$\eta\gamma$）：二长花岗岩由于长石含量较高，易风化，从而其影像上具有细碎的岩石纹层，呈树枝状，植被较发育，影纹均匀分布且细腻（图 13.5）。

图 13.4　花岗岩（γ）及第四系（Q）解译标志　　　　彩图 13.4

图 13.5　二长花岗岩（$\eta\gamma$）解译标志　　　　　彩图 13.5

3）石英闪长岩（δo）：遥感影像上石英闪长岩的影纹较完整，微风化或未风化，在ETM+影像上色调偏黄（图 13.6）。

4）花岗闪长岩（$\gamma\delta$）：影像上花岗闪长岩呈均匀的影纹特征，植被覆盖率较高，在岩体边缘部分有色调异常分界线（图 13.7）。

图 13.6　石英闪长岩（δo）解译标志　　　　　彩图 13.6

图 13.7　花岗闪长岩（$\gamma\delta$）解译标志　　　　　彩图 13.7

5）玄武岩（β）：玄武岩出露的地区地表微显隆起，主要以环形形态出露，具放射状水系，影纹细碎程度较花岗岩弱，色调偏暗（图 13.8）。

6）变质岩（M）：变质岩受变质作用强烈改造，同时受劈理、节理控制，在影像上常表现出现定向排列影纹，部分地区出露楔状体、透镜体（图 13.9）。

图 13.8　玄武岩（β）解译标志　　　　彩图 13.8

图 13.9　变质岩（M）解译标志　　　　彩图 13.9

7）第四纪火山堆积物（Q_m）：腾冲地区第四纪以来火山活动频繁，第四纪火山堆积物分布广泛。其遥感影像特征与第四纪松散堆积物接近，影纹较为平滑，火山机构色调呈暗红色，影纹多呈片状、点状（图 13.10）。其又可分为更新世安山岩（$Qp\alpha$）、更新世玄武岩（$Qp\beta$）、全新世安山岩（$Qh\alpha$）、全新世安山玄武岩（$Qh\alpha\beta$）。

更新世安山岩（$Qp\alpha$）：呈紫红色调，受构造和河流运动作用影响，影纹呈现出高低起伏，阴影明显，且被切割为较小规模的团块状、杂斑状（图 13.11）。

图 13.10　第四纪火山堆积物（Q_m）解译标志　　　　彩图 13.10

图 13.11　更新世安山岩（Qpα）解译标志　　彩图 13.11

更新世玄武岩（Qpβ）：呈绿色，夹杂有紫色斑块影纹，分布规模小，影纹具环状特征，相对平滑，水系较为发育，多呈环形展布（图 13.12）。

图 13.12　更新世玄武岩（Qpβ）解译标志　　彩图 13.12

全新世安山岩（Qhα）：与第四系松散堆积物常呈邻接关系分布，影纹平滑，地形平缓，植被覆盖区为规模较大的团块状图斑，少植被覆盖区呈现暗红色调，上面发育有较完整火山机构，见有火山熔岩流动痕迹（图 13.13）。

图 13.13　全新世安山岩（Qhα）解译标志　　彩图 13.13

全新世安山玄武岩（Qhαβ）：多沿水系分布，呈绿色和紫色斑块相间分布，分布规模相对较小，影纹具环状、果核状、碎裂状特征（图 13.14）。

图 13.14　全新世安山玄武岩（Qhαβ）解译标志　　彩图 13.14

8）第四系松散堆积物（Q）：在影像上总体表现为平滑斑块或斑状斑块，地形地势显示较为平缓，因人为活动明显，多有水渠、公路、建筑物覆盖（图 13.15）。包括更新世冲洪积物（Qp^{alp}）、全新世冲洪积物（Qh^{alp}）、全新世冲积物（Qh^{al}）、全新世冲湖积物（Qh^{all}）。

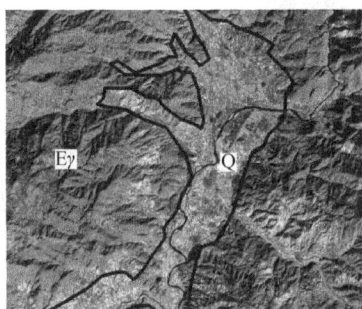

图 13.15　第四系（Q）解译标志　　彩图 13.15

更新世冲洪积物（Qp^{alp}）与全新世冲洪积物（Qh^{alp}）常相邻分布，更新世冲洪积物（Qp^{alp}）的影纹较全新世冲洪积物（Qh^{alp}）斑杂，河流多为树状河流或似平行状河流，而全新世冲洪积物（Qh^{alp}）多发育曲流（图 13.16）。全新世冲积物（Qh^{al}）多分布在长条状断陷盆地，有河流经过处，色调与冲洪积物相似，但影纹排列较冲洪积物更加整齐（图 13.17）；全新世冲湖积物（Qh^{all}）多分布在较为宽阔的断陷盆地，常有零星湖泊分布，色调与冲积物和冲洪积物相似，但边界常呈曲线状区别于冲积物（图 13.18）。

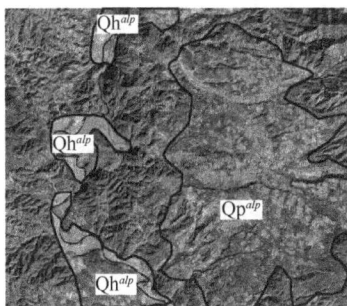

图 13.16　更新世冲洪积物（Qp^{alp}）及全新世冲洪积物（Qh^{alp}）解译标志　　彩图 13.16

图 13.17　全新世冲积物（Qh^{al}）解译标志

彩图 13.17

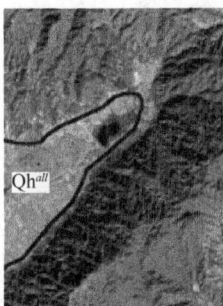

图 13.18　全新世冲湖积物（Qh^{all}）解译标志

彩图 13.18

13.2.4　火山机构

　　火山机构是腾冲地区的重要地质信息，沿腾冲断裂带分布有大量的火山机构，包括火山及其配套的火成岩。在 ETM+遥感影像和 RapidEye 三维立体影像中都能找到明显的火山口和火山锥。在平面遥感影像［图 13.19（a）］上，火山多为似纽扣状地物，即凹陷中又存在凸起（火山口，蓝圈所示区域）。在火山口至凹陷边缘，则为火山锥（蓝圈至黄圈部分）。在火山锥附近，又分布有安山岩、玄武岩等火山岩。分析火山锥与周边的第四纪火山堆积物配套关系，发现保存完整的火山机构多发育在安山岩、玄武岩分布区内部，而安山岩或玄武岩分布区域围边及第四系松散堆积物区域火山机构多不完整。

　　本次遥感解译中，为了更好地可视化反映，采用 DEM 叠加影像形成 RapidEye 三维遥感影像［图 13.19（b）］，较完整地反映了区内火山机构形态。火山口呈下凹形态（蓝圈所示），其外侧似小山包的凸起部分则为火山锥（蓝圈至黄圈部分）。火成岩则根据影纹色调、形态予以判识。

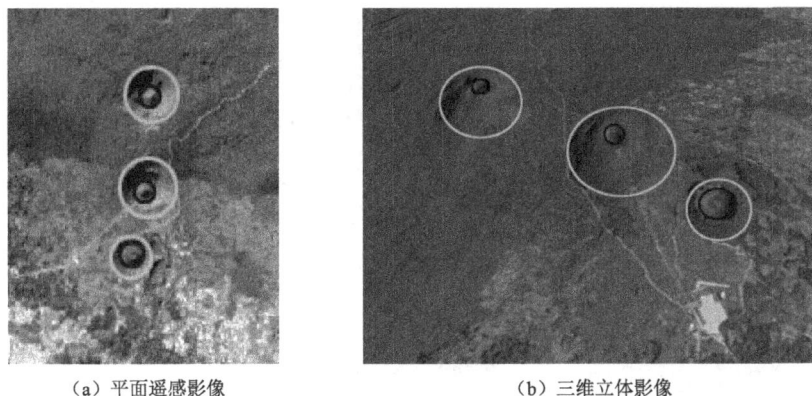

（a）平面遥感影像　　　　　　　　　　（b）三维立体影像

图 13.19　火山机构解译标志　　　　　　　　　　　彩图 13.19

13.3　火山机构及地热异常遥感地质特征

13.3.1　火山机构遥感地质特征剖析

腾冲火山机构主要受西北向的腊幸—曲石断裂（F4）和东北向的腾冲—盈江断裂（F8）所控制。火山机构在西北向腊幸—曲石断裂（F4）北段两侧及南段西南一带分布较多；东北向腾冲—盈江断裂（F8）中北段（腾冲县城附近）两侧分布亦较为集中。

选取马站火山群［图 13.20（a）］进行断裂构造、岩性特征等具体剖析显示，马站火山群位于马站—曲石盆地，分布在第四纪火山堆积物之上。由黑空山、大空山、小空山、焦山、城子楼、大团山、小团山等 15 座火山组成，火山机构大多保存完整，主要发育在全新世及更新世安山岩中，是腾冲火山区最大的一个火山群。叠加火山机构及遥感解译断裂构造分析发现，马站火山机构主要分布于西北向的腊幸—曲石断裂（F4）和东北向的腾冲—盈江断裂（F8）交汇形成的断块内；火山机构处于两断裂交汇西侧，火山机构周边环形构造较为发育，而火山机构分布区则环形构造发育相对稀疏。推测区内活动断裂构造为岩浆运移提供通道，在活动断裂交汇部位构造破碎，岩浆易于喷发形成了火山口及安山岩组成的火山机构，反映岩体的环形构造甚少发育。

对打鹰山火山群［图 13.20（b）］进行断裂、岩性等地质情况的分析，同时结合该地区火山机构的形态特征，发现该区内发育的火山机构形态特征保存完整，而且主要发育在更新世安山岩中。打鹰山火山岩机构发育于两组东北向断裂及一组东西向断裂夹持的断块内，主要受腾冲—盈江断裂（F8）控制；断块内该火山机构旁侧多分布有岩浆环形构造等环结环链，表明区内岩浆活动强烈，为火山机构的形成提供了条件。在东北、东西向断裂夹持形成的断块内，张性应力状态下岩浆活动频繁，但仅在环形构造与线性构造交汇的环缘部位，构造发育，岩石破碎，地下岩浆易于喷发而形成火山口、火山锥及安山岩等火山机构，且安山岩不易风化，火山机构保存完整。

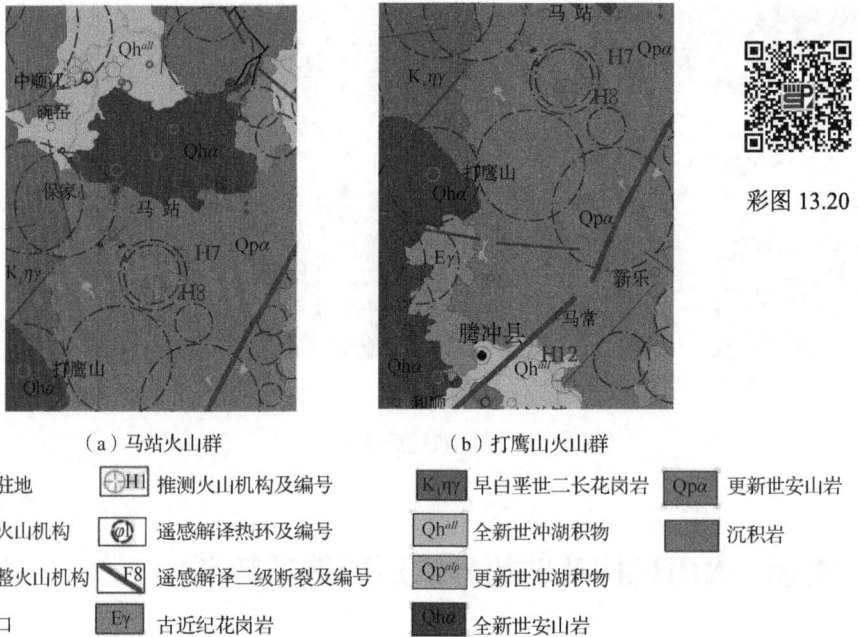

（a）马站火山群　　　　　　　　　　（b）打鹰山火山群

彩图 13.20

◉ 县级政府驻地	⊕H1 推测火山机构及编号	K₁ηγ 早白垩世二长花岗岩	Qpα 更新世安山岩
◎ 保存完整火山机构	⊘ 遥感解译热环及编号	Qhᵃˡˡ 全新世冲湖积物	沉积岩
◎ 保存不完整火山机构	F8 遥感解译二级断裂及编号	Qpᵃˡᵖ 更新世冲湖积物	
☆ 已知火山口	Eγ 古近纪花岗岩	Qhφ 全新世安山岩	

图 13.20　马站火山群及打鹰山火山群遥感解译图

13.3.2　地热异常遥感地质特征剖析

腾冲地区地热主要分布于腾冲地区的东南方向、高黎贡山断裂西侧，另外工作区西缘有零星分布，以盈江热海尤为明显。地热异常主体沿西北向的芒章—勐连断裂（F6）和东北向的腾冲—盈江断裂（F8）分布，多夹持于二者交汇处，周围环形构造较发育。

选取腾冲热海 [图 13.21（a）] 进行地热异常遥感特征分析显示，腾冲热海处于近南北向的古永—肖庄断裂（F3）、西北向的芒章—勐连断裂（F6）和东北向的腾冲—盈江断裂（F8）的交汇处，周边环形构造及火山机构发育，并有大量的第四纪火山堆积物及花岗岩类分布，而腾冲热海发育于第四纪冲湖积物之上。推测地热热源来自下部岩浆，岩浆沿活动断裂上涌过程中，活动断裂为地下热液运移提供通道，在后期第四纪沉积物覆盖区域，少量岩浆沿断裂构造上溢提供了热源，使第四纪沉积物覆盖区的地下水温度升高，在节理、裂隙及构造交汇地带泉水出露上涌形成热泉。总体区内地热异常遥感特征为：地热主要发育在第四纪冲湖积物之上，并受南北向的古永—肖庄断裂（F3）、西北向的芒章—勐连断裂（F6）和东北向的腾冲—盈江断裂（F8）控制的断块内，周边环形构造发育，在上覆第四纪冲湖积物区域构造、节理裂隙发育地带，岩浆上涌提供的热源与第四纪沉积物中水源混合，极易出露上涌发育地热异常。

（a）腾冲热海　　　　　　　（b）洞山地热温泉　　　　　　　（c）盈江地热温泉

◉ 县级政府驻地	⊕H1 推测火山机构及编号	K₁γη 早白垩世二长花岗岩	Qpα 更新世安山岩
◎ 保存完整火山机构	⑩ 遥感解译热环及编号	Qhᵃˡ 全新世冲湖积物	Qpβ 更新世玄武岩
◯ 保存不完整火山机构	╱F8 遥感解译二级断裂及编号	Qpᵃˡᵖ 更新世冲湖积物	沉积岩
☆ 已知火山口	Eγ 古近纪花岗岩	Qhα 全新世安山岩	

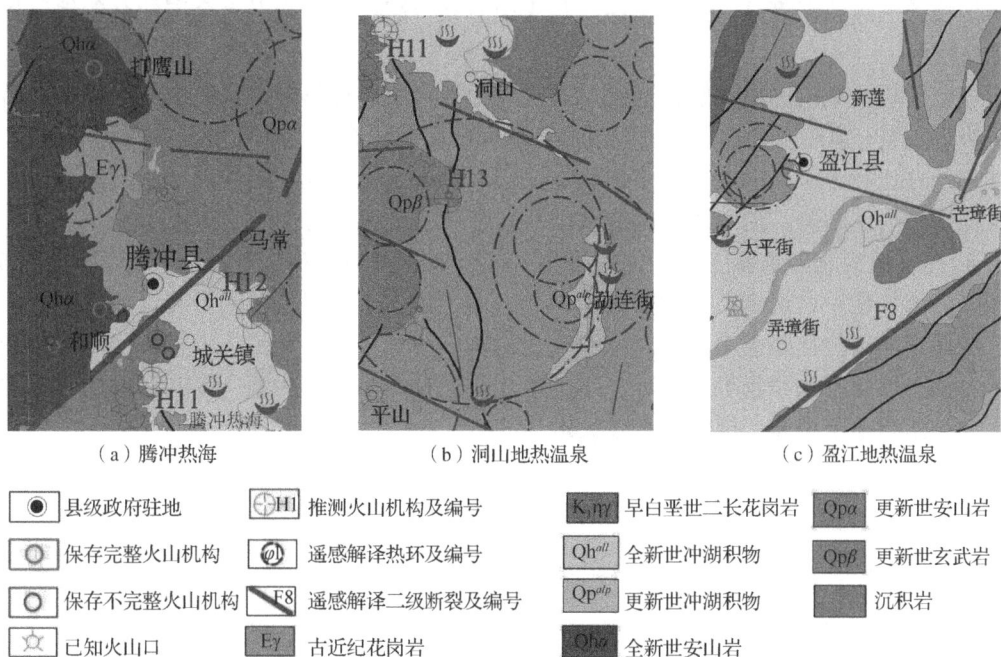

图 13.21　腾冲热海、洞山地热温泉及盈江地热温泉遥感解译图

　　洞山地热温泉［图 13.21（b）］位于腾冲热海的东南方向，地热处于西北向断裂发育地带，大多沿西北向断裂分布，旁侧环形构造有较好发育。推测地热异常是因为旁侧存在岩浆活动，岩浆热源沿着断裂带迁移上涌，在上覆第四纪冲积物富含地下水的有利条件下，岩浆提供的热源与地下水混合，在二者共同作用下，在盆山转换部位构造、裂隙发育地带热泉上涌形成温泉。

彩图 13.21

　　盈江地热温泉［图 13.21（c）］主要分布在东北向的腾冲—盈江断裂（F8）带上。从解译图上可见该地热温泉沿着第四系沉积物与岩浆岩接触地带分布,沉积物为第四系冲积物。温泉出露区域还有大盈江流经。推测热海的热源来自地下的岩浆囊，当热源在地表沿东北向腾冲—盈江断裂涌出后，上覆大盈江及第四系沉积物提供了水源，在二者共同作用下地下水变为热水，在构造裂隙发育、岩石破碎的区域，地热异常容易产生。

　　总结工作区内已知热泉的分布特征为：区内地热异常主要分布在第四纪冲洪积物之上，受东北、西北等断裂构造控制的断块内。地热异常主要受东北向或西北向两组断裂构造控制，周围环形构造及火山机构发育。

13.4　腾冲地热遥感潜力分析

　　腾冲地区新近纪火山活动和火山机构的分布与活动断裂带关系密切。同时，与火山活

动密切相关的地热温度高、分布集中，与火山景观一起成为云南乃至全国知名的地质景观和地质资源。

综合分析区域内的地质解译成果，区内火山岩广布，环形构造密集成规模分布，活动断裂极为发育，地热发育背景良好。结合典型火山机构和典型地热异常区的控制断裂构造、岩性等条件进行分析，区内类似多组构造交汇、火山岩分布及环形构造密集交汇带较多，尤其在高黎贡山西侧，沿南北向高黎贡山断裂带（F9）存在有 NE 向断裂［腾冲—盈江断裂（F8）］、多组西北向断裂［腊幸—曲石断裂（F4）、支那—新乐（F5）、芒璋—勐连断裂（F6）］交汇夹持的构造空白地带，周边热环呈南北、西北向展布，岩性多为全新世或更新世安山岩，线环交切部位已知火山机构及推测火山机构集中分布；在旁侧火山机构及环形构造发育、上覆第四纪冲洪积物等富含地下水的区域，岩浆提供深部热源、第四系提供水源的作用下地热温泉易于出露，推测应有较大地热潜力。

参 考 文 献

奥勇，王小峰，2009. 遥感原理及遥感图像处理实验教程[M]. 北京：北京邮电大学出版社.

陈佳玲，王昶，2018. 基于 ENVI 的遥感影像分类[J]. 北京测绘，32（8）：933-937.

陈洁，2012. 基于形态学和分水岭算法的数字图像分割研究[D]. 西安：长安大学.

邓书斌，陈秋锦，杜会建，等，2014. ENVI 遥感图像处理方法[M]. 2 版. 北京：高等教育出版社.

李德仁，李熙，2015. 论夜光遥感数据挖掘[J]. 测绘学报，44（6）：591-601.

李新，2011. 基于 MODIS 数据的内蒙古森林净初级生产力遥感估算研究[D]. 呼和浩特：内蒙古农业大学.

厉飞，闫庆武，邹雅婧，等，2018. 利用夜间灯光 POI 的城市建成区提取精度研究——以珞珈一号 01 星和 NPP/VIIRS 夜间灯光影像为例[J]. 武汉大学学报（信息科学版），46（6）：825-835.

刘慧平，秦其明，彭望琭，等，2001. 遥感实习教程[M]. 北京：高等教育出版社.

刘鹰，张继贤，林宗坚，1999. 土地利用动态遥感监测中变化信息提取方法的研究[J]. 遥感信息（4）：21-24.

彭望琭，2002. 遥感概论[M]. 北京：高等教育出版社.

覃钊，2012. 基于.NET 的 MATLAB 与 Visual Basic 混合编程的研究[J]. 城市勘测（6）：107-112.

王昱，陈璐，2014. 一种改进的多光谱真彩色影像生成方法[J]. 测绘科学与工程，3（4）：17-22.

温奇，王薇，李苓苓，等，2016. 高分辨率遥感影像的平原建成区提取[J]. 光学精密工程，24（10）：2557-2564.

夏清，杨武年，2017. 兴宾区土地利用变化遥感动态监测研究[J]. 测绘科学，42（12）：92-97.

宿维军，2013. 基于 Matlab 的数字图像信息的伪装与恢复实验[J]. 自动化与仪器仪表（4）：191-192，195.

闫琰，董秀兰，李燕，2011. 基于 ENVI 的遥感图像监督分类方法比较研究[J]. 北京测绘（3）：14-16.

杨树文，董玉森，罗小波，等，2015. 遥感数字图像处理与分析：ENVI 5.x 实验教程[M]. 北京：电子工业出版社.

禹文豪，艾廷华，2015. 核密度估计法支持下的网络空间 POI 点可视化与分析[J]. 测绘学报，44（1）：82-90.

曾庆伟，武红敢，苏淼，2009. 基于 TM 数据的林冠状态变化遥感监测研究[J]. 遥感技术与应用，24（2）：186-191.

张丽云，赵天忠，夏朝宗，等，2016. 遥感变化检测技术在林业中的应用[J]. 世界林业研究，29（2）：44-48.

张莉辉，2011. 基于 MATLAB 平台的 2D 对称和非对称应力张量可视化研究[D]. 保定：河北大学.

赵莉，杨世瑜，薛重生，2007. 基于像元级 RS 影像数据融合方法应用评价[J]. 云南地理环境研究，19（4）：83-88.

CROFT T A, 1978. Nighttime images of the earth from space[J]. Scientific American, 239(1): 86-98.

ELIASON E M, MCEWEN A S, 1990. Adaptive box filters for removal of random noise from digital images[J]. Photogrammetric Engineering & Remote Sensing, 56(4): 453.

ELVIDGE C D, BAUGH K E, KIHN E A, et al, 1997. Relation between satellite observed visible-near infrared emissions, population, economic activity and electric power consumption[J]. International Journal of Remote Sensing, 18(6): 1373-1379.

LEE J S, 1980. Digital image enhancement and noise filtering by use of local statistics[J]. IEEE Transactions on Pattern Analysis and Machine Intelligence, PAMI-2(2): 165-168.

LOPES A, TOUZI R, NEZRY E, 1990. Adaptive speckle filters and scene heterogeneity[J]. IEEE Transactions on Geoscience and Remote Sensing, 28(6): 992-1000.

SHI K, YU B, HU Y, et al, 2015.Modeling and mapping total freight traffic in China using NPP-VIIRS nighttime light composite data[J]. GIScience & Remote Sensing, 52(3): 274-289.

SHI Z H, FUNG K B, 1994. A comparison of digital speckle filters[C]// IGARSS 94: 2129-2133.

ULABY F T, MOORE R K, FUNG A K, 1982. Microwave remote sensing active and passive Volume II[M]. Norwood，MA: Artech House, Inc..

VAN ZYL J J, ZEBKER H A, ELACHI C, 1987. Imaging radar polarization signatures: theory and observation[J]. Radio Science, 22(4): 29-543.

ZEBKER H A, VAN ZYL J J, HELD D N, 1987. Imaging radar polarimetry from wave synthesis[J]. Journal of Geophysical Research, 92(31): 683-701.

ZHAO F,DING J, ZHANG S, et al, 2020. Estimating rural electric power consumption using NPP-VIIRS night-time light, toponym and POI data in ethnic minority areas of China[J]. Remote Sensing, 12(17): 2836.